流体力学

FLUID MECHANICS

主　编◎李　俊　卢雪松

副主编◎明廷臻

ZHEJIANG UNIVERSITY PRESS

浙江大学出版社

·杭州·

图书在版编目(CIP)数据

流体力学 / 李俊，卢雪松主编.— 杭州：浙江大学出版社，2023.10
　　ISBN 978-7-308-24029-1

　　Ⅰ．①流… Ⅱ．①李… ②卢… Ⅲ．①流体力学
Ⅳ．①O35

　　中国国家版本馆 CIP 数据核字(2023)第 127470 号

流体力学

主　编 李　俊　卢雪松
副主编 明廷臻

责任编辑 伍秀芳　金　蕾
责任校对 林汉枫
封面设计 雷建军
出版发行 浙江大学出版社
　　　　　　（杭州市天目山路 148 号　邮政编码 310007）
　　　　　　（网址：http://www.zjupress.com）
排　　版 杭州晨特广告有限公司
印　　刷 广东虎彩云印刷有限公司绍兴分公司
开　　本 710mm×1000mm　1/16
印　　张 21.25
字　　数 338 千
版 印 次 2023 年 10 月第 1 版　2023 年 10 月第 1 次印刷
书　　号 ISBN 978-7-308-24029-1
定　　价 78.00 元

编委会

前　言

依据高等学校土木工程专业本科指导性专业规范,根据"必需、够用"的原则,本教材从流体力学课程的基础地位出发,编写内容兼顾与其他课程的联系,覆盖了注册结构工程师流体力学考试大纲的全部范围。

本教材基于多年来的教学经验,并注重汲取相关教材的长处。在编写过程中,为保证内容的完整性,对明渠流动的水面线分析、堰流等内容都有较详细的介绍;同时考虑到土木工程中较少涉及气流问题,舍去了气体流动的相关内容。

本教材共分为 10 章,主要内容包括:绪论;流体静力学;流体运动学;流体动力学;量纲分析和相似原理;流体流态及水头损失;孔口、管嘴出流和有压管流;明渠流动;堰流;渗流(带 * 的小节为选学内容)。

本教材由黄冈师范学院李俊、卢雪松担任主编,武汉理工大学明廷臻担任副主编,黄冈师范学院董旭、胡之锋、张云发、周玉玲、郭娇参编部分章节。全书由李俊统稿。

由于时间紧迫,加之编者学识所限,书中难免有疏漏和不足之处,恳请读者批评指正。

目　录

第1章 绪 论

🌢 内容提要

本章主要介绍流体力学研究对象、研究方法、课程性质,流体力学的发展简史及其应用,流体力学基本概念,流体的物理力学性质,流体力学三大模型假设,作用在流体上的力。

🌢 学习目标

(1)流体力学的研究对象、任务。

(2)流体的主要物理力学性质。

(3)牛顿内摩擦定律、作用在流体上的力。

(4)连续介质模型、理想流体模型和不可压缩流体模型。

1.1 流体力学概述

流体力学是研究流体的平衡和机械运动规律及其应用的一门实用技术科学,是力学的分支学科,其主要研究内容包括三方面:

(1)流体静力学——研究静止流体的平衡问题,如流体间的相互作用力、流体对固体表面的作用力等。

(2)流体运动学——不考虑力或者能量,仅研究流体的机械运动规律,如速度、加速度等。

(3)流体动力学——研究流体的速度和加速度与其受力之间的关系。

1.1.1 流体力学的研究对象

在常温常压下,自然界中物质存在的主要形式有固体、液体和气体三种。

　　固体由于分子间的距离比较近,分子间的引力大,可以保持一定的形状和体积,不易变形。在外荷载作用下,若发生理想弹性形变,撤除外荷载后,物体能恢复其原始状态;若发生塑性形变,撤除外荷载后,物体不能恢复其原始状态。

　　液体分子间的距离较固体大,其分子间内聚力可将液体维系在一起,具有一定的体积,相对地不易被压缩。液体有自由液面。

　　气体分子间的距离比液体大得多,很容易被压缩。当外部无限制时,气体会无限制地膨胀,充满整个容器;只有在完全封闭的状态下才处于平衡,此时才具有一定的体积。气体没有自由表面。

　　从力学角度分析,固体一般可以抵抗拉力、压力和剪力;液体和气体可抵抗压力,不能抵抗拉力和剪力。鉴于此,通常将液体和气体统称为流体。流体区别于固体的最基本特征是具有流动性,易发生变形和流动。流体的这种在微小剪切力作用下连续变形的特性被称为流动性。因此,流体就是在剪切外力作用下会发生流动的物体,它不能在承受剪切力的同时使自己保持静止状态。水和空气经常被作为流体的两种典型代表。例如:微风吹过平静的水面,水面因受到气流的摩擦力作用而波动;斜坡上的水因受到重力沿坡面方向的分力而往低处流淌等。

　　本教材根据土木类专业的要求,主要讨论液体(包括低速运动的气体)的运动规律。

1.1.2　流体力学的研究方法

　　流体力学的研究方法分为理论分析、实验研究、数值计算三种。

　　理论分析是通过对流体的物理性质和流动特征的科学抽象,提出合理的理论模型。根据物质机械运动的普遍规律,建立控制流体运动的方程组,将实际的流动问题转化为数学问题,在相应的边界条件和初始条件下进行求解。理论分析的关键在于根据实际问题建立理论模型并利用高等数学方法求出理论结果,达到揭示运动规律的目的。

　　实验研究是通过对具体流动的观察与测量,来认识流动的规律。需要根据实际问题,利用相似理论建立实验模型,并选择流动介质设备,包括风洞、水槽、水洞、激波管、测试管系等。流体力学的实验研究包括原型实验和模型实验。

数值计算是在计算机应用的基础上,根据理论分析的方法建立数学模型。首先选择合适的计算方法,包括有限差分法、有限元法、特征线法、边界元法等,建立各种数值模型,再利用商业软件和自编程序进行计算,得出结果,并用实验方法加以验证。近几十年来,数值计算方法得到快速发展,已经形成一个专门学科——计算流体力学。

上述三种方法相互结合,为流体力学的理论发展以及复杂工程技术问题的解决奠定了基础。

1.1.3 课程性质、目的和要求

流体力学是土木工程专业的基础课。通过本课程的学习,学生应掌握流体力学的基本概念、基本理论、基本计算方法和基本实验技能,为学习后续有关课程、从事工程技术工作、开拓新技术领域和进行科学研究打下基础。

针对各章节,具体的要求有:

(1)理解流体的基本特征与主要物理性质,掌握牛顿内摩擦定律;理解无黏性流体与黏性流体、可压缩流体与不可压缩流体的概念;掌握作用在流体上的力;理解连续介质的概念。

(2)理解静压强的特性;掌握静力学基本方程,等压面以及液体中压强的计算、测量与表示方法;掌握总压力的计算方法。

(3)理解描述流体运动的两种方法;理解流动类型和流束与总流等相关概念;掌握总流连续性方程、伯努利方程和动量方程及其应用;了解连续性微分方程和纳维-斯托克斯方程及其物理意义。

(4)了解量纲分析方法;理解相似概念和主要相似准则及模型实验。

(5)理解黏性流体的两种流态及判别准则;理解圆管层流的运动规律;理解紊流特性、处理方法和紊流切应力;了解边界层概念、边界层分离现象和绕流阻力;掌握沿程水头损失和局部水头损失的计算方法。

(6)理解孔口、管嘴出流的计算方法;掌握简单的短、长管中恒定有压流的水力计算方法;掌握串、并联管道的水力计算方法;了解枝状管网的水力计算方法和环状管网的计算原理;了解水击现象。

(7)理解明渠流动的特点和两种不同的流动状态;了解断面单位能量、

— 3 —

临界水深和临界底坡等基本概念。

(8)了解堰流的类型,理解其计算方法。

(9)掌握渗流的基本概念和渗流的阻力规律;理解集水廊道和单井的水力计算方法;理解井群的计算原理;了解有压渗流水力要素的流网解法。

1.2　流体力学的发展简史及其应用

1.2.1　流体力学的发展简史

流体力学的发展源于生产实践和科学实验,但受科学发展、社会因素等的制约,从不断的经验总结到逐步形成系统的理论体系,进而发展成为一个学科。

(1)流体力学在中国

人类利用流体力学规律解决实际问题的历史十分久远,早在新石器时代晚期就已出现引水、排水沟渠和汲水井。

中国古代利用流体力学规律解决实际问题的例子比比皆是,在漫长的历史长河中,积累了丰富的经验和建造技术,留下了众多历史文化遗产。

相传在我国远古时期就有大禹治水。在治水过程中,大禹因势利导、科学治水,克服重重困难,取得了治水的成功,其成功的关键在于疏通河道。

秦昭王后期,蜀郡守李冰和他的儿子在四川岷江中游兴建都江堰(图1-1),从此川西平原"水旱从人,不知饥馑,时无荒年,天下谓之天府也"(《华阳国志·蜀志》)。都江堰至今仍发挥着作用。李冰父子总结的治水名言"深淘滩、低作堰"表明当时人们对明渠水流和堰流已经有了一定的认识。

隋朝自文帝开始,历二世修浚并贯通南北京杭大运河,"自是天下利于转输""运漕商旅往来不绝"。

隋大业年间在河北洨河上建安济桥(赵州桥),如图1-2所示。这座石拱桥跨径约37m,采用敞肩拱设计,即在大拱两端各设两个小拱,既减轻了桥身自重,又可泄洪,迄今经历1400余年依然完好。

以上这些历史上的伟大工程,皆因"顺应水性"才能跨江河逾千年而不毁。

图 1-1 都江堰

图 1-2 赵州桥

（2）流体力学在国外

流体力学作为一门学科，是从公元前 250 年左右阿基米德（Archimedes，公元前 287—前 212 年）的浮力理论开始形成的，该理论被认为真正奠定了流体静力学的基础。然而，直到 15 世纪达·芬奇（Leonardo da Vinci，1452—1519 年）出现，人们对流体才有了较深入的认识。达·芬奇是意大利文艺复兴时期的美术家、自然科学家、哲学家，他做了很多实验，研究并思考了水波、管流、水力机械、鸟的飞翔原理等问题，还提出了一维的质量守恒公式。17 世纪,法国数学家、物理学家帕斯卡(Blaise Pascal,1623—1662 年)阐明了静止流体中压力的概念。流体力学,尤其是流体动力学,作为一门严密的科学,是随着经典力学建立了速度、加速度、力、流场等概念以及质量、能量、动量三个守恒定律之后才逐步形成的。

牛顿(Isaac Newton,1642—1727 年)通过对运动定律和黏性定律的表述,并借助由他发展的微积分,为流体力学的许多重大发展铺平了道路。1732 年,法国数学家、水利工程师皮托(Pitot Henri,1695—1771 年)发明了测量流速的皮托管。法国物理学家、数学家和天文学家达朗贝尔(Jean le Rond d'Alembert,1717—1783 年)对运河中船只的阻力进行了许多实验工作,证实了阻力同物体运动速度之间的平方关系。欧拉(Leonhard Euler,1707—1783 年)采用了连续介质概念,将静力学中压力的概念推广到运动流体中,建立了欧拉方程,并用微分方程组描述了无黏流体的运动。瑞士物理学家、数学家、医学家伯努利(Daniel Bernoulli,1700—1782 年)从经典力学的能量守恒出发,研究供水管道中水的流动,进行实验并加以分析,得到了流体恒定流运动下的流速、压力、管道高程之间的关系,即伯努利方程(亦称能量方程)。

欧拉方程和伯努利方程的建立,是流体动力学作为一个分支学科建立的标志,从此开始了用微分方程和实验量测进行流体运动定量研究的阶段。

从 18 世纪起,位势流理论有了很大进展,阐明了水波、潮汐、涡旋运动、声学等方面的很多规律。法国数学家、物理学家拉格朗日(Joseph-Louis Lagrange,1736—1813 年)对于无旋运动,德国物理学家赫尔姆霍兹(Hermann von Helmholtz,1821—1894 年)对于涡旋运动做了不少研究,但他们考虑的是无黏流体,而大多数流动问题会受到黏性效应影响。19 世纪,工程师们为了解决许多工程问题,尤其是要解决黏性影响的问题,部分运用流体力学、部分采用归纳实验结果的半经验公式进行研究,最终形成了水力学,至今它仍与流体力学并行地发展。

1822 年,法国力学家纳维(Claude-Louis Navier,1785—1836 年)建立了黏性流体的基本运动方程。1845 年,英国数学家、物理学家斯托克斯(George Gabriel Stokes,1819—1903 年)又以更合理的基础导出了这个方程,并对其所涉及的宏观力学基本概念进行论证,得到沿用至今的纳维-斯托克斯方程(简称 N-S 方程),它是流体动力学的理论基础。1904 年,德国物理学家普朗特(Ludwig Prandtl,1875—1953 年)提出了边界层概念,创立了边界层理论,解释了阻力产生的机制,随后又针对航空技术和其他工程技术中出现的紊流边界层,提出混合长度理论。

20 世纪初,飞机的出现极大地促进了空气动力学的发展,以茹科夫斯基、恰普雷金、普朗特等为代表的科学家,开创了以无黏不可压缩流体位势流理论为基础的机翼理论。机翼理论和边界层理论的建立和发展是流体力学研究领域的一次重大进展,使得无黏流体理论同黏性流体的边界层理论很好地结合起来。

随着科技的进步,流体力学又发展出许多分支,如高超声速空气动力学、超声速空气动力学、稀薄空气动力学、电磁流体力学、计算流体力学等,这些巨大进展与采用各种数学分析方法和使用大型、精密的实验设备和仪器等研究手段是分不开的。从 20 世纪 60 年代起,流体力学开始同其他学科互相交融、渗透,形成新的交叉学科或边缘学科,如物理-化学流体动力学、磁流体力学等。

1.2.2 流体力学在土木工程中的应用

流体力学被广泛应用于土木工程的各个领域。例如:在建筑工程中,研究解决风对高层建筑物的荷载作用和风振问题,要以流体力学为理论基础;在结构工程中,大跨度柔性桥梁的抗风性能是空气动力学的一个典型应用;在道路桥梁交通工程中,桥涵水力学问题,大桥水下施工中的水力学问题,路边排水,路基、路面渗水等诸多问题,都需要应用流体力学知识去解决;进行基坑排水、地基抗渗稳定处理、桥渡设计都有赖于水力分析和计算;隧道中的通风效应,计算隧道施工和运营中的通风问题、风机安置方式、通风方式的选择都是很典型的流体力学应用;给水、排水系统的设计和运行控制,以及供热、通风与空调设计和设备选用,更是离不开流体力学。可以说,流体力学已成为土木工程各领域共同的专业理论基础。

流体力学不仅用于解决单项土木工程的水和气的问题,更能帮助工程技术人员进一步认识土木工程与大气和水环境的关系。大气和水环境对建筑物和构筑物的作用是长期、多方面的,其中台风、洪水等自然灾害可直接摧毁房屋、桥梁、堤坝等,造成巨大的损失。另外,兴建大型厂矿、公路、铁路、桥梁、隧道、江海堤坝和水坝等,可能会对大气和水环境造成不利影响,导致生态环境恶化,甚至加重自然灾害,国内外都已有惨痛教训。因此,只有处理好土木工程与大气和水环境的关系,才能实现国民经济可持续发展。

1.3　连续介质假设

流体力学的研究对象是流体。从微观角度看,流体由大量做无规则热运动的分子构成。由于分子之间存在空隙,流体的物理量如密度、压强、流速等在空间上的分布不连续;同时,流体分子做随机热运动,其随时间的变化也不连续。因此,研究流体的运动若以分子为基本单元将极其困难。

现代物理学研究表明,在标准状况下,1cm³液体中约含有 3.3×10^{22} 个分子,相邻分子间的距离约为 3.1×10^{-8} cm;1cm³气体中约含有 2.7×10^{19} 个分子,相邻分子间的距离约为 3.2×10^{-7} cm。因此,流体分子间的距离相当微小,即使在很小的体积中也包含有大量分子。

一般工程中,流体的空间尺度远大于分子尺寸,而实际工程问题研究的是流体宏观运动的特性,即大量分子运动的统计规律。基于此,瑞士学者欧拉于1753年提出了流体连续介质假设,即流体空间是连续而无空隙的,并充满流体质点(亦称流体微团)。这里的质点从微观角度看,包含大量的分子,在统计平均后可得到其物理量的确定值;从宏观角度看,其尺寸远小于流体空间,其平均物理量可认为是均匀的。将流体看作连续介质,则流体的运动要素均可视为空间和时间的连续函数,如此便可利用高等数学中的连续函数来表征流体运动问题。

利用连续介质假设解决一般工程中的流体力学问题是完全合理和有效的,但对于某些特殊问题,如导弹、卫星等在高空稀薄气体中的运动问题,由于稀薄气体分子之间距离较大,相对导弹、卫星等的尺寸而言不可忽视,连续介质假设将不再适用。

1.4　流体的主要物理力学性质

流体运动的规律与流体本身的物理力学性质息息相关,而决定流体运动的主要物理力学性质包括惯性、黏性、压缩性与膨胀性、表面张力特性等。

1.4.1 惯 性

任何物质都具有惯性,惯性是物体保持原有运动状态的特性。但凡物体运动状态发生改变,都必须克服惯性作用。

质量是衡量惯性大小的物理量。一般说来,质量越大,惯性越大。若流体受到外力作用导致运动状态发生变化,此时流体为抵制运动状态变化而产生的抵制作用,称为惯性力。这是一种假想力。假设物体的质量为 m,加速度为 a,则其惯性力为

$$F = -ma \tag{1-1}$$

式中,负号表示惯性力方向与加速度方向相反。

单位体积的质量称为密度,用符号 ρ 表示,国际单位为 kg/m^3。若某均质流体质量为 m,体积为 V,则其密度为

$$\rho = \frac{m}{V} \tag{1-2}$$

对于非均质流体,各点密度均不相同。要确定流体空间某点的密度,可在该点周围取一微元体,假设其体积为 ΔV,质量为 Δm,则该点的密度为

$$\rho = \lim_{\Delta V \to 0} \frac{\Delta m}{\Delta V} \tag{1-3}$$

流体力学中还经常用重度的概念来表征单位体积流体所受的重力,以 γ 表示,国际单位为 N/m^3。重度和密度的关系为

$$\gamma = \rho g \tag{1-4}$$

需要注意的是,密度 ρ 仅与质量有关,而重度 γ 取决于重力加速度 g 的大小,g 随空间位置的变化而变化。

流体的密度随温度和压强的变化而变化。在一个标准大气压下,不同温度下水和空气的物理特性如表 1-1 和表 1-2 所示。液体的密度随温度和压强的变化很小,一般情况下可视为常数,计算时一般采用 $\rho_水 = 1000kg/m^3$,$\rho_{水银} = 13600kg/m^3$;而气体的密度随温度和压强的变化较大,一个标准大气压条件下,0℃ 空气的密度为 $\rho_{空气} = 1.29kg/m^3$。

表 1-1 1 个标准大气压、不同温度下水的物理特性

温度 $t(℃)$	密度 $\rho(kg/m^3)$	重度 $\gamma(kN/m^3)$	动力黏性系数 $\mu(10^{-3}Pa\cdot s)$	运动黏性系数 $\nu(10^{-6}m^2/s)$	体积弹性模量 $K(10^9 N/m^2)$	表面张力 $\sigma(N/m)$
0	999.8	9.805	1.792	1.792	2.04	7.62
5	1000.0	9.807	1.519	1.519	2.06	7.54
10	999.7	9.804	1.310	1.310	2.11	7.48
15	999.1	9.798	1.145	1.146	2.14	7.41
20	998.2	9.789	1.009	1.011	2.20	7.36
25	997.0	9.777	0.895	0.897	2.22	7.26
30	995.7	9.765	0.800	0.803	2.23	7.18
40	992.2	9.731	0.654	0.659	2.27	7.01
50	988.0	9.690	0.549	0.556	2.30	6.82
60	983.2	9.642	0.469	0.478	2.28	6.68
70	977.8	9.589	0.406	0.415	2.25	6.50
80	971.8	9.530	0.357	0.367	2.20	6.30
90	965.3	9.467	0.317	0.328	2.16	6.12
100	958.4	9.399	0.284	0.296	2.07	5.94

表 1-2 1 个标准大气压、不同温度下空气的物理特性

温度 $t(℃)$	密度 $\rho(kg/m^3)$	重度 $\gamma(kN/m^3)$	动力黏性系数 $\mu(10^{-3}Pa\cdot s)$	运动黏性系数 $\nu(10^{-6}m^2/s)$
-40	1.515	14.86	14.9	9.8
-20	1.395	13.68	16.1	11.5
0	1.293	12.68	17.1	13.2
10	1.248	12.24	17.6	14.1
20	1.205	11.82	18.1	15.0
30	1.165	11.43	18.6	16.0
40	1.128	11.06	19.0	16.8
60	1.060	10.40	20.0	18.7
80	1.000	9.81	20.9	20.9
100	0.946	9.28	21.8	23.1
200	0.747	7.33	25.8	34.5

1.4.2　黏　性

流体区别于固体的根本特征是具有流动性,即静止流体不能承受任何微小切应力及抵抗剪切变形。若流体发生运动,质点间存在相对运动,那么质点间会产生内摩擦力,从而抵抗其相对运动,该性质被称为黏性,此内摩擦力被称为黏滞力。因此,黏性是流体固有的物理属性,是流体运动过程中发生能量损失的内在原因。

为了更加清楚地阐明流体的黏性,下面从三个方面进行说明。

(1) 黏性的表象

如图 1-3 所示,假设两块平行平板足够大,忽略其边界条件;两平板间距离为 h,其间充满静止流体。

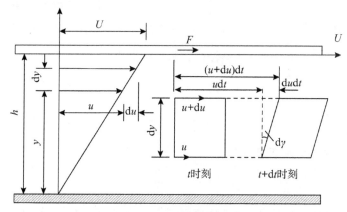

图 1-3　黏性的表象

固定下平板保持不动,然后给上平板施加一个力 F,使其以速度 U 平行于下平板发生运动。如此,黏附于上平板表面的一层流体,会随着上平板以速度 U 运动,并且一层一层向下平板影响,各流层相继发生运动,直到黏附于下平板的流层速度变为零。在 U 和 h 都比较小时,各个流层的速度均沿法线方向呈直线分布。

由于在边界处,流体质点黏附于壁面之上,上平板运动带动黏附于板表面的流层运动,进而引起其内部各流层发生运动,说明内部各流层之间存在摩擦力,这就是黏性的表象。因此,黏性是流体的内摩擦特性。

(2) 牛顿内摩擦定律

1687 年,牛顿在《自然哲学的数学原理》一书中指出,流体的内摩擦力

（剪切力）T 与速度梯度 $\dfrac{U}{h} = \dfrac{\mathrm{d}u}{\mathrm{d}y}$ 成比例；与流层的接触面积 A 成比例；与流体的性质有关；与接触面上的压力无关，即

$$T = \mu A \frac{\mathrm{d}u}{\mathrm{d}y} \tag{1-5}$$

以应力形式表示，即

$$\tau = \mu \frac{\mathrm{d}u}{\mathrm{d}y} \tag{1-6}$$

式（1-5）和（1-6）称为牛顿内摩擦定律。

式（1-5）和（1-6）中，速度梯度 $\dfrac{U}{h} = \dfrac{\mathrm{d}u}{\mathrm{d}y}$ 是指速度在流层法线方向的变化率。为进一步说明其物理意义，在距离为 $\mathrm{d}y$ 的上、下两流层间取矩形流体微元，如图 1-3 所示。因微元上、下层的速度相差 $\mathrm{d}u$，经时间 $\mathrm{d}t$，微元除位移外，还存在剪切变形 $\mathrm{d}\gamma$。由于 $\mathrm{d}t$、$\mathrm{d}y$ 均很小，则

$$\mathrm{d}\gamma \approx \tan(\mathrm{d}\gamma) = \frac{\mathrm{d}u\mathrm{d}t}{\mathrm{d}y} \tag{1-7}$$

则

$$\frac{\mathrm{d}\gamma}{\mathrm{d}t} = \frac{\mathrm{d}u}{\mathrm{d}y} \tag{1-8}$$

因此，牛顿内摩擦定律又可写成

$$\tau = \mu \frac{\mathrm{d}\gamma}{\mathrm{d}t} \tag{1-9}$$

由式（1-8）和（1-9）可见，速度梯度等于角变形速度，称为剪切变形速度。因此，牛顿内摩擦定律也可理解为切应力与剪切变形速度成比例。

比例系数 μ 称为动力黏性系数，简称黏度，单位为 N·s/m² 或 Pa·s。动力黏性系数是度量流体黏性大小的物理量，μ 值越大，流体越黏，流动性越差。在涉及黏度的许多问题中，还经常出现 μ 和 ρ 的比值，用运动黏性系数 ν 来表示，其单位为 m²/s。

$$\nu = \frac{\mu}{\rho} \tag{1-10}$$

流体的黏度一般与流体种类有关，在相同条件下液体的黏度要大于气体黏度；它同时还与温度和压强有关，但随压强变化很小，一般忽略不计，而对温度变化极为敏感。不过，液体和气体的黏度随温度的变化规律是不同的，液体的黏度值随温度的升高而减小，气体的黏度值则随温度的升高而增

大,如表 1-1 和表 1-2 所示。其原因是液体分子间距较小,相互吸引力及内聚力较大,而液体的内聚力是产生黏性的主要原因,随着温度升高,液体分子间距增大,内聚力减小,黏度也随之减小;气体分子间距大,内聚力很小,黏性的产生主要是气体分子热运动发生动量交换的结果,温度升高时,气体分子运动加快,分子的动量交换加剧,切应力随之增加,黏度增大。

需要注意的是,牛顿内摩擦定律只适用于牛顿流体,即满足牛顿内摩擦定律的流体,如水、汽油、酒精、空气等。而不满足牛顿内摩擦定律的流体称为非牛顿流体,如油漆、泥浆、血浆等。本书所涉及内容只讨论牛顿流体。

(3) 理想流体

实际的流体都具有黏性。正是因为黏性的存在,研究流体的运动规律困难极大。因此,为了简化理论分析,特引入了理想流体的概念。所谓理想流体,是指无黏性($\mu = 0$)的假想流体。理想流体实际上是不存在的,它只是一种对流体物理性质进行简化的力学模型。

理想流体不考虑黏性,因而可以大为简化对流动的分析,进而更容易得出理论分析结果。实际应用中,对于黏性影响很小的流动,理想流体模型能够较好地符合实际;对黏性影响不能忽略的流动,则需要通过实验予以修正,从而解决许多实际流动问题。这是处理黏性流体运动问题的一种有效方法。

1.4.3　压缩性与膨胀性

流体的压缩性是指流体受压,体积缩小,密度增大,除去外力后能恢复原状的性质;而流体的膨胀性是指流体受热,体积膨胀,密度减小,在温度下降后能恢复原状的性质。液体和气体虽同属流体,但其压缩性和膨胀性差别很大,下面分别予以说明。

(1) 液体的压缩性与膨胀性

液体的压缩性常用压缩系数 κ 来描述,其含义是在一定温度条件下,体积的相对变化率和压强增量的比值。假设液体原体积为 V,压强增大 $\mathrm{d}p$ 后,体积变化 $\mathrm{d}V$,则其压缩系数为

$$\kappa = -\frac{\mathrm{d}V/V}{\mathrm{d}p} = -\frac{1}{V}\frac{\mathrm{d}V}{\mathrm{d}p} \tag{1-11}$$

由于液体承受的压强增大后,体积会缩小,故 $\mathrm{d}p$ 和 $\mathrm{d}V$ 异号。为保证 κ 为

正值,上式等号右侧加了负号。κ 的单位是 $1/\text{Pa}$,其值越大,说明液体越易被压缩。

液体压缩前后,根据质量守恒定律,有 $\mathrm{d}m = 0$。

即

$$\mathrm{d}m = \mathrm{d}(\rho V) = V\mathrm{d}\rho + \rho\mathrm{d}V = 0$$

得

$$-\frac{\mathrm{d}V}{V} = \frac{\mathrm{d}\rho}{\rho} \tag{1-12}$$

则压缩系数 κ 可表示为

$$\kappa = \frac{1}{\rho}\frac{\mathrm{d}\rho}{\mathrm{d}p} \tag{1-13}$$

液体的压缩系数随温度和压强的改变而变化。水的压缩系数如表 1-3 所示,表中压强单位为工程大气压 at,$1 \text{ at} \approx 98000\text{N}/\text{m}^2$。

表 1-3　水的压缩系数 κ(单位:$10^{-9}/\text{Pa}$)

压强(at) 温度(℃)	5	10	20	40	50
0	0.540	0.537	0.531	0.523	0.515
10	0.523	0.518	0.507	0.497	0.492
20	0.515	0.505	0.495	0.480	0.460

压缩系数的倒数称为体积弹性模量,用 K 来表示,即

$$K = \frac{1}{\kappa} = -V\frac{\mathrm{d}p}{\mathrm{d}V} = \rho\frac{\mathrm{d}p}{\mathrm{d}\rho} \tag{1-14}$$

式中,K 的单位是 Pa。K 的值越大,表示液体越难被压缩。

液体的膨胀性用膨胀系数 α_V 来表示,其含义是在一定压强条件下,体积的相对变化率和温度增量的比值。

假设液体原体积为 V,温度升高 $\mathrm{d}T$ 后,体积变化 $\mathrm{d}V$,则其膨胀系数为

$$\alpha_V = \frac{\mathrm{d}V/V}{\mathrm{d}T} = \frac{1}{V}\frac{\mathrm{d}V}{\mathrm{d}T} = -\frac{1}{\rho}\frac{\mathrm{d}\rho}{\mathrm{d}T} \tag{1-15}$$

式中,α_V 的单位是 $1/℃$ 或 $1/\text{K}$。α_V 的值越大,说明液体越容易膨胀。

液体的膨胀系数随压强和温度的改变而变化。水的膨胀系数如表 1-4 所示。

表 1-4 水的膨胀系数 α_V（单位：$10^{-4}/℃$）

压强(at) ＼ 温度(℃)	1～10	10～20	400～50	60～70	90～100
1	0.14	1.50	4.22	5.56	7.19
100	0.43	1.65	4.22	5.48	7.04
200	0.72	1.83	4.26	5.39	—

从表 1-3 和表 1-4 中可以看出，水的压缩性和膨胀性都很小，故一般不考虑水的压缩性和膨胀性。但是，在一些特殊情况下，如有压管道中的水击、液压封闭系统和热水采暖系统等，必须考虑水的压缩性和膨胀性。

（2）气体的压缩性与膨胀性

与液体不同，气体具有显著的压缩性和膨胀性。由于气体的密度随压强和温度的变化而发生显著变化，所以一般工程条件下常用气体（如空气、氮气、氧气、二氧化碳等）的 p、ρ、T 三者之间的关系符合理想气体状态方程，即

$$\frac{p}{\rho} = RT \tag{1-16}$$

式中，p 为气体的绝对压强，N/m^2；ρ 为气体的密度，kg/m^3；T 为气体的热力学温度，K；R 为气体常数，在标准状态下，$R = \frac{8314}{M}$ $J/(kg \cdot K)$（M 为气体的相对分子质量），空气的气体常数 $R_{空气} = 287$ $J/(kg \cdot K)$。

值得注意的是，在低温、高压条件下，气体接近液化状态，此时不能将其看作理想气体，式(1-16)就不再适用。

（3）不可压缩流体

实际流体均是可压缩的，但是对于大多数流体而言，考虑到其密度变化极小，可忽略不计，故引入不可压缩流体这一概念。

所谓不可压缩流体，是指流体质点在运动过程中，其密度不发生变化的流体。对于均质不可压缩流体而言，密度时时处处无变化，即 ρ 为常数。因此，不可压缩流体是另一个理想化的力学模型。

在大多情况下，由于液体的压缩系数较小，可认为其密度不发生变化，因此，对于一般的液体平衡与运动问题，可当作不可压缩流体进行分析计算。然而，气体的压缩性远大于液体，属于可压缩流体。需指出的是，土木工程中常见的气流运动，如通风管道、低温烟道中的气流运动，因其管道不长，

— 15 —

气流速度不大,远小于声速(约 340m/s),气体在流动过程中的密度无明显变化,仍可当作不可压缩流体处理。

1.4.4 表面张力特性

表面张力是指在液体自由表面,由于分子引力大于斥力而在表层沿表面方向产生的拉力。在我们的日常生活中,雨后水滴在枝头悬而不滴落、水面稍高出碗口而不外溢、铁针浮在液面上而不下沉等现象,都是存在表面张力的结果。

通常将表面张力定义为自由表面内单位长度上所受的横向力,用表面张力系数 σ 来度量表面张力的大小,其单位为 N/m。σ 随流体的种类和温度不同而变化,如 20℃ 时,水的表面张力 $\sigma = 0.074$N/m,水银则为 $\sigma = 0.54$N/m。

表面张力的数值并不大,故一般不考虑其影响,但在一些特殊情况下不容忽略。比如:当两端开口的细口径管子插在液体中时,表面张力会使管中的液面自动上升或下降一个高度,这种现象称为毛细管现象。毛细管现象是流体通过细管或多孔介质表现出来的受力属性,在流体力学实验中使用测压管时尤其需要注意。

在流体力学实验中,经常使用盛有水(或水银)的细玻璃管做测压计。在表面张力的影响下,玻璃管中的液面和与之相连通的容器中的液面不在同一水平面上。若玻璃管中盛的是水,由于水分子间的凝聚力小于水与玻璃管壁间的附着力,则玻璃管中液面上升;若盛的是水银,由于水银分子间的凝聚力大于水银与玻璃管壁间的附着力,则玻璃管中的液面下降(图 1-4)。

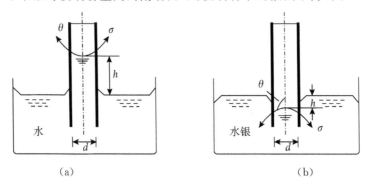

（a）　　　　　　　　　　　　　　　（b）

图 1-4　毛细管现象

　　毛细管现象中,液面上升或下降的高度可根据其表面张力的大小来计算。当温度为 20℃ 时,水在玻璃管中上升的高度为

$$h = \frac{29.8}{d}\mathrm{mm}$$

水银在玻璃管中下降的高度为

$$h = \frac{10.5}{d}\mathrm{mm}$$

式中,d 为玻璃管直径,mm。

　　上式表明,液面上升或下降的高度与管径成反比。玻璃管内径越小,液面差值越大,也就意味着毛细管现象所引起的误差越大,故实验室中测压管的内径不宜过小(一般不小于 10mm)。

1.5　作用在流体上的力

　　研究作用在流体上的力,通常选取流体中的一隔离体来进行分析。根据其作用特点不同,作用在流体上的力可分为表面力和质量力两大类。

1.5.1　表面力

　　表面力是指作用在隔离体的表面,其大小和作用面积成比例的力。它是相邻流体间或流体与其他物体间相互作用的结果。表面力可分为垂直于作用面的压力和平行于作用面的压力,其大小通常采用应力的概念来度量。通常,将垂直于作用面的应力称为压应力,平行于作用面的应力称为切应力。

　　在运动的流体内选取任意隔离体,周围流体对隔离体的受力分析如图 1-5 所示。假设 A 点为隔离体上任意点,取微元面积为 ΔA 上的总表面力为 $\Delta \boldsymbol{F}$,作用在 ΔA 上的法向力为 $\Delta \boldsymbol{F}_n$,作用在 ΔA 上的切向力为 $\Delta \boldsymbol{F}_t$,则 A 点处的压应力 p 和切应力 τ 分别为

$$p = \lim_{\Delta A \to 0} \frac{\Delta \boldsymbol{F}_n}{\Delta A} \tag{1-17}$$

$$\tau = \lim_{\Delta A \to 0} \frac{\Delta \boldsymbol{F}_t}{\Delta A} \tag{1-18}$$

式中,p 和 τ 的单位为 $\mathrm{N/m^2}$,即 Pa。

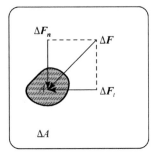

图 1-5　表面力

需要注意的是,有两种 $\tau = 0$ 的情况,即作用在 ΔA 上的表面力只有法向力 $\Delta \boldsymbol{F}_n$:① 静止流体中,没有相对流动,流速梯度 $\dfrac{\mathrm{d}u}{\mathrm{d}y} = 0$;② 理想流体中,动力黏性系数 $\mu = 0$。

1.5.2　质量力

质量力是指作用在流体内部每个质点上,其大小和流体质量成比例的力。对于均质流体而言,由于质量与体积成比例,因此质量力与流体体积也成比例,故质量力也称体积力。质量力的大小常用单位质量力来度量,即作用在单位质量流体上的质量力。

假设某一均质流体的质量为 m,所受的质量力为 $\boldsymbol{F}$,则其单位质量力 $\boldsymbol{f}$ 为

$$\boldsymbol{f} = \frac{\boldsymbol{F}}{m} \tag{1-19}$$

式中,单位质量力的单位为 $\mathrm{m/s^2}$。

若总质量力 $\boldsymbol{F}$ 在三个坐标轴上的投影分别为 F_x、F_y、F_z,则单位质量力 $\boldsymbol{f}$ 在相应坐标的投影分别为 f_x、f_y、f_z,则有

$$\left. \begin{array}{l} f_x = \dfrac{F_x}{m} \\[2mm] f_y = \dfrac{F_y}{m} \\[2mm] f_z = \dfrac{F_z}{m} \end{array} \right\} \tag{1-20}$$

如果作用在流体上的质量力只有重力,则单位质量力

$$\begin{cases} f_x = 0 \\ f_y = 0 \\ f_z = -g \end{cases}$$

本章小结

（1）自然界易流动的物质称为流体,包括液体和气体。

（2）流体的物理力学性质重点掌握惯性（密度）、黏性（黏度、牛顿内摩擦定律）、压缩性等。其中关于流体黏性的概要如下：

- 黏性是流体的固有属性;
- 黏性是运动流体产生机械能损失的根源;
- 黏度是度量流体在运动状态下抵抗剪切变形能力的物理量;
- 液体的黏性随着温度的升高而减小,气体的黏性随着温度的升高而略有增大;
- 流体的黏性具有传递运动和阻碍运动的双重特性。

（3）流体模型：

- 连续介质模型（忽略流体各分子间的距离）;
- 理想流体模型（忽略流体黏性）;
- 不可压缩流体模型（忽略流体密度变化）。

（4）作用在流体上的力包括表面力和质量力。

- 表面力是作用在流体表面上的力,与作用面积成比例。
- 质量力是作用在流体微团上的力。对于均质流体,质量力与流体体积成比例。作用在单位质量流体上的力称为单位质量力。

 思考题

（1）什么是流体的连续介质模型?该模型具有什么重要意义?

（2）流体和固体在力学方面的区别是什么?

（3）密度和重度有何区别和联系?

(4) 什么是理想流体?理想流体与实际流体的区别是什么?

(5) 流体力学对流体作了哪些力学模型的假设?

(6) 流体的牛顿内摩擦定律的物理意义是什么?其应用条件是什么?

(7) 作用在流体上的力可分为哪两类?两者有何区别?举例说明。

练习题

1-1　按连续介质的概念,流体质点是指:(　　　)

A. 流体的分子

B. 流体内的固体颗粒

C. 几何的点

D. 几何尺寸同流动空间相比是极小量,又含有大量分子的微元体

1-2　作用于流体的质量力包括:(　　　)

A. 压力　　　　　　B. 摩擦阻力　　　　C. 重力　　　　　　D. 表面张力

1-3　与牛顿内摩擦定律直接有关的因素是:(　　　)

A. 剪应力和压强　　　　　　　　　B. 剪应力和剪应变率

C. 剪应力和剪应变　　　　　　　　D. 剪应力和流速

1-4　水的动力黏度 μ 随温度的升高:(　　　)

A. 增大　　　　　　B. 减小　　　　　　C. 不变　　　　　　D. 不定

1-5　无黏性流体的特征是:(　　　)

A. 黏度是常数　　B. 不可压缩　　C. 无黏性　　D. 符合 $p/\rho = RT$

1-6　当水的压强增加 1 个大气压时,水的密度增大约为:(　　　)

A. 1/20000　　B. 1/10000　　C. 1/4000　　D. 1/2000

1-7　有一底面积为 60cm×40cm 的平板,质量为 5kg,沿一与水平面成 20°角的斜面下滑,平面与斜面之间的油层厚度为 0.6mm,若下滑速度 U 为 0.84m/s,求油的动力黏性系数 μ(图中 G 为平板的重力)。

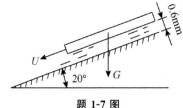

题 1-7 图

1-8　为了进行绝缘处理,将导线从充满绝缘涂料的模具中间拉过。已知导线直径为0.8mm,涂料的黏度 μ 为0.02Pa·s,模具的直径为0.9mm,长度为20mm,导线的牵拉速度为50m/s。试求所需牵拉力(图中 U 表示速度,τ 表示黏滞力)。

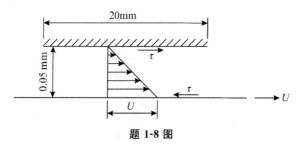

题 1-8 图

1-9　一圆锥体绕其中心轴作等角速度旋转,$\omega = 16$rad/s,锥体与固定壁面间的距离 $\delta = 1$mm,用黏度 $\mu = 0.1$Pa·s的润滑油充满间隙,锥底半径 $R = 0.3$m,高 $H = 0.5$m。求作用于圆锥体的阻力矩。

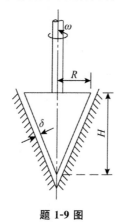

题 1-9 图

第 2 章　　流体静力学

🌢 内容提要

本章主要介绍静止流体的应力特性、流体平衡微分方程、等压面的概念及其应用、重力场中流体静压强的分布规律、压强的度量方式和压强分布图，以及作用在平面和曲面上的液体总压力的求解方法。

🌢 学习目标

通过本章内容的学习，应掌握绝对压强、相对压强、真空度、等压面、测压管水头、测压管高度、压力体等基本概念；掌握静止流体中压力的特性与静止液体压强分布规律；理解液体相对平衡的分析方法；掌握等压面判别方法、压强分布图及压力体图的绘制方法；掌握与熟练运用流体静力学基本方程，理解其物理意义；掌握并能运用欧拉平衡微分方程及其综合式；掌握作用在平面和曲面上的静水总压力的计算方法（解析法与图解法），并能综合运用流体静力学基本知识分析、求解实际工程问题。

2.1　静止流体的应力特性

所谓静止流体，是指在外力作用下保持静止状态的流体。此时，质点间无相对运动，流体无黏性特征，故流体内部不存在切应力，仅表现出压应力。在第 1 章中提到，作用在流体上的力分为质量力和表面力。质量力仅与流体质量有关，如重力，容易确定，而表面力较复杂。下面重点讨论一下静止流体的应力特性。

【特性 1】静止流体只能承受压应力（不能承受切应力和拉应力），即压强。压强的作用方向为作用面的内法线方向。

【证明】如图 2-1 所示,选取流体内部的任意曲面 ab,讨论曲面 ab 上所受到的力。假设 C 点为曲面 ab 内任意点,该点的应力为 p;n 为曲面在 C 点处内法线方向的单位矢量。

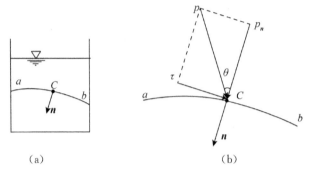

（a）　　　　　　　　　　　　（b）

图 2-1　静止流体的应力方向

若 p 的方向与作用面的法线方向夹角为 θ,则可将其分解为法向应力 p_n 和切向应力 τ,而静止流体不能承受切应力,故 $\tau = 0$,即压强仅存在 p_n。若 p_n 沿外法线方向,则表征拉应力,与静止流体不符,故 p_n 只能沿内法线方向,表征为压应力。

综上所述,静止流体只能承受压应力,即压强,而不能承受切应力和拉应力。压强的作用方向为作用面的内法线方向。

【特性 2】静止流体内部同一点上各个方向的静压强大小相等。

假设在静止流体中任意点 A,取以 A 点为顶点的微元直角四面体 $Aabc$ 为隔离体,如图 2-2 所示。其中,平面 Abc、Aac、Aab 互相垂直。以 A 点为坐标原点,Ab、Aa、Ac 分别对应坐标轴 x、y、z,其长度分别为 $\mathrm{d}x$、$\mathrm{d}y$、$\mathrm{d}z$。另一个斜面 $\triangle abc$ 的方向是任意的。该四面体处于静止流体中,故处于平衡状态。

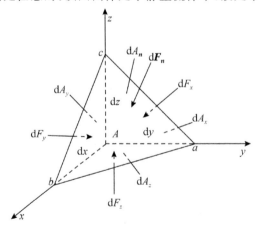

图 2-2　微元四面体

下面,讨论作用在四面体 $Aabc$ 上的力 —— 表面力和质量力。

(1) 表面力

根据特性 1,设作用于三个正交的平面上的压强分别为 p_x、p_y、p_z,作用于斜面上的压强为 p_n。因此,作用于微元四面体各面上的静压力分别等于各个面上的压强乘以相应面积,即

$$\left.\begin{aligned} \mathrm{d}F_x &= p_x S_{Aac} = p_x \mathrm{d}A_x = p_x \frac{1}{2}\mathrm{d}y\mathrm{d}z \\ \mathrm{d}F_y &= p_y S_{Abc} = p_y \mathrm{d}A_y = p_y \cdot \frac{1}{2}\mathrm{d}x\mathrm{d}z \\ \mathrm{d}F_z &= p_z S_{Aab} = p_z \mathrm{d}A_z = p_z \cdot \frac{1}{2}\mathrm{d}y\mathrm{d}x \\ \mathrm{d}\boldsymbol{F_n} &= p_n S_{abc} = p_n \mathrm{d}A_n \end{aligned}\right\} \tag{2-1}$$

(2) 质量力

假设单位质量的流体所受质量力为 $\boldsymbol{f}$,其在三个坐标上的分量分别为 f_x、f_y、f_z,则微元四面体所受质量力在各个方向的分量分别为

$$\left.\begin{aligned} \mathrm{d}F_x &= f_x \mathrm{d}m = f_x\rho \cdot \frac{1}{6}\mathrm{d}x\mathrm{d}y\mathrm{d}z \\ \mathrm{d}F_y &= f_y \mathrm{d}m = f_y\rho \cdot \frac{1}{6}\mathrm{d}x\mathrm{d}y\mathrm{d}z \\ \mathrm{d}F_z &= f_z \mathrm{d}m = f_z\rho \cdot \frac{1}{6}\mathrm{d}x\mathrm{d}y\mathrm{d}z \end{aligned}\right\} \tag{2-2}$$

由于微元四面体处于平衡状态,根据平衡条件,上述各力在各坐标轴上的投影之和应等于零。下面以 x 方向为例进行说明。

将以上各力在 x 轴上投影得

$$\sum F_x = p_x \mathrm{d}A_x - p_n \mathrm{d}A_n \cdot \cos(x,\boldsymbol{n}) + f_x\rho \cdot \frac{1}{6}\mathrm{d}x\mathrm{d}y\mathrm{d}z = 0 \tag{2-3}$$

式中,$\cos(x,\boldsymbol{n})$ 为 x 轴与斜面的法线方向 $\boldsymbol{n}$ 夹角的余弦;$\mathrm{d}A_n \cdot \cos(x,\boldsymbol{n})$ 为斜面在 yAz 平面上的投影,即

$$\mathrm{d}A_n \cdot \cos(x,\boldsymbol{n}) = \mathrm{d}A_x = \frac{1}{2}\mathrm{d}y\mathrm{d}z$$

将上式代入式(2-3) 得

$$p_x \cdot \frac{1}{2}\mathrm{d}y\mathrm{d}z - p_n \cdot \frac{1}{2}\mathrm{d}y\mathrm{d}z + f_x\rho \cdot \frac{1}{6}\mathrm{d}x\mathrm{d}y\mathrm{d}z = 0 \tag{2-4}$$

即

$$p_x - p_n + f_x\rho \cdot \frac{1}{3}\mathrm{d}x = 0 \tag{2-5}$$

令微元四面体 $Aabc$ 向 A 点收缩,即 $\mathrm{d}x$、$\mathrm{d}y$、$\mathrm{d}z$ 趋近于 0 时,微元四面体 $Aabc$ 变为 A 点,式(2-5)变为

$$p_x = p_n$$

同理,由 $\sum F_y = 0$,$\sum F_z = 0$,可求出

$$p_y = p_n, p_z = p_n$$

故

$$p_x = p_y = p_z = p_n \tag{2-6}$$

上述分析中,A 点和斜面的法线方向的单位矢量 $\boldsymbol{n}$ 均是任选的,因此,同一点上流体静压强大小与作用面的方位无关,即各个方向的静压强大小相等。

若以 p 表示静止流体中某一点的静压强,则 p 是关于该点位置坐标的函数,可表征为

$$p = p(x, y, z)$$

2.2 流体平衡微分方程

在已知静止流体应力特性的基础上,根据平衡条件,分析静压强的分布规律。

2.2.1 流体平衡微分方程

采用微元分析法建立流体的平衡微分方程。

如图 2-3 所示,在静止流体中任取一个微元直角六面体 $abcda'b'c'd'$,微元六面体的边长分别为 $\mathrm{d}x$、$\mathrm{d}y$、$\mathrm{d}z$。假设该微元六面体的几何中心为 O' 点,坐标为 (x, y, z),O' 点的压强为 $p = p(x, y, z)$。

微元六面体处于静止状态,各个方向的作用力均满足平衡方程。下面以 x 方向为例进行分析。

假设与 x 方向正交的两个平面 $abcd$ 和 $a'b'c'd'$ 的几何中心分别为 M 点和 N 点,其坐标分别可表示为 $\left(x - \dfrac{\mathrm{d}x}{2}, y, z\right)$ 和 $\left(x + \dfrac{\mathrm{d}x}{2}, y, z\right)$。对于微元六面体,将压强函数当作连续函数处理。根据泰勒(Taylor)级数展开式,取其前两项,忽略高阶微量,得到 M 点和 N 点的压强分别为 p_M 和 p_N。

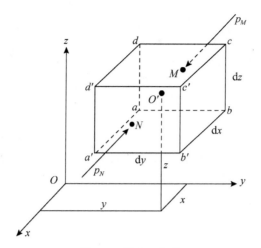

图 2-3　微元六面体

$$\left.\begin{array}{l} p_M = p\left(x - \dfrac{\mathrm{d}x}{2}, y, z\right) = p - \dfrac{1}{2}\dfrac{\partial p}{\partial x}\mathrm{d}x \\[3mm] p_N = p\left(x + \dfrac{\mathrm{d}x}{2}, y, z\right) = p + \dfrac{1}{2}\dfrac{\partial p}{\partial x}\mathrm{d}x \end{array}\right\} \tag{2-7}$$

（1）表面力

只有作用在平面 $abcd$ 和 $a'b'c'd'$ 内的压力。由于受压面是微小平面，p_M 和 p_N 可作为平面内的平均压强，故平面 $abcd$ 和 $a'b'c'd'$ 内的压力 F_M 和 F_N 为

$$\left.\begin{array}{l} F_M = p_M S_{abcd} = \left(p - \dfrac{1}{2}\dfrac{\partial p}{\partial x}\mathrm{d}x\right)\mathrm{d}y\mathrm{d}z \\[3mm] F_N = p_N S_{a'b'c'd'} = \left(p + \dfrac{1}{2}\dfrac{\partial p}{\partial x}\mathrm{d}x\right)\mathrm{d}y\mathrm{d}z \end{array}\right\} \tag{2-8}$$

（2）质量力

假设单位质量力为 $\boldsymbol{f} = (f_x, f_y, f_z)$，则 x 方向的质量力为

$$F_x = f_x \mathrm{d}m = f_x \rho \mathrm{d}x\mathrm{d}y\mathrm{d}z \tag{2-9}$$

微元六面体处于静止状态，x 方向满足平衡方程，即

$$\sum F_x = 0$$

$$\left(p - \dfrac{1}{2}\dfrac{\partial p}{\partial x}\mathrm{d}x\right)\mathrm{d}y\mathrm{d}z - \left(p + \dfrac{1}{2}\dfrac{\partial p}{\partial x}\mathrm{d}x\right)\mathrm{d}y\mathrm{d}z + f_x \rho \mathrm{d}x\mathrm{d}y\mathrm{d}z = 0$$

化简，同理可得 y、z 方向结果。

$$\left.\begin{array}{l} f_x - \dfrac{1}{\rho}\dfrac{\partial p}{\partial x} = 0 \\[2mm] f_y - \dfrac{1}{\rho}\dfrac{\partial p}{\partial y} = 0 \\[2mm] f_z - \dfrac{1}{\rho}\dfrac{\partial p}{\partial z} = 0 \end{array}\right\} \tag{2-10}$$

式(2-10)称为静止流体的平衡微分方程,是由瑞士数学家和力学家欧拉于 1775 年提出的,又称欧拉平衡微分方程。它表征了作用在静止流体上的质量力和压强梯度的微分关系。

式(2-10)的矢量形式为

$$\boldsymbol{f} - \dfrac{1}{\rho}\nabla p = \boldsymbol{0} \tag{2-11}$$

式(2-11)中,符号∇为微分运算子,称为哈密顿算子(Hamiltonian)。

$$\nabla = \boldsymbol{i}\dfrac{\partial}{\partial x} + \boldsymbol{j}\dfrac{\partial}{\partial y} + \boldsymbol{k}\dfrac{\partial}{\partial z} \tag{2-12}$$

式(2-10)和(2-11)表明,处于静止流体中的各点单位质量流体所受表面力和质量力相平衡。

静止流体平衡微分方程给出了静止流体中各点质量力和表面力间的平衡关系,但是也限定了质量力的力学类型。对式(2-10)中的 3 个式子交叉求偏导数(ρ 为常数),可得

$$\dfrac{\partial f_x}{\partial y} = \dfrac{\partial f_y}{\partial x}, \quad \dfrac{\partial f_y}{\partial z} = \dfrac{\partial f_z}{\partial y}, \quad \dfrac{\partial f_z}{\partial x} = \dfrac{\partial f_x}{\partial z} \tag{2-13}$$

式(2-13)是表达式 $f_x \mathrm{d}x + f_y \mathrm{d}y + f_z \mathrm{d}z$ 为某一坐标函数 $W(x,y,z)$ 全微分的充分必要条件,即

$$\mathrm{d}W = f_x \mathrm{d}x + f_y \mathrm{d}y + f_z \mathrm{d}z \tag{2-14}$$

又因为

$$\mathrm{d}W = \dfrac{\partial W}{\partial x}\mathrm{d}x + \dfrac{\partial W}{\partial y}\mathrm{d}y + \dfrac{\partial W}{\partial z}\mathrm{d}z$$

可得

$$\left.\begin{array}{l} f_x = \dfrac{\partial W}{\partial x} \\[2mm] f_y = \dfrac{\partial W}{\partial y} \\[2mm] f_z = \dfrac{\partial W}{\partial z} \end{array}\right\} \tag{2-15}$$

满足式(2-15)的坐标函数 $W(x,y,z)$ 称为力的势函数,而具有势函数的力称为有势的力。质量力为有势的力,如重力、惯性力等。

2.2.2　流体平衡微分方程的积分

将式(2-10)各分式分别乘以 dx、dy、dz,再相加,得

$$\frac{\partial p}{\partial x}dx + \frac{\partial p}{\partial y}dy + \frac{\partial p}{\partial z}dz = \rho(f_x dx + f_y dy + f_z dz) \qquad (2\text{-}16)$$

由于压强 $p = p(x,y,z)$ 是坐标的连续函数,根据全微分定理,式(2-16)等号左边即是压强 $p = p(x,y,z)$ 的全微分,即

$$dp = \frac{\partial p}{\partial x}dx + \frac{\partial p}{\partial y}dy + \frac{\partial p}{\partial z}dz \qquad (2\text{-}17)$$

则式(2-16)化简为

$$dp = \rho(f_x dx + f_y dy + f_z dz) \qquad (2\text{-}18)$$

式(2-18)是欧拉平衡微分方程的全微分表达式。一般而言,当作用于流体的单位质量力已知时,便可通过对上式积分求得流体静压强的分布规律。

前面提到,静止流体的质量力有势,将式(2-14)代入式(2-18)可得

$$dp = \rho dW \qquad (2\text{-}19)$$

式(2-19)为流体平衡微分方程的全微分简化形式。

若流体为不可压缩流体,则其密度 ρ 为常数,对式(2-19)积分可得

$$p = \rho W + C \qquad (2\text{-}20)$$

积分常数 C 可根据边界条件和已知条件来确定。

假设已知边界点上的势函数为 W_0,压强为 p_0,则

$$C = p_0 - \rho W_0$$

将 C 值代入式(2-20),得

$$p = p_0 + \rho(W - W_0) \qquad (2\text{-}21)$$

式(2-21)即为不可压缩均质流体平衡微分方程积分后的普遍关系式。它表明:只有在有势的质量力作用下,不可压缩均质流体才有可能维持平衡;任一点上的压强等于外压强 p_0 与有势的质量力所产生的压强之和。

由式(2-21)可知,$\rho(W - W_0)$ 是由流体的密度和质量力的势函数所决定的,与 p_0 无关。因此,若 p_0 发生变化,则平衡的流体中各点的压强 p 也随之发生相同大小的变化,即在平衡的不可压缩均质流体中,由部分边界面上的外力作用而产生的压强将等值地传递到该流体的各点上,这也就是著名的

帕斯卡定律(Pascal law)。

2.2.3 等压面

一般说来,静止流体中各点的压强是不相等的,我们将压强相等的空间点所构成的面(平面或曲面)称为等压面,例如静止流体的自由液面就是等压面。

由于等压面内各点的压强 p 相等,则 $\mathrm{d}p = 0$,即 $\mathrm{d}p = \rho\mathrm{d}W = 0$。由于 $\rho \neq 0$,则 $\mathrm{d}W = 0$,即 W 为常数。因此,等压面即是等势面。

等压面有一个重要性质:等压面与质量力正交。

【证明】因为 $\mathrm{d}p = 0$,即

$$\mathrm{d}p = \rho(f_x\mathrm{d}x + f_y\mathrm{d}y + f_z\mathrm{d}z) = 0 \tag{2-22}$$

而 $\rho \neq 0$,故

$$f_x\mathrm{d}x + f_y\mathrm{d}y + f_z\mathrm{d}z = 0 \tag{2-23}$$

式中,f_x、f_y、f_z 为等压面内单位质量力 $\boldsymbol{f}$ 在坐标轴 x、y、z 方向的投影;$\mathrm{d}x$、$\mathrm{d}y$、$\mathrm{d}z$ 为等压面内任一微小位移 $\mathrm{d}\boldsymbol{s}$ 在坐标轴 x、y、z 方向的投影。

式(2-23)可写成矢量形式

$$\boldsymbol{f} \cdot \mathrm{d}\boldsymbol{s} = 0 \Rightarrow \boldsymbol{f} \perp \mathrm{d}\boldsymbol{s} \tag{2-24}$$

即:等压面与单位质量力正交。

证明完毕。

根据等压面的这一性质,可根据质量力来判断等压面的形状。若流体仅受到重力作用,等压面为水平面;若受到重力和直线惯性力共同作用,等压面为斜面;若受到重力和离心惯性力共同作用,则等压面为曲面。

等压面的概念是计算流体中点压强的关键。必须注意的是,以上结论对相互连通的同种流体适用;若流体互不连通,水平面就不一定是等压面。

例如,图 2-4(a) 中的点 1 和点 2,处于同种静止流体中的同一水平面,但由于容器底部的阀门隔开了流体,且阀门左侧流体高度高于右侧流体,此时点 1、点 2 所在水平面不是等压面。图 2-4(b) 容器中盛有油和水两种流体,图中的点 3 和点 4 处在同种相互连通的静止流体中,且处于同一水平面上,故点 3、点 4 所在水平面为等压面;图中的点 5 和点 6 虽然也处在相互连通的静止流体中,且处于同一水平面上,但它们分别处在不同的流体中,故点 5、点 6 所在水平面不是等压面。

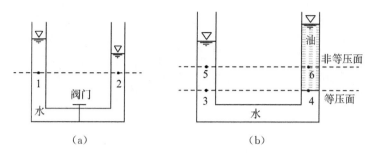

图 2-4　等压面的应用

2.3　重力作用下静止流体的压强分布

实际工程中,流体受到的质量力只有重力。本节重点研究在重力作用下静止液体的压强分布规律。

2.3.1　流体静力学基本方程

(1) 基本方程的两种形式

如图 2-5 所示,假设将重力作用下的静止流体置于容器中,建立直角坐标系 $Oxyz$,平面 Oxy 为水平面,z 轴沿铅直方向向上。若自由液面的高度为 z_0,压强为 p_0,下面求解流体内任意点的压强 p。

根据全微分式,液体中任意点的压强

$$dp = \rho(f_x dx + f_y dy + f_z dz)$$

因为质量力只有重力,即

$$f_x = 0, f_y = 0, f_z = -g$$

故

$$dp = -\rho g dz \tag{2-25}$$

对于均质流体,密度 ρ 为常数,对式(2-25)积分

$$p = -\rho g z + C' \tag{2-26}$$

或

$$z + \frac{p}{\rho g} = C \tag{2-27}$$

式中,C' 和 C 为积分常数,可根据边界条件和初始条件确定。

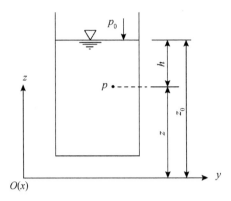

图 2-5　重力作用下的静止流体

式(2-27)是重力作用下流体静力学基本方程的形式之一。它表明:流体受到的质量力只有重力时,静止流体内部任一点的 z 和 $\dfrac{p}{\rho g}$ 之和为常数。

对于静止流体中任意两点来讲,由式(2-27)可得

$$z_1 + \frac{p_1}{\rho g} = z_2 + \frac{p_2}{\rho g} \tag{2-28}$$

式中,z_1 和 z_2 为任意两点在 z 轴的坐标值。

式(2-28)的适用条件是静止的、连续的且受到的质量力只有重力的同一均质流体。

将边界条件 $z = z_0$,$p = p_0$ 代入式(2-26)中求积分常数

$$C' = p_0 + \rho g z_0$$

可得

$$p = p_0 + \rho g (z_0 - z) \tag{2-29}$$

式中,$z_0 - z$ 为自由液面到流体中任一点的距离,即该点的深度,用 h 表示。式(2-29)可写成

$$p = p_0 + \rho g h \tag{2-30}$$

式中,p 为淹没深度为 h 处流体质点的静压强;p_0 为流体表面压强;h 为流体质点在液面下的淹没深度。

式(2-30)是重力作用下流体静力学基本方程的另一种形式。它表明:在重力作用下,流体中任一点的静压强 p 由流体表面压强 p_0 和 $\rho g h$ 组成。当 p_0 和 ρ 一定时,压强随流体深度 h 的增大而增大,呈线性变化。式(2-30)中,$\rho g h$ 的物理意义是单位面积上柱形流体的重量。

（2）推论

根据流体静力学基本方程，可得出以下推论。

① 静压强的大小与流体的体积无直接关系。如图 2-6 所示，盛有相同流体的容器，各容器的形状不同，容积不同，流体的重量不同，但只要深度 h 相同，由式（2-30）可知容器底面上各点的压强都相同。

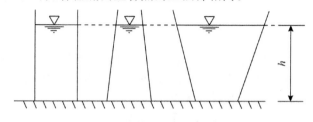

图 2-6　不同体积流体的静压强比较

② 流体内两点的压强差，等于两点间单位面积垂直液柱的重量。如图 2-7 所示，对于流体内任意两点 A、B 有

$$p_A = p_0 + \rho g h_A$$
$$p_B = p_0 + \rho g h_B$$

则 A、B 两点的压强差为

$$\Delta p = p_B - p_A = \rho g (h_B - h_A) = \rho g h_{AB}$$

即为 A、B 两点间单位面积垂直液柱的重量。

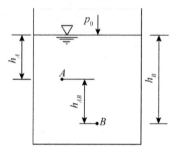

图 2-7　同一容器内不同水深的静压强

③ 平衡状态下，流体内任意点的压强变化，等值地传递到其他各点。由式（2-29）可知，流体内任意两点的压强的关系为

$$p_B = p_A + \rho g h_{AB}$$

在平衡状态下，当点 A 的压强增加 Δp 时，点 B 的压强变为

$$p_B{}' = (p_A + \Delta p) + \rho g h_{AB} = (p_A + \rho g h_{AB}) + \Delta p = p_B + \Delta p$$

即某点压强的变化，等值地传递到其他各点。这就是著名的帕斯卡原理。这一原理自 17 世纪中叶被发现以来，在水压机、液压传动设备中得到了广泛的应用。

2.3.2 压强的度量

（1）压强的表示方式

根据起算基准的不同，压强可分为两种：绝对压强和相对压强。绝对压强 p_{abs} 是以绝对（或完全）真空状态为起算基准所得到的压强，相对压强 p 则是以当地大气压强（p_a）为起算基准所得到的压强。绝对压强和相对压强之间相差一个当地大气压强 p_a，即

$$p = p_{abs} - p_a \tag{2-31}$$

绝对压强恒大于等于零，不可能出现负值；而相对压强可正可负，也可为零。当绝对压强小于当地大气压强时，相对压强会出现负值，称为负压。这种状态用真空度来衡量。所谓真空度（p_v），是指当地大气压强与绝对压强的差值，与相对压强互为相反数。由式（2-31）可得

$$p_v = p_a - p_{abs} = -p \tag{2-32}$$

上述四者的相互关系如图 2-8 所示。

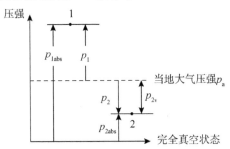

图 2-8 压强的不同表达方式

如图 2-9 所示，左侧为一密闭容器，右侧接一上端开口且与大气连通的细玻璃管，该玻璃管称为测压管。测压管的液体表面压强等于大气压强 p_a，是自由液面。若左侧容器内流体的表面压强 $p_0 < p_a$，则等压面 A-A' 以上的液体（画有斜线部分）以及容器液体表面以上的气体压强均小于大气压强，该部分的液体和气体均出现真空现象。

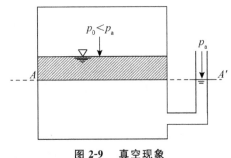

图 2-9 真空现象

工程结构和工业设备都处在当地大气压强的作用下,采用相对压强往往能简化计算。例如,在确定压力容器壁面所受压力时,若内部压力用绝对压强计算,则还需减去外部大气对壁面的压力;若用相对压强计算,则无须考虑外部大气压强的作用。

需要注意的是,由于测量元件受大气压强作用,工程上所用的压力表以大气压强作为零点,故其所测得的压强是相对压强。因此,相对压强又称为表压强或计示压强。

(2) 压强的计量单位

① 压强的国际单位制单位为 Pa 或者 N/m^2,也常用 kPa 和 MPa。

② 大气压随当地高程和气温变化而有所差异,国际上规定标准大气压(standard atmosphere)用 atm 表示,1atm $=$ 101325Pa。此外,工程中为便于计算,常采用工程大气压,符号为 at,1at $\approx$ 98000Pa。

③ 实际工程中,液柱高度也常用来表示压强大小,一般用某种已知流体的液柱高度($h = \dfrac{p}{\rho g}$)来表示,如水柱高度和汞柱高度,常用单位为mH_2O、mmH_2O 和 mmHg。

【例 2-1】 如图所示,左侧玻璃管顶端封闭,水面气体的绝对压强 $p_{1abs} = 0.75at(1at = 98kPa)$,右侧玻璃管倒插在水银槽中,汞柱上升高度 $h_2 = 120mm$,水面下点 A 的淹没深度 $h_A = 2m$。试求:① 容器内水面的绝对压强 p_{2abs} 和真空度 p_{2v};② 点 A 的相对压强 p_A;③ 左侧管内水面超出容器内水面的高度 $h_1(p_a = 98kPa)$。

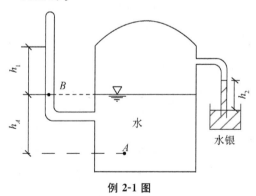

例 2-1 图

【解】 ① 绝对压强 p_{2abs} 和真空度 p_{2v}

气体的密度很小,在小范围内可以忽略气柱产生的压强,故右侧汞柱液面的压强就是容器内液面的压强 p_{2abs}。

由 $\qquad p_a = p_{2abs} + \rho_{水银} g h_2$

得 $\qquad p_{2abs} = p_a - \rho_{水银} g h_2$

$$p_{2abs} = (98000 - 13600 \times 9.8 \times 0.12)/1000 = 82 (\text{kPa})$$

$$= p_a - p_{2abs} = 98 - 82 = 16 (\text{kPa})$$

② 点 A 的相对压强 p_A

$$p_2 = - p_{2v} = - 16 (\text{kPa})$$

$$p_A = p_2 + \rho g h_A$$

$$= - 16000 - 1000 \times 9.8 \times 2 = 3.6 (\text{kPa})$$

③ 高度 h_1

容器内水面与左侧管内 B 点在同一等压面上，则

$$p_{2abs} = p_{1abs} + \rho g h_1$$

$$h_1 = \frac{p_{2abs} - p_{1abs}}{\rho g} = \frac{82000 - 0.75 \times 98000}{1000 \times 9.8} = 0.87 (\text{m})$$

【例 2-2】 一密闭容器接一上端开口玻璃管，如图所示。若水面的相对压强 $p_0 = -44.5 \text{kPa}$，水面下点 M 的淹没深度 $h' = 2\text{m}$。试求：① 容器内水面到测压管水面的铅直距离 h；② 水面下点 M 的绝对压强、相对压强及真空度 $(p_a = 98 \text{kPa})$。

【解】 ① 铅直距离 h

图中 $A\text{-}A'$ 水平面为相对压强为零的等压面，因此

$$p_0 + \rho g h = 0$$

$$h = -\frac{p_0}{\rho g} = -\frac{-44500}{1000 \times 9.8} = 4.54 (\text{m})$$

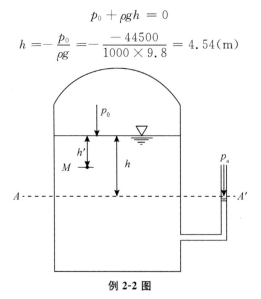

例 2-2 图

② 点 M 的相对压强、绝对压强及真空度

相对压强

$$p_M = p_0 + \rho g h' = -44500 + 1000 \times 9.8 \times 2 = -24.9(\text{kPa})$$

绝对压强

$$p_{Mabs} = p_M + p_a = -24.9 + 98 = 73.1(\text{kPa})$$

真空度

$$p_{Mv} = -p_M = 24.9(\text{kPa})$$

2.3.3　测压管水头

流体静力学基本方程式具有重要的几何意义和物理意义。下面详细说明 $z + \dfrac{p}{\rho g} = C$ 中各项含义。

如图 2-10(a) 所示,假设在容器的侧壁上安装一测压管,测压管可以装在侧壁和底部上任意一点。取任意水平面 N-N' 为基准面。

(1) 几何意义

如图 2-10(b) 所示,z_A 为流体中任意点 A 在基准面以上的高度,称为位置高度或位置水头;$\dfrac{p_A}{\rho g}$ 为测压管自由液面到点 A 的高度,也是点 A 压强所形成的液柱高度,即测压管高度,称为压强水头;$z_A + \dfrac{p_A}{\rho g}$ 为测压管自由液面至基准面的高度,称为测压管水头。

式(2-27) 表明,静止流体中任意点的测压管水头为常数。

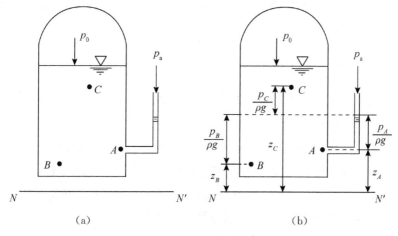

(a)　　　　　　　　　　　　(b)

图 2-10　测压管水头

（2）物理意义

z 为单位重量流体相对于基准面具有的重力势能,简称位能;$\dfrac{p}{\rho g}$ 为单位重量流体所具有的压强势能,即压能;$z+\dfrac{p}{\rho g}$ 为位能与压能之和,表示单位重量流体所具有的总势能。

式(2-27)表明,在静止流体内部,各点单位重量流体具有的总势能相等。

对图 2-10(b),由式(2-27)可知

$$z_A + \frac{p_A}{\rho g} = z_B + \frac{p_B}{\rho g} = z_C + \frac{p_C}{\rho g} \tag{2-33}$$

以下几点值得注意:

① 测压管的液面是自由液面,当以相对压强计算时,自由液面的压强等于零,而液体中任意点的 $\dfrac{p}{\rho g}$ 实质上是相对压强所形成的压强水头。

若容器是开口容器,则液面压强为大气压强,容器内的液面与测压管的液面齐平;若容器是封闭容器,则液面压强可能高于或低于大气压强,容器内的液面就低于或高于测压管的液面。因此,液体中任意点的测压管高度并不一定等于液面以下该点的水深。

② 不论容器中的压强是等于、大于还是小于大气压强,静止液体内各点的测压管水头均为常数,均等于自由液面至基准面的距离。

③ 测压管水头和位置水头的大小都与基准面的位置有关,而压强水头与基准面的位置无关。

2.3.4　静压强分布图

静压强分布图是用来表征静压强在受压面上分布规律的几何图形。其原理是:$p = p_0 + \rho g h$。

在静压强分布图中,以线段的长度表示压强的大小,以线段端点处的箭头表示压强的作用方向。需要指出的是,自由液面处 p_0 常以零计,故静压强分布图中的静压强为相对压强 $p = \rho g h$。静压强分布图的绘制规则是:

① 按照一定比例,用一定长度的线段代表静压强的大小;

② 用箭头标识静压强的方向,并垂直于受压面。

图 2-11 所示为一矩形平面闸门,一侧挡水,水面为大气压强,其铅垂剖面为 A-B,由于 $p = \rho gh$,故只需确定 A、B 两点的压强值,中间以直线相连,即可得到剖面 A-B 的压强分布图。

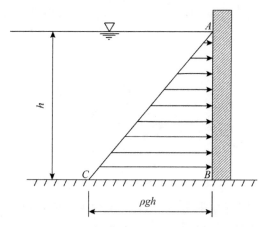

图 2-11   矩形平面闸门的压强分布图(单侧受压)

闸门挡水面与水面的交点 A:$h_A = 0,p_A = 0$。

闸门挡水面最低点 B:$h_B = h,p_B = \rho gh$,方向与承压面正交。

过点 B 作垂直于 AB 的线段 BC,取 $l_{BC} = \rho gh$。连接 AC,则三角形 ABC 即为矩形平面闸门上任一铅垂剖面上的静压强分布图(图 2-11)。

图 2-12 所示的挡水面 ABC 为折线。在点 B 有两个不同方向的压强分别垂直于 AB 及 BC。根据静止流体应力的特性,这两个压强大小相等,都等于 ρgh_1,其压强分布图如图 2-12 所示。

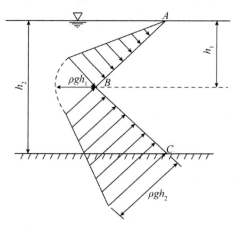

图 2-12   折线形平板的压强分布图

图 2-13 所示为一矩形平面闸门,两侧有水,其水深分别为 h_1 和 h_2。此时,闸门上任一铅垂剖面两侧的静压强分布图分别为三角形 ABC 和 DBE。由于闸门两侧静压强的方向相反,则将两侧压强分布图相减,即可得到矩形平面闸门上的压强分布图,为梯形 $AFGB$,其方向如图 2-13 所示。

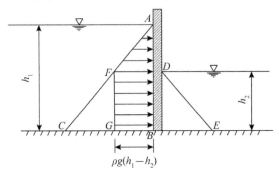

图 2-13 矩形平面闸门的压强分布图(双侧受压)

弧形闸门的压强分布为曲线分布,如图 2-14 所示。

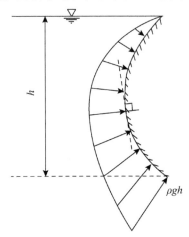

图 2-14 弧形闸门的压强分布图

由于静压强与淹没深度之间的关系满足 $p = \rho g h$,若承压面为平面,则压强分布图的外包线为直线;若受压面为曲面,曲面的长度与水深不呈线性函数关系,故压强分布图的外包线亦为曲线。

2.4 压强的测量

流体压强的测量仪表种类很多,根据测压原理的不同,主要可分为液柱式测压计、弹性式测压计和电测式测压计三类。本书仅介绍液柱式测压计，关于弹性式测压计和电测式测压计的内容可参考相关资料。液柱式测压计以静力学基本方程为基础，将被测压强转换成液柱高差进行测量，简单、直观，精度较高，但测量范围较小，常用于实验室或实际生产中测量低压、负压和压差。

（1）U 形水银测压计

上节介绍的测压管仅适用于测量较小的压强，若测量较大的压强，则需用水银测压计。由于水银的密度较大，沉于被测量流体的下部，测压计需采用 U 形设计。因为 U 形管两侧压差不同，故水银液面出现高度差。如图 2-15 中点 B 的压强为

$$p_B = \rho_{水银} g \Delta h - \rho_水 g a$$

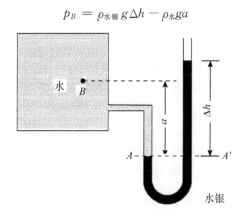

图 2-15　U 形水银测压计

（2）压差计

在工程实际应用中，常采用压差计来测量两测压点间的压强差或测压管水头差。压差计又称比压计，是用于测量液体或气体两点间压强差或测压管水头差的仪器。

水银压差计是最常用的一种液柱式压差计。如图 2-16 所示，将其两端分别与两测点 A、B 相连，即可实现两点压强差或测压管水头差的测量。

图 2-16 中 M-N 为等压面，由 $p_M = p_N$ 得

$$p_A + \rho g (\Delta z + h + h_p) = p_B + \rho g h + \rho_{水银} g h_p$$

即两测点 A、B 的压强差为

$$p_A - p_B = (\rho_{水银} - \rho) g h_p - \rho g \Delta z \tag{2-34}$$

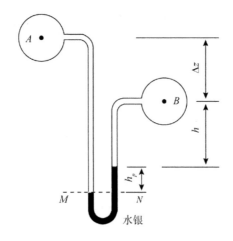

图 2-16 水银压差计

其中

$$\Delta z = z_A - z_B$$

将上式代入(2-34),各项同除以 ρg 并整理,可得两测点 A、B 测压管水头差为

$$\left(z_A + \frac{p_A}{\rho g} \right) - \left(z_B + \frac{p_B}{\rho g} \right) = \left(\frac{\rho_{水银}}{\rho} - 1 \right) h_p \qquad (2-35)$$

当两测点流体密度已知时,测得水银压差计中的 h_p,以及两测点 A、B 的位置水头 z_A 和 z_B,由式(2-35) 即可求得压强差值。

【例 2-3】 测压装置如图所示。已测得球 A 压力表读数为 $0.25\text{at}(1\text{at} = 98000\text{Pa})$,测压计内水银面之间的空间充满酒精。已知 $h_1 = 20\text{cm}$,$h_2 = 25\text{cm}$,$h = 70\text{cm}$,水银和酒精密度分别为:$\rho_{水银} = 13600\text{kg/cm}^3$,$\rho_{酒精} = 800\text{kg/cm}^3$。试计算球 B 中空气的压强 p_B。

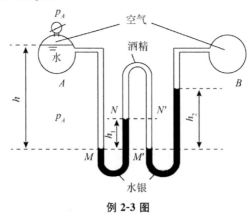

例 2-3 图

【解】　由于空气的密度远小于液体的密度,故可认为充满空气的整个空间具有相同的空气压强,即球 A 压力表读数是球 A 液面的相对压强,球 B 空气压强与曲管测压计中空气压强相等。

首先找出等压面 M-M'、N-N',应用静力学基本方程式,从球 A 逐步推算到球 B,得

$$p_B = p_A + \rho_{水}gh - \rho_{水银}gh_1 + \rho_{酒精}gh_1 - \rho_{水银}gh_2$$
$$= 0.25 \times 98000 + 1000 \times 9.8 \times 0.7 - 13600 \times 9.8 \times 0.2$$
$$+ 800 \times 9.8 \times 0.2 - 13600 \times 9.8 \times 0.25$$
$$= -27000(\text{Pa}) = -27.0(\text{kPa})$$

(3) 弹性式压力计

弹性式压力计是根据各种形式的弹性元件在被测流体的作用下受压后产生弹性形变的原理而制成的测压仪表。这种仪表具有结构简单、读数清晰、牢固可靠、价格低廉、测量范围宽以及精度较高等优点。若增加附加装置,如记录装置、电气变换装置、控制元件等,则可以实现压力的记录、远传、信号报警、自动控制等。弹性式压力计可以用来测量几百帕到数千兆帕范围内的压力,因此在工业上是应用最为广泛的一种压力测量仪表。

弹性元件是一种简易可靠的测压敏感元件,它不仅是弹性式压力计的测压元件,也经常用来作为启动单元组合仪表的基本组成元件。当测压范围不同时,所用的弹性元件也不一样。常用的几种弹性元件结构有弹簧管式弹性元件、薄膜式弹性元件、波纹管式弹性元件。

2.5　流体的相对平衡

我们在 2.3 节讨论了在质量力仅有重力作用时的流体平衡问题,本节进一步讨论在重力和惯性力同时作用时的流体相对平衡问题。

所谓相对平衡,是指流体与容器一起运动,但流体和容器间无相对运动的状态。此时,若以地球为参考系,则整体(流体与容器)是运动的;若以运动的容器为参考系,则流体相对于容器来说是静止的。因此,当流体处在相对平衡状态时,流体质点之间无相对运动,也没有黏性,作用在流体质点上的质量力和表面力保持平衡,即描述静止流体的平衡微分方程式(2-10)仍适用,但式中的质量力不仅有重力,还有惯性力。

下面用流体平衡微分方程来讨论流体相对静止时的压强分布规律。

2.5.1　流体随容器做等加速度直线运动

如图 2-17 所示，流体置于容器中，静止时流体深度为 H，流体随容器以加速度 a 做直线运动，此时观察到液面为倾斜的。建立图示坐标系 Oyz，坐标原点 O 位于容器底面中心点，Oz 轴竖直向上，点 e 为 Oz 轴与液面的交点。

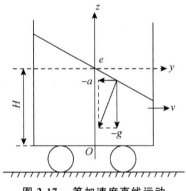

图 2-17　等加速度直线运动

（1）压强分布规律

根据流体平衡微分方程有

$$\mathrm{d}p = \rho(f_x\mathrm{d}x + f_y\mathrm{d}y + f_z\mathrm{d}z)$$

这里的质量力除重力外，还有惯性力，惯性力方向与加速度的方向相反。那么单位质量力在各坐标轴的投影分别为

$$f_x = 0,\ f_y = -a,\ f_z = -g$$

则有

$$\mathrm{d}p = \rho(-a\mathrm{d}y - g\mathrm{d}z) \tag{2-36}$$

积分得

$$p = \rho g\left(-\frac{a}{g}y - z\right) + C \tag{2-37}$$

式中，C 为积分常量。液面倾斜后流体体积不变，故点 e 位置不变，那么 $y=0$，$z=H$，$p=p_0$。代入式(2-37)即可求出积分常数

$$C = p_0 + \rho g H$$

因此

$$p = p_0 + \rho g\left(H - \frac{a}{g}y - z\right) \tag{2-38}$$

令 $p = p_0$,可得自由液面方程

$$z_0 = H - \frac{a}{g}y \qquad (2\text{-}39)$$

将式(2-39)代入式(2-38),得

$$p = p_0 + \rho g (z_0 - z) = p_0 + \rho g h \qquad (2\text{-}40)$$

式中,$h = z_0 - z$,即该点在自由液面下的淹没深度。式(2-40)表明,该状态液体铅垂方向压强分布规律与静止流体相同。

（2）等压面

在式(2-38)中,令 p 为常数,则

$$dp = \rho(-ady - gdz) = 0$$

即

$$dz = -\frac{a}{g}dy \qquad (2\text{-}41)$$

积分得

$$z = -\frac{a}{g}y + C \qquad (2\text{-}42)$$

式(2-42)即为等压面方程。它表明:等压面是一簇倾斜平面,其斜率 $k = -\frac{a}{g}$,而质量力作用线的斜率 $k' = \frac{g}{a}$,说明等压面与质量力仍是正交的。

（3）测压管水头

由式(2-37)得

$$z + \frac{p}{\rho g} = -\frac{a}{g}y + C \qquad (2\text{-}43)$$

式(2-43)说明,在同一个横断面(y 一定)上,各点的测压管水头相等,即

$$z + \frac{p}{\rho g} = C' \qquad (2\text{-}44)$$

式中,C' 为常量。

2.5.2　流体随容器做等角速度旋转运动

如图 2-18(a)所示,流体置于直立圆柱形容器中,静止时流体深度为 H,容器绕其中心轴以角速度 ω 旋转。因为流体的黏性作用,紧靠容器壁的液体会随容器发生运动。经过时间 t 后,容器内的液体也以同样角速度 ω 旋转,流

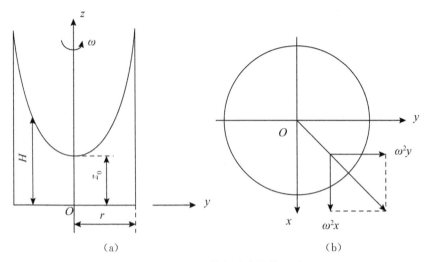

图 2-18　等角速度旋转运动

体与容器、流体质点之间将达到相对平衡,此时,自由液面形成旋转抛物面。

建立如图 2-18(b) 坐标系 $Oxyz$,坐标原点 O 位于容器底面中心点,Oz 轴竖直向上,与旋转轴重合。

(1) 压强分布规律

根据流体平衡微分方程,有

$$dp = \rho(f_x dx + f_y dy + f_z dz)$$

这里的质量力除重力外,还有惯性力,惯性力方向与加速度的方向相反,为离心方向。那么单位质量力在各坐标轴的投影分别为

$$f_x = \omega^2 x, f_y = \omega^2 y, f_z = -g$$

则上式可变为

$$dp = \rho(\omega^2 x dx + \omega^2 y dy - g dz) \tag{2-45}$$

积分得

$$p = \rho g \left[\frac{\omega^2 (x^2 + y^2)}{2g} - z \right] + C \tag{2-46}$$

化简得

$$p = \rho g \left(\frac{\omega^2 r^2}{2g} - z \right) + C \tag{2-47}$$

根据边界条件,

$$r = 0, z = z_0, p = p_0$$

确定积分常数

$$C = p_0 + \rho g z_0$$

代入式(2-47)得

$$p = p_0 + \rho g \left[\frac{\omega^2 r^2}{2g} + (z_0 - z) \right] \tag{2-48}$$

令 $p = p_0$，可求自由液面方程

$$z_s = z_0 + \frac{\omega^2 r^2}{2g} \tag{2-49}$$

把式(2-49)代入式(2-48)，得

$$p = p_0 + \rho g (z_s - z) = p_0 + \rho g h \tag{2-50}$$

式中，$h = z_s - z$，即为该点在自由液面下的淹没深度。

式(2-50)表明，该状态液体铅垂方向压强分布规律与静止流体相同。

（2）等压面

在式(2-48)中，令 p 为常数，则

$$\mathrm{d}p = \rho(\omega^2 x \mathrm{d}x + \omega^2 y \mathrm{d}y - g \mathrm{d}z) = 0$$

即

$$\mathrm{d}z = \frac{\omega^2}{g}(x \mathrm{d}x + y \mathrm{d}y) \tag{2-51}$$

积分得

$$z = \frac{\omega^2}{2g} r^2 + C \tag{2-52}$$

上式即为等压面方程。它表明：等压面是一簇旋转抛物面。

（3）测压管水头

由式(2-47)得

$$z + \frac{p}{\rho g} = \frac{\omega^2 r^2}{2g} + C \tag{2-53}$$

上式说明，在同一个圆柱面（r 一定）上，各点的测压管水头相等，即

$$z + \frac{p}{\rho g} = C' \tag{2-54}$$

式中，C' 为常量。

2.6　静止液体作用在平面上的总压力

在实际工程中，除了需要计算点压强外，还需要确定液体作用承压面的

总压力,例如,作用在水坝、闸门等水工建筑物上的总水压力。承压面可以是平面,也可以是曲面。

液体作用在平面上的总压力,其方向与平面上静压强的方向是一致的,即内法线方向。因此,平面上液体压力计算的关键是确定其大小与作用点。下面讨论一下静止液体作用在平面上的总压力的求解方法。

2.6.1 解析法

(1) 总压力的大小和方向

假设任意形状平面,其面积为A,与水平面夹角为α。建立图 2-19 所示直角坐标系Oxy,以平面的延伸面与液面的交线为Ox轴,Oy轴垂直于Ox轴向下。将平面所在坐标平面绕Oy轴顺时针旋转$90°$,展现受压平面。

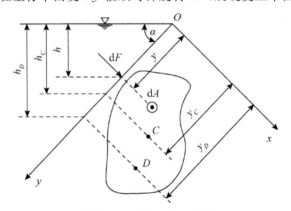

图 2-19 平面上液体总压力

在承压面上,围绕任一点(x,y)取微元面积$\mathrm{d}A$,流体作用在$\mathrm{d}A$上的微小压力为

$$\mathrm{d}F = \rho g h \,\mathrm{d}A = \rho g \cdot y\sin\alpha \cdot \mathrm{d}A \tag{2-55}$$

作用在平面上的总压力是平行力系的合力,即

$$F = \int \mathrm{d}F = \rho g \sin\alpha \cdot \int_A y \,\mathrm{d}A \tag{2-56}$$

式中,$\int_A y\mathrm{d}A$表征承压面对Ox轴的静矩,它等于受压面面积A与其形心点C到Ox轴距离的乘积,即

$$\int_A y \,\mathrm{d}A = y_C A$$

且

$$h_C = y_C \sin\alpha, p_C = \rho g h_C$$

代入式(2-56)得

$$F = \rho g \sin\alpha \cdot y_C A = \rho g A \cdot y_C \sin\alpha = \rho g h_C A = p_C A \qquad (2\text{-}57)$$

式中，F 为平面上静水总压力；y_C 为承压面形心点 C 到 Ox 轴的距离；h_C 为承压面形心点 C 的淹没深度；p_C 为承压面形心点 C 的压强。

式(2-57)表明，任意形状平面上，其静水总压力的大小等于其形心点的压强与承压面面积的乘积。总压力的方向沿承压面的内法线方向，即垂直指向承压面。

（3）总压力的作用点

假设总压力的作用点（压力中心）D 到 Ox 轴的距离为 y_D，根据合力矩定律，有

$$Fy_D = \int_A y \, \mathrm{d}F = \rho g \sin\alpha \cdot \int_A y^2 \, \mathrm{d}A \qquad (2\text{-}58)$$

式中，$\int_A y^2 \, \mathrm{d}A$ 为承压面对 Ox 轴的惯性矩。

令 $I_x = \displaystyle\int_A y^2 \, \mathrm{d}A$，代入式(2-58)得

$$Fy_D = \rho g \sin\alpha \cdot I_x \qquad (2\text{-}59)$$

将式(2-57)代入式(2-59)，化简得

$$y_D = \frac{I_x}{y_C A} \qquad (2\text{-}60)$$

由平行移轴定理，有

$$I_x = I_C + y_C^2 A$$

代入式(2-60)得

$$y_D = y_C + \frac{I_C}{y_C A} \qquad (2\text{-}61)$$

式中，y_D 为总压力作用点 D 到 Ox 轴的距离；y_C 为承压面形心点 C 到 Ox 轴的距离；I_C 为承压面对平行于 Ox 轴的形心轴的惯性矩；A 为承压面面积。

式(2-61)中，$\dfrac{I_C}{y_C A} > 0$，故 $y_D > y_C$，即总压力作用点 D 一般在承压面形心点 C 之下。这是压强分布规律导致的必然结果。随着承压面淹没深度的增加，y_C 增大，$\dfrac{I_C}{y_C A}$ 减小，总压力作用点逐渐靠近受压面形心点。

只有在承压面为水平面的情况下，平面上的压强分布才是均匀的。此时，压力中心点 D 与形心点 C 重合，则 $y_D = y_C$，$h_D = h_C$。

同理,对 Oy 轴应用合力矩定理,也可以求出 x_D,即

$$x_D = x_c + \frac{I_{xyC}}{x_c A}$$

式中,x_D 为总压力作用点 D 到 Oy 轴的距离;x_c 为承压面形心点 C 到 Oy 轴的距离;I_{xyC} 为承压面对平行于 Ox、Oy 轴的形心轴的惯性矩,$I_{xyC} = \int_A xy\,\mathrm{d}A$。

然而,在工程实际中遇到的承压面大多具有与 Oy 轴平行的纵向对称轴,此时压力中心点 D 必位于对称轴上,无须再计算 x_D。

表 2-1 给出了几种常见图形的面积 A、形心坐标 y_C 及惯性矩 I_C。

表 2-1 常见图形的几何特征量

几何特征量			
面积 A	bh	$\dfrac{1}{2}bh$	$\dfrac{1}{8}\pi d^2$
形心坐标 y_C	$\dfrac{1}{2}h$	$\dfrac{2}{3}h$	$\dfrac{2d}{3\pi}$
惯性矩 I_C	$\dfrac{1}{12}bh^3$	$\dfrac{1}{36}bh^3$	$\dfrac{d^4}{16}\left(\dfrac{\pi}{3}-\dfrac{8}{9\pi}\right)$
几何特征量			
面积 A	$\dfrac{h}{2}(a+b)$	$\dfrac{1}{4}\pi d^2$	$\dfrac{\pi}{4}bh$
形心坐标 y_C	$\dfrac{h}{3}\dfrac{a+2b}{a+b}$	$\dfrac{d}{2}$	$\dfrac{h}{2}$
惯性矩 I_C	$\dfrac{h^3}{36}\dfrac{a^2+4ab+b^2}{a+b}$	$\dfrac{\pi}{64}\cdot d^4$	$\dfrac{\pi}{64}bh^3$

2.6.2 图解法

当求解矩形承压面上的静水总压力及其作用点问题时,若承压面底边与液面平行时,则采用图解法更为简便:先绘制出压强分布图,再根据压强分布图计算总静压力。

(1) 流体总压力的大小

假设矩形承压面 AB 如图 2-20 所示,底边平行于液面,水压面与水平面夹角为 α,承压面宽度为 b,长度为 L,上下底边的淹没深度分别为 h_2 和 h_1。

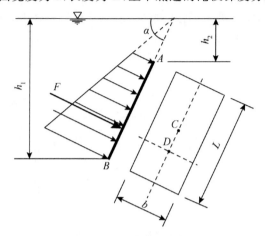

图 2-20　平面总压力

根据式(2-57)得

$$F = p_C A = \rho g h_C A = \rho g \frac{h_1 + h_2}{2} bL = \frac{1}{2} L (\rho g h_1 + \rho g h_2) b$$

式中,$\frac{1}{2} L (\rho g h_1 + \rho g h_2)$ 为承压面压强分布图的面积 Ω。故上式可写为

$$F = \Omega b \tag{2-62}$$

即:静水总压力的大小等于压强分布图的面积 Ω 乘以承压面的宽度 b。

(2) 流体总压力的作用点

流体静水总压力 F 的作用线必通过压强分布图的形心并与矩形承压面的纵向对称轴相交,这一交点即为 F 的作用点 D。静水总压力方向为垂直指向承压面。

根据表 2-1,梯形形心坐标 $y_C = \dfrac{h}{3} \dfrac{a+2b}{a+b}$。如图 2-20 所示,合力作用点位置为

$$y_D = \frac{L}{3} \frac{\rho g h_2 + 2\rho g h_1}{\rho g h_2 + \rho g h_1} + \frac{h_2}{\sin\alpha} = \frac{L}{3} \frac{h_2 + 2h_1}{h_2 + h_1} + \frac{h_2}{\sin\alpha}$$

D 点的淹没深度为

$$h_D = y_D \sin\alpha = \left(\frac{L}{3} \frac{\rho g h_2 + 2\rho g h_1}{\rho g h_2 + \rho g h_1} + \frac{h_2}{\sin\alpha} \right) \sin\alpha = \frac{L}{3} \frac{h_2 + 2h_1}{h_2 + h_1} \sin\alpha + h_2$$

这一关系可自行根据解析法计算公式(2-61)计算。

【例 2-4】 一铅直矩形平板 AB，板宽 $b = 4\text{m}$，板高 $h = 3\text{m}$，板顶水深 $h_1 = 1\text{m}$，求静水总压力的大小及作用点。

【解】 根据静止流体压强的特性，绘出平板的压强分布图。设总压力的作用点为 D，其淹没深度为 h_D。

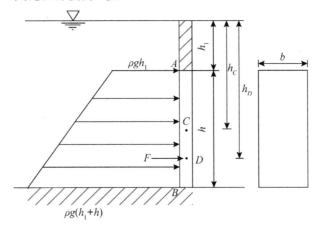

例 2-4 图

① 解析法

静水总压力为

$$F = \rho g h_C A = \rho g \left(h_1 + \frac{h}{2} \right) bh = 1000 \times 9.8 \times \left(1 + \frac{3}{2} \right) \times 4 \times 3$$

$$= 294(\text{kN})$$

总压力作用点的淹没深度为

$$h_D = h_C + \frac{I_C}{A h_C} = \left(1 + \frac{3}{2} \right) + \frac{\frac{1}{12} \times 4 \times 3^3}{4 \times 3 \times \left(1 + \frac{3}{2} \right)} = 2.8(\text{m})$$

② 图解法

静水总压力为

$$F = \frac{1}{2} \left[\rho g h_1 + \rho g (h_1 + h) \right] bh = \frac{1}{2} \rho g (2h_1 + h) bh$$

$$= \frac{1}{2} \times 1000 \times 9.8 \times (2 \times 1 + 3) \times 4 \times 3 = 294(\text{kN})$$

压强分布图的重心位置为

$$y_C = \frac{h}{3} \frac{a + 2b}{a + b} = \frac{3}{3} \times \frac{1 + 2 \times 4}{1 + 4} = 1.8(\text{m})$$

总压力作用点的淹没深度为
$$h_c = h_1 + y_c = 1 + 1.8 = 2.8 (m)$$

【例 2-5】　矩形平板闸门 AB，一侧挡水，已知长 $l = 2m$，宽 $b = 1m$，形心点水深 $h_c = 2m$，倾角 $\alpha = 45°$，闸门上缘 A 处设有转轴，忽略闸门自重及门轴摩擦力，试求开启闸门所需拉力 T 的大小。

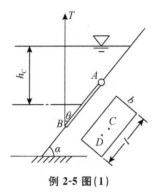

例 2-5 图(1)

【解】　① 解析法
$$F = p_c A = \rho g h_c bl = 1000 \times 9.807 \times 2 \times 1 \times 2 = 39.228 (kN)$$

$$y_D = y_c + \frac{I_c}{y_c A} = \frac{h_c}{\sin\alpha} + \frac{\dfrac{bl^3}{12}}{\dfrac{h_c}{\sin\alpha} \cdot bl} = \frac{2}{\sin 45°} + \frac{2^2}{\dfrac{12 \times 2}{\sin 45°}} = 2\sqrt{2} + \frac{\sqrt{2}}{12}$$

$$= 2.946 (m)$$

当开启闸门时，闸门在拉力 T 与静水总压力 F 作用下平衡，对点 A 列力矩平衡方程
$$F(y_D - y_A) - Tl\sin\theta = 0$$

则
$$T = \frac{F(y_D - y_A)}{l\sin\theta} = \frac{F\left[\dfrac{\dfrac{h_c}{\sin\alpha} + \dfrac{l^2}{12h_c} - \left(\dfrac{h_c}{\sin\alpha} - \dfrac{l}{2}\right)}{\sin\alpha}\right]}{l\sin\theta}$$

$$= \frac{F\left[\dfrac{\dfrac{l^2}{12h_c} + \dfrac{l}{2}}{\sin\alpha}\right]}{l\sin\theta} = 3.9228 \times \frac{\dfrac{\sqrt{2}}{12} + 1}{2 \times \sin 45°}$$

$$= 31.007 (kN)$$

当 $T \geqslant 31.007 kN$ 时，可以开启闸门。

② 图解法

闸门压强分布如图所示。

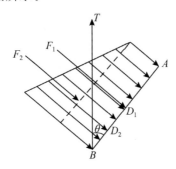

例 2-5 图（2）

$$p_A = \rho g \left(h_C - \frac{l}{2} \sin 45° \right) = 12.68 (\text{kPa})$$

$$p_B = \rho g \left(h_C + \frac{l}{2} \sin 45° \right) = 26.55 (\text{kPa})$$

$$F = (p_A + p_B) \times \frac{bl}{2} = \frac{(12.68 + 26.55) \times 2 \times 1}{2} = 39.23 (\text{kN})$$

对 A 点列力矩平衡方程，有 $F_1 \cdot AD_1 + F_2 \cdot AD_2 - T \cdot AB \cdot \sin 45° = 0$

则 $$T = \frac{p_A lb \cdot \dfrac{l}{2} + \dfrac{1}{2}(p_B - p_A)lb \cdot \dfrac{2}{3}l}{l \sin 45°}$$

$$= \frac{12.68 \times 1 \times 1 + (26.55 - 12.68) \times 1 \times \dfrac{2}{3}}{\sin 45°} = 31.009 (\text{kN})$$

开启闸门所需拉力 $T = 31.009 \text{kN}$。

2.7 静止液体作用在曲面上的总压力

实际工程中，承压面多为二向曲面或球面，比如弧形壁面、弧形闸门、球形容器等。本节重点讨论工程中常见的静止液体作用在柱形曲面（即二维曲面）上的总压力的计算问题。

作用于任意曲面上各点处的静止液体压强总是沿着作用面的内法线方向，但是曲面上各点的法线方向各不相同，彼此间既不平行，也不一定相交于一点，故无法像求平面静水总压力计算时那样直接积分求解。为解决这一问题，我们通常会将静水总压力先沿水平方向和铅垂方向进行分解，然后利用直接积分法分别求解水平分力和铅垂分力,最后将二者进行合成。

假设二维曲面 $\overset{\frown}{AB}$(柱面),母线垂直于图面,曲面的面积为 A,一侧承压。建立如图 2-21 所示坐标系,令 Oxy 平面与液面重合,Oz 轴竖直向下。

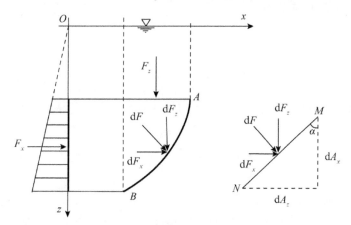

图 2-21　曲面上的总压力

在曲面上沿母线方向任取微元 $\overset{\frown}{MN}$,面积为 $\mathrm{d}A$,并将微元上的压力 $\mathrm{d}F$ 分解为水平分力 $\mathrm{d}F_x$ 和铅垂分力 $\mathrm{d}F_z$ 两部分。

$$\left.\begin{aligned}\mathrm{d}F_x &= \mathrm{d}F\cos\alpha = \rho g h\,\mathrm{d}A\cos\alpha = \rho g h\,\mathrm{d}A_x \\ \mathrm{d}F_z &= \mathrm{d}F\sin\alpha = \rho g h\,\mathrm{d}A\sin\alpha = \rho g h\,\mathrm{d}A_z\end{aligned}\right\} \tag{2-63}$$

式中,$\mathrm{d}A_x$ 为 $\overset{\frown}{MN}$ 在铅垂投影面上的投影面积;$\mathrm{d}A_z$ 为 $\overset{\frown}{MN}$ 在水平投影面上的投影面积。

(1) 水平分力 F_x

静水总压力的水平分力为

$$F_x = \int \mathrm{d}F_x = \int_{A_x} \rho g h\,\mathrm{d}A_x = \rho g \int_{A_x} h\,\mathrm{d}A_x \tag{2-64}$$

积分 $\displaystyle\int_{A_x} h\,\mathrm{d}A_x$ 是曲面的铅垂投影面 A_x 对 Oy 轴的静矩,有 $\displaystyle\int_{A_x} h\,\mathrm{d}A_x = h_C A_x$,代入上式,得

$$F_x = \rho g h_C A_x = p_C A_x \tag{2-65}$$

式中,F_x 为曲面上总压力的水平分力;A_x 为曲面的铅垂投影面积;h_C 为投影面 A_x 形心点的淹没深度;p_C 为投影面 A_x 形心点的压强。

式(2-65)表明,液体作用在曲面上总压力的水平分力,等于作用在该曲

面的铅垂投影面上的静压力,可按照作用在平面(曲面的铅垂面的投影面)上总压力的计算方法来求解。

(2) 铅垂分力 F_z

总压力的铅垂分力为

$$F_z = \int \mathrm{d}F_z = \int_{A_z} \rho g h \, \mathrm{d}A_z = \rho g \int_{A_z} h \, \mathrm{d}A_z \tag{2-66}$$

将积分 $\int_{A_z} h \, \mathrm{d}A_z$ 定义为压力体,即曲面到自由液面(或自由液面的延伸面)之间的铅垂曲底柱体的体积。压力体的体积用符号 V 表示,则

$$F_z = \rho g V \tag{2-67}$$

式(2-67)表明,液体作用于曲面上总压力的铅垂分力等于压力体的重量。

(3) 曲面上的静水总压力

液体作用在二维曲面上的总压力是平面汇交力系的合力,即

$$F = \sqrt{F_x^2 + F_z^2} \tag{2-68}$$

总压力作用线与水平面夹角为 α,有

$$\tan\alpha = \frac{F_z}{F_x}$$

或

$$\alpha = \arctan \frac{F_z}{F_x} \tag{2-69}$$

过 F_x 作用线(通过 A_x 压强分布图的形心)和 F_z 作用线(通过压力体的形心)的交点,作与水平面成 α 角的直线,即总压力作用线。该线与曲面的交点即为总压力作用点。

(4) 压力体

式(2-67)中,积分 $\int_{A_z} h \, \mathrm{d}A_z = V$ 表示的几何体积,称为压力体。压力体仅作为计算铅垂分力 F_z 而引入的一个数值当量,它并不一定都是由实际流体构成的(参见下面实、虚压力体的概念),但 F_z 的大小一定等于充满压力体的液体重量。

压力体是求解铅垂分力 F_z 的核心,正确绘制压力体成为计算铅垂分力 F_z 的关键。

假设取铅垂线沿曲面边缘平移一周,割出的以自由液面(或自由液面的

延伸面）为上底边、曲面本身为下底边的柱体即为压力体。压力体一般是由三种面所组成的几何柱状体：① 承压面本身；② 承压面在自由液面或自由液面的延伸面上的投影面；③ 沿着承压面的边缘向自由液面或自由液面的延伸面所作的铅直面。

值得注意的是，这里所提到的自由液面，是指相对压强为零的液面，即测压管液面。当液体的相对压强不为零，即液面不是自由液面（或测压管水面）时，确定压力体就必须以测压管水面为准，而不能以液面为准了。

根据曲面承压位置的不同，压力体大致分为以下三种情况。

① 实压力体

压力体和液体位于曲面 $\overset{\frown}{AB}$ 的同侧，压力体内盛有液体，习惯上称之为实压力体。F_z 方向竖直向下，如图 2-22 所示。

② 虚压力体

压力体和液体位于曲面 $\overset{\frown}{AB}$ 的异侧，其上底面为自由液面的延伸面，压力体内无液体，习惯上称之为虚压力体。F_z 方向竖直向上，如图 2-23 所示。

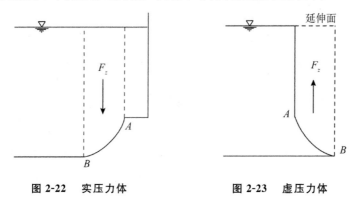

图 2-22　实压力体　　　　　图 2-23　虚压力体

③ 压力体叠加

对于水平投影重叠（即承压曲面为凹凸相间）的复杂曲面，可从曲面与铅垂面相切处将其分为几部分，分别确定各部分曲面的压力体和竖直分力的方向，然后再通过叠加来确定整个曲面上铅垂分力 F_z 的大小和方向。如图 2-24 所示，可将图 2-24(a) 中的受压曲面 $\overset{\frown}{AB}$ 分为 $\overset{\frown}{AC}$、$\overset{\frown}{CD}$ 和 $\overset{\frown}{DB}$ 三部分，各部分的压力体及相应的铅垂分力方向如图 2-24(b)、(c)、(d) 所示，叠加后的压力体和铅垂分力的方向如图 2-24(e) 所示。

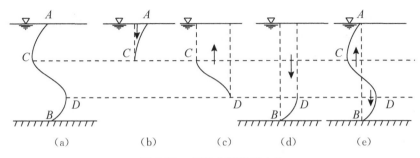

图 2-24　复杂曲面的压力体

【例 2-6】　某挡水坝如图所示。已知 $h_1 = 6\mathrm{m}$，$h_2 = 12\mathrm{m}$，$l_1 = 5\mathrm{m}$，$l_2 = 12\mathrm{m}$，试求作用在单位宽度 $b = 1\mathrm{m}$ 坝面上的静水总压力的大小、方向及该静水总压力对 O 点的力矩。

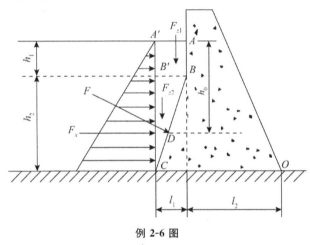

例 2-6 图

【解】　上游坝面 ABC 为一折面，可将其视为一特殊曲面计算坝面上的静水总压力。

水平分力为

$$F_x = \rho g h_c A_x = \rho g \frac{h_1 + h_2}{2}(h_1 + h_2)b$$

$$= 1000 \times 9.8 \times \frac{6 + 12}{2} \times (6 + 12) \times 1$$

$$= 1587.6(\mathrm{kN})$$

竖直分力为

$$F_z = \rho g V_p = \rho g \left[l_1(h_1 + h_2) - \frac{1}{2} l_1 h_2 \right] b$$

$$= 1000 \times 9.8 \times \left[5 \times (6+12) - \frac{1}{2} \times 5 \times 12 \right] \times 1 = 588(\text{kN})$$

合力为

$$F = \sqrt{F_x^2 + F_z^2} = \sqrt{1587.6^2 + 588^2} = 1693.0(\text{kN})$$

F 的作用线与水平面的夹角为

$$\alpha = \arctan \frac{F_z}{F_x} = \arctan \frac{588}{1587.6} = 20.32°$$

F 对 O 点的力矩为

$$M_O = F_x \frac{h_1 + h_2}{3} - \left[F_{z1} \left(\frac{l_1}{2} + l_2 \right) + F_{z2} \left(\frac{2l_1}{3} + l_2 \right) \right]$$

其中，

$$F_{z1} = \rho g V_{pAA'BB'} = \rho g h_1 l_1 b = 1000 \times 9.8 \times 6 \times 5 \times 1 = 294(\text{kN})$$

$$F_{z2} = \rho g V_{pBB'C} = F_z - F_{z1} = 588 - 294 = 294(\text{kN})$$

$$M_O = 1587.3 \times \frac{6+12}{3} - \left[294 \times \left(\frac{5}{2} + 12 \right) + 294 \times \left(\frac{2 \times 5}{3} + 12 \right) \right]$$

$$= 754.6(\text{kN} \cdot \text{m})$$

2.8　潜体和浮体的平衡及稳定

浸没于液体中的物体称为潜体。飘浮于液面上，部分体积浸没于液体中、部分体积浮在液面上的物体称为浮体。潜体或浮体受到外力作用而偏离平衡位置之后，能否自行地恢复到原来的平衡位置，称为潜体或浮体的稳定性问题。

2.8.1　浮力

浸没于液体中的物体，可以利用压力体的概念进行计算其表面受到铅直方向的总压力（即浮力），例如，图 2-25(a) 中的潜体受到的铅直总压力为（以竖直向下为正）

$$F_z = \rho g (-V_{madbn} + V_{macbn}) = -\rho g V_{adbc}$$

图 2-25(b) 中的浮体所受到的铅直方向的总压力为

$$F_z = \rho g (-V_{maebn} + V_{mac} + V_{nbd}) = -\rho g V_{caebd}$$

这就是著名的阿基米德原理：浸没在液体中的物体所受到的浮力等于它所排开的液体的重量。

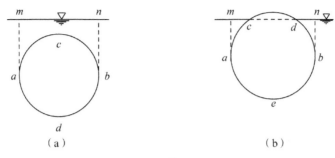

图 2-25　浮力的计算。(a) 潜体；(b) 浮体

潜体或浮体所受到的水平方向的总压力为零,这是因为任何一条水平线与物体表面都有两个交点,物体的表面可分成两个单侧曲面,每个单侧曲面受到大小相等、方向相反的水平压力,其合力为零。因此,潜体或浮体所受到的总压力是铅直向上的,这个力就是浮力。

2.8.2　潜体的平衡及稳定

潜体受到的浮力 F_z 的作用点 D 称为浮心,它受到的重力 G 的作用点 C 称为重心。均质潜体的浮心和重心是重合的,非均质潜体的浮心和重心不重合。

潜体在液体中静止平衡时,浮力 F_z 和重力 G 必定在同一条铅直线上,它们的大小相等而方向相反,如图 2-26(a) 所示。潜体受到外力作用时,会偏离其平衡位置而发生倾斜。当外力消失后,它能否自行恢复到原来的平衡位置,则取决于浮心和重心的相对位置。

如果浮心在上,重心在下,则浮力 F_z 和重力 G 组成的扶正力偶使潜体恢复到原来的平衡位置,这种平衡称为稳定平衡,如图 2-26(b) 所示。

如果浮心在下,重心在上,则浮力 F_z 和重力 G 组成的倾覆力偶将使潜体继续发生翻转而不能恢复到原来的平衡位置,这种平衡称为不稳定平衡,如图 2-26(c) 所示。

如果浮心和重心重合,则潜体在任何倾斜位置都能保持静止平衡,这种平衡称为随遇平衡,如图 2-26(d) 所示。

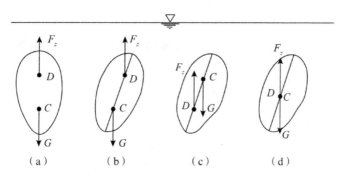

图 2-26　浮体中浮心与重心的相对位置关系

2.8.3　液体作用在潜体和浮体上的总压力

建立图 2-27 所示坐标系,令 Oxy 平面与自由液面重合,Oz 轴向下。

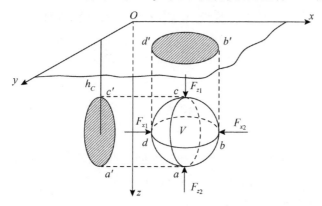

图 2-27　液体作用在潜体上的总压力

（1）水平分力

取平行 Ox 轴的水平线,沿潜体表面移动一周,切点轨迹 $\overset{\frown}{ac}$ 将封闭曲面分为左右两半,有

$$F_{x1} = \rho g h_C A_x$$

$$F_{x2} = \rho g h_C A_x$$

$$F_x = F_{x1} - F_{x2} = 0$$

Ox 方向坐标是任意选定的,故液体作用在潜体上总压力的水平分力为零。

（2）铅垂分力

取平行于 Oz 轴的铅垂线，沿潜体表面平行移动一周，切点轨迹 $\overset{\frown}{bd}$ 将封闭曲面分为上下两半，有

$$F_{z1} = \rho g V_{bb'd'dc}（↓）$$

$$F_{z2} = \rho g V_{bb'd'da}（↑）$$

$$F_z = F_{z1} - F_{z2} = -\rho g V（↑）$$

负号表示 F_z 方向与坐标 Oz 方向相反，即浮力。括号内箭头表示力的方向。

对于浮体而言，可将液面以下部分看成封闭曲面，同潜体一样。

$$F_x = 0$$

$$F_z = -\rho g V（↑）$$

综上所述，液体作用于潜体（或浮体）上的总压力，只有铅垂向上的浮力，大小等于所排开的液体重量，作用线通过潜体的几何中心，即阿基米德原理。

本章小结

（1）静止流体中只有压应力（压强），同一点上各个方向的静压强大小相等，方向垂直指向作用面（即内法线方向）。

（2）流体平衡微分方程。

（3）压强相等的空间点构成的面（平面或曲面）称为等压面。等压面与单位质量力正交。根据等压面这一性质，可由质量力的方向来判断等压面的形状。在流体只受重力作用时，等压面为水平面。常用等压面的概念来计算流体中某点的压强。

（4）重力作用下静压强的分布规律及其物理、几何意义。利用 $p = p_0 + \rho g h$ 计算某点的压强。

（5）压强的度量：根据选取的压强基准的不同，可将压强分为绝对压强 p_{abs} 和相对压强 p，两者之间相差一个当地大气压强 p_a，即 $p = p_{abs} - p_a$。当 $p < 0$ 时，真空度 $p_v = p_a - p_{abs} = -p$。

（6）平面上液体总压力，常用两种方法进行求解：解析法和图解法。

① 解析法：$F = \rho g h_c A = p_c A$。

② 图解法:$F = \Omega b$。图解法只适用于底边与液面平行的矩形平板。

(7) 曲面上的液体总压力:$F_x = \rho g h_c A_x = p_c A_x$,$F_z = \rho g V$。压力体由三种面围成:① 承压面本身;② 承压面在自由液面或自由液面的延伸面上的投影面;③ 沿着承压面的边缘向自由液面或自由液面的延伸面所作的铅直面。

🎓 思考题

(1) 流体静压强的概念及其两个特性。

(2) 流体平衡微分方程的形式及其物理意义。

(3) 什么是等压面?等压面可以应用到哪些方面?

(4) 流体静力学基本方程的几何意义和物理意义是什么?该方程有哪两种基本的表示形式?

(5) 静压强的表示方式有哪几种?说明压强与水头、绝对压强与相对压强之间的关系,以及负压与真空度之间的关系。

(6) 求解静止作液体作用在平面上的总压力的两种方法是什么?其适用条件如何?

(7) 如何求解作用在二向曲面上的静止液体总压力?阐述压力体的概念。

📖 练习题

2-1　静止流体中存在:(　　　)

A. 压应力　　　　　　　　　　　B. 压应力和拉应力

C. 压应力和剪应力　　　　　　　D. 压应力、拉应力和剪应力

2-2　相对压强的起算基准是:(　　　)

A. 绝对真空　　　　　　　　　　B. 1 个标准大气压

C. 当地大气压　　　　　　　　　D. 液面压强

2-3　金属压力表的读值是:(　　　)

A. 绝对压强　　　　　　　　　　B. 相对压强

C. 绝对压强加当地大气压　　　　D. 相对压强加当地大气压

2-4　某点的真空度为 65000Pa,当地大气压为 0.1MPa,该点的绝对压

强为:(   )

A. 65000Pa   B. 55000Pa

C. 35000Pa   D. 165000Pa

2-5   绝对压强 p_{abs} 与相对压强 p、真空度 p_v、当地大气压强 p_a 之间的关系是:(   )

A. $p_{abs} = p + p_v$ B. $p = p_{abs} + p_a$

C. $p_v = p_a - p_{abs}$ D. $p = p_v + p_v$

2-6   如图所示,在密闭容器上装有 U 形水银测压计,其中 1、2、3 点位于同一水平面上,其压强关系为:(   )

A. $p_1 > p_2 > p_3$ B. $p_1 = p_2 = p_3$

C. $p_1 < p_2 < p_3$ D. $p_2 < p_1 < p_3$

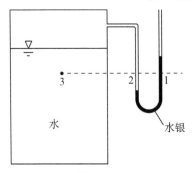

题 2-6 图

2-7   如图所示用 U 形水银压差计测量水管内 A、B 两点的压强差,水银面高差 $h_p = 10\text{cm}$, $p_A - p_B$ 为:(   )

A. 13.33kPa   B. 12.35kPa

C. 9.8kPa   D. 6.4kPa

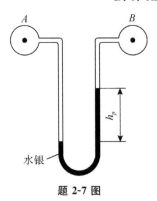

题 2-7 图

2-8　露天水池,水深 5m 处的相对压强为:(　　)

A. 5kPa   B. 49kPa

C. 147kPa   D. 205kPa

2-9　如图所示,垂直放置的矩形平板挡水,水深 3m,静水总压力 F 的作用点到水面的距离 y_D 为:(　　)

A. 1.25m   B. 1.5m

C. 2.0m   D. 2.5m

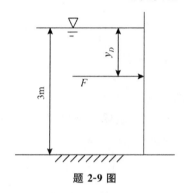

题 2-9 图

2-10　在液体中潜体所受浮力的大小:(　　)

A. 与潜体的密度成正比   B. 与液体的密度成正比

C. 与潜体的淹没深度成正比   D. 与液体表面的压强成反比

2-11　如图所示,图(a)容器中盛有密度为 ρ_1 的液体,图(b)容器中盛有密度为 ρ_1 和 $\rho_2(\rho_1 > \rho_2)$ 的两种液体,两容器中的液体深度均为 H。试问:(1)两图中圆柱形曲面 AB 上的压力体图是否相同?(2)如何计算图(b)中曲面 AB 上所受到静水总压力的水平分力和铅垂分力(假设 AB 圆柱形曲面的宽度为 b)?

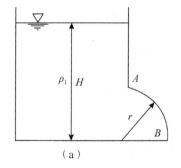 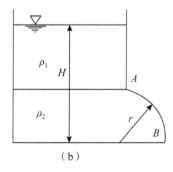

(a)　　　　　　　　　　(b)

题 2-11 图

2-12 矩形闸门高 $h = 3\mathrm{m}$,宽 $b = 2\mathrm{m}$,上游水深 $h_1 = 6\mathrm{m}$,下游水深 $h_2 = 4.5\mathrm{m}$,试求:(1)作用在闸门上的静水总压力;(2)压力中心的位置。

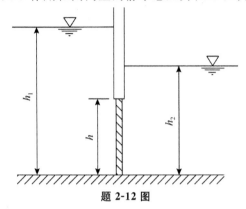

题 2-12 图

2-13 矩形平板闸门 AB,一侧挡水,已知长 $l = 2\mathrm{m}$,宽 $b = 1\mathrm{m}$,形心点水深 $h_C = 2\mathrm{m}$,倾角 $\alpha = 45°$,闸门上缘 A 处设有转轴,忽略闸门自重及门轴摩擦力,试求开启闸门所需拉力 T。

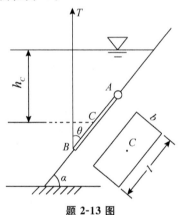

题 2-13 图

2-14 一弧形闸门,宽 $2\mathrm{m}$,圆心角 $\alpha = 30°$,半径 $R = 3\mathrm{m}$,闸门转轴与水平齐平,试求作用在闸门上的静水总压力的大小和方向。

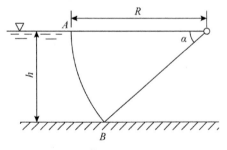

题 2-14 图

2-15　密闭盛水容器,水深 $h_1 = 60\text{cm}$, $h_2 = 100\text{cm}$,水银测压计读值 $\Delta h = 25\text{cm}$,试求半径 $R = 0.5\text{m}$ 的半球形盖 AB 所受总压力的水平分力和铅垂分力。

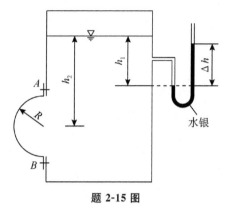

题 2-15 图

第 3 章　　流体运动学

内容提要

本章主要介绍流体运动学的基本概念和连续性方程,包括描述流体运动的两种方法 —— 拉格朗日法和欧拉法、欧拉法质点速度和质点加速度、流线和迹线、恒定流与非恒定流、均匀流与非均匀流、恒定总流的连续性方程。教学重点在于欧拉法质点加速度的表达式,恒定流和非恒定流、均匀流和非均匀流及其性质,总流连续性方程。

学习目标

通过本章内容的学习,了解描述流体运动的两种方法;熟悉恒定流、均匀流性质;理解恒定总流连续性方程及其具体运用。

流体运动学主要研究流体的运动规律,包括描述流体运动的方法、质点速度及加速度的变化,及其所遵循的规律。本章内容不涉及流体的动力学性质,所研究的内容与结论对所有流体均适用。

3.1　流体运动的描述方法

流体运动是由无数质点构成的连续介质的流动,因此,从理论上研究流体运动规律之前,必须解决如何用数学物理的方法来描述流体运动。

描述流体运动的方法有两种:拉格朗日法和欧拉法。

3.1.1　拉格朗日法

拉格朗日法把流体的运动看作是无数个质点所组成的质点系的运动,分别对每一个质点进行研究,最后将所有质点的运动汇总,用来表征该质点系的运动情况,即整个流体的运动。这种方法也称为质点系法。

拉格朗日法以质点作为研究对象。为了识别每一个质点,将质点初始位置的坐标(a,b,c)作为该质点的标志,其运动轨迹就是初始位置坐标和时间的连续函数,即

$$\left. \begin{array}{l} x = x(a,b,c,t) \\ y = y(a,b,c,t) \\ z = z(a,b,c,t) \end{array} \right\} \tag{3-1}$$

式中,a、b、c、t为拉格朗日变数。

当研究某一特定的流体质点时,初始位置坐标a、b、c是常数,式(3-1)表征的是该质点的运动轨迹。此时,对式(3-1)求时间t的一阶偏导数和二阶偏导数,即可得到流体质点的运动速度和加速度。

速度在各坐标方向的投影为

$$\left. \begin{array}{l} u_x = \dfrac{\partial x}{\partial t} = \dfrac{\partial x(a,b,c,t)}{\partial t} \\[2mm] u_y = \dfrac{\partial y}{\partial t} = \dfrac{\partial y(a,b,c,t)}{\partial t} \\[2mm] u_z = \dfrac{\partial z}{\partial t} = \dfrac{\partial z(a,b,c,t)}{\partial t} \end{array} \right\} \tag{3-2}$$

加速度在各坐标方向的投影为

$$\left. \begin{array}{l} a_x = \dfrac{\partial u_x}{\partial t} = \dfrac{\partial^2 x}{\partial t^2} \\[2mm] a_y = \dfrac{\partial u_y}{\partial t} = \dfrac{\partial^2 y}{\partial t^2} \\[2mm] a_z = \dfrac{\partial u_z}{\partial t} = \dfrac{\partial^2 z}{\partial t^2} \end{array} \right\} \tag{3-3}$$

流场中其他各种物理量,比如压力、密度等,均可用拉格朗日变数进行表示。

用拉格朗日法研究流体运动时,由于流体质点的运动轨迹极其复杂,用高等数学方法从理论上计算质点的运动轨迹,以及速度和加速度的变化过于复杂,很难应用于实际。另外,在实际工程中,如果不需要关注每一个质点运动的全过程,而是关注流场中各空间点上流体物理量的变化及相互关系,一般采用欧拉法描述。

3.1.2　欧拉法

与拉格朗日法不同,欧拉法以流场(即充满运动流体的空间)作为研究对象。它不是研究流体中每个质点的运动过程,而是研究运动流体经过流场时,流场中各空间点的运动情况,并且用这些空间点的运动来表征整个流体的运动,故这种方法也称为流场法。

采用欧拉法研究流体运动时流体质点通过流场时所体现的物理量,如速度、加速度、压强、密度等,可表示为

$$\left.\begin{aligned} u_x &= u_x(x,y,z,t) \\ u_y &= u_y(x,y,z,t) \\ u_z &= u_z(x,y,z,t) \end{aligned}\right\} \tag{3-4}$$

$$p = p(x,y,z,t) \tag{3-5}$$

$$\rho = \rho(x,y,z,t) \tag{3-6}$$

式中,x、y、z、t 为欧拉变数。

下面讨论用欧拉法描述流体时,流体加速度与速度之间的关系。

加速度表示质点单位时间内速度的变化,即速度对时间的导数。但在求导过程中,流体质点的空间位置坐标(x,y,z)不是常数,而是时间 t 的函数。因此,

$$\left.\begin{aligned} a_x &= \frac{\mathrm{d}u_x}{\mathrm{d}t} \\ a_y &= \frac{\mathrm{d}u_y}{\mathrm{d}t} \\ a_z &= \frac{\mathrm{d}u_z}{\mathrm{d}t} \end{aligned}\right\} \tag{3-7}$$

而

$$\left.\begin{aligned} u_x &= \frac{\mathrm{d}x}{\mathrm{d}t} \\ u_y &= \frac{\mathrm{d}y}{\mathrm{d}t} \\ u_z &= \frac{\mathrm{d}z}{\mathrm{d}t} \end{aligned}\right\} \tag{3-8}$$

根据复合函数求导法则计算得到,

$$a_x = \frac{\mathrm{d}u_x}{\mathrm{d}t} = \frac{\partial u_x}{\partial t} + u_x \frac{\partial u_x}{\partial x} + u_y \frac{\partial u_x}{\partial y} + u_z \frac{\partial u_x}{\partial z}$$

$$a_y = \frac{\mathrm{d}u_y}{\mathrm{d}t} = \frac{\partial u_y}{\partial t} + u_x \frac{\partial u_y}{\partial x} + u_y \frac{\partial u_y}{\partial y} + u_z \frac{\partial u_y}{\partial z} \qquad (3\text{-}9)$$

$$a_z = \frac{\mathrm{d}u_z}{\mathrm{d}t} = \frac{\partial u_z}{\partial t} + u_x \frac{\partial u_z}{\partial x} + u_y \frac{\partial u_z}{\partial y} + u_z \frac{\partial u_z}{\partial z}$$

矢量表达形式为

$$\boldsymbol{a} = \frac{\mathrm{d}\boldsymbol{u}}{\mathrm{d}t} = \frac{\partial \boldsymbol{u}}{\partial t} + u_x \frac{\partial \boldsymbol{u}}{\partial x} + u_y \frac{\partial \boldsymbol{u}}{\partial y} + u_z \frac{\partial \boldsymbol{u}}{\partial z} \qquad (3\text{-}10)$$

$$\boldsymbol{a} = \frac{\mathrm{d}\boldsymbol{u}}{\mathrm{d}t} = \frac{\partial \boldsymbol{u}}{\partial t} + (\boldsymbol{u} \cdot \nabla)\boldsymbol{u}$$

式中，$\boldsymbol{a}$，$\boldsymbol{u}$ 分别表示加速度矢量和速度矢量，$\nabla = \frac{\partial}{\partial x}\boldsymbol{i} + \frac{\partial}{\partial y}\boldsymbol{j} + \frac{\partial}{\partial z}\boldsymbol{k}$ 称为哈密顿算子。

由式(3-10)可见，欧拉法中加速度由两部分组成。其中，$\frac{\partial \boldsymbol{u}}{\partial t}$ 称为当地加速度或时变加速度，是指空间点由于时间的变化而形成的加速度，它是由流场的不恒定性引起的；$(\boldsymbol{u} \cdot \nabla)\boldsymbol{u}$ 称为迁移加速度或位变加速度，是由于空间点的变化而形成的加速度，它是由流场的不均匀性引起的。

例如，水箱里的水经收缩管流出，若水箱无来水补充，则水位 H 逐渐降低，管轴线上质点的速度随时间减小，当地加速度 $\frac{\partial \boldsymbol{u}}{\partial t}$ 为负值。同时管道收缩，质点的速度随迁移而增大，迁移加速度 $u\frac{\partial \boldsymbol{u}}{\partial x}$ 为正值。该质点的加速度为 $\boldsymbol{a} = \frac{\partial \boldsymbol{u}}{\partial t} + u\frac{\partial \boldsymbol{u}}{\partial x}$。

若水箱有来水补充，水位 H 保持不变，质点的速度不随时间变化，当地加速度 $\frac{\partial \boldsymbol{u}}{\partial t} = 0$，但是有迁移加速度，因此该质点的加速度 $\boldsymbol{a} = u\frac{\partial \boldsymbol{u}}{\partial x}$。

若出水管是等直径的直管，且水位 H 保持不变，则管内流动的水质点既无当地加速度，也无迁移加速度，$\boldsymbol{a} = 0$。

对比拉格朗日法和欧拉法可以发现，拉格朗日法是以流体质点为研究对象，描述所有质点的轨迹，不能直接反映参数的空间分布；而欧拉法则以流场为研究对象，根据流体质点通过流场的运动来描述整个流体的运动，直接通过流场的所有质点的瞬时参数反映参数的空间分布。当采用固定空间或断面描述运动时,应采用欧拉法。后续章节中,若无特殊说明,均以欧拉法来描述问题。

3.2　欧拉法的基本概念

用欧拉法描述流体运动时,若按照不同的时空标准划分,流体运动的分类方法有所不同。以时间为标准,可以将流体运动分为恒定流和非恒定流;以空间为标准,可以分为一维流动、二维流动和三维流动,以及均匀流和非均匀流。

3.2.1　恒定流与非恒定流

若流场中各空间点上的所有运动要素(速度、压强、密度)均不随时间变化,此种流动称为恒定流;否则称为非恒定流。

对于恒定流而言,其中的一切运动要素仅是空间坐标(x,y,z)的函数,而与时间 t 无关,即

$$\left.\begin{array}{l} \boldsymbol{u} = \boldsymbol{u}(x,y,z) \\ p = p(x,y,z) \\ \rho = \rho(x,y,z) \end{array}\right\} \tag{3-11}$$

或

$$\frac{\partial \boldsymbol{u}}{\partial t} = \frac{\partial p}{\partial t} = \frac{\partial \rho}{\partial t} = 0 \tag{3-12}$$

因此,各运动要素对时间的偏导数(当地导数)均等于零。

如图 3-1 所示,若水箱中的水位保持不变,管道中的水流即为恒定流;相反,若水箱中的水位时刻发生变化,则管道中的水流为非恒定流。

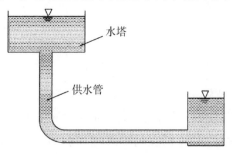

图 3-1　恒定流与非恒定流

比较恒定流和非恒定流,恒定流省去了时间变量 t,极大地简化了工程问题。而在实际工程中,对于很多非恒定流而言,由于其运动要素随时间变化相当缓慢,可近似按照恒定流来处理。

3.2.2　一维流动、二维流动与三维流动

根据流场中各空间点的运动要素与空间坐标的关系,可将流体流动分为一维流动、二维流动和三维流动。其中,若运动要素只是一个空间坐标和时间变量的函数 $u = u(x,t)$,这种流动称为一维流动;若运动要素是两个空间坐标(x,y) 和时间变量的函数 $u = u(x,y,t)$,这种流动称为二维流动;若运动要素是三个空间坐标(x,y,z) 和时间变量的函数 $u = u(x,y,z,t)$,这种流动称为三维流动。

实际流体力学问题中,涉及的运动要素大多为三维流动,在处理过程中困难相当大,一般会根据具体问题将其简化为二维流动或一维流动。

3.2.3　流线与迹线

3.2.3.1　流线

在流场中,某一时刻存在这样一条空间曲线,此时曲线上所有质点的流速矢量均与这条曲线相切,这条曲线我们称为流线(图 3-2),它是速度场的矢量线。因此,一条某时刻的流线描述了该时刻这条曲线上各点的流速方向。同时,在整个流体运动空间,绘出的一系列流线,称为流线簇。

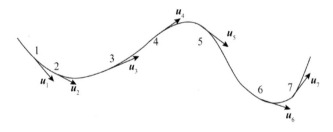

图 3-2　流线

流线具有如下特性:

① 一般情况下,流线不能相交,只能是一条光滑曲线。否则,在交点或非光滑处存在两个切线方向,即在同一时刻,同一流体质点具有两个运动方向,这显然是不可能的。

②　流线仅在特殊的情况下才会相交,如驻点(速度为零的点)、奇点(速度无穷大的点)等。

③　流场中每一点都有流线通过,流线充满整个流场。

④　在恒定流条件下,流线的形状、位置不随时间变化,且流线与迹线重合。

⑤　对于不可压缩流体,流线簇的疏密程度反映了该时刻流场中各点的速度大小。流线密的地方速度大,而流线疏的地方速度小。

根据流线的定义可得到流线方程的表达式。假设某一时刻流线上任一点 $M(x,y,z)$,取微元线段矢量 ds,其各坐标轴方向的分量分别为 dx、dy、dz,而该点的流速矢量为 $u = u_x i + u_y j + u_z k$。

根据流线的定义,过该点的流速矢量 $u = u_x i + u_y j + u_z k$ 与线段矢量 ds 共线,即满足

$$ds \times u = 0 \tag{3-13}$$

也就是

$$\begin{vmatrix} i & j & k \\ dx & dy & dz \\ u_x & u_y & u_z \end{vmatrix} = 0 \tag{3-14}$$

故流线微分方程为

$$\frac{dx}{u_x} = \frac{dy}{u_y} = \frac{dz}{u_z} \tag{3-15}$$

3.2.3.2　迹线

流体质点在某一时段内的运动轨迹称为迹线。根据其运动方程,

$$\left.\begin{aligned} dx &= u_x dt \\ dy &= u_y dt \\ dz &= u_z dt \end{aligned}\right\} \tag{3-16}$$

可得到迹线的微分方程

$$\frac{dx}{u_x} = \frac{dy}{u_y} = \frac{dz}{u_z} = dt \tag{3-17}$$

流线和迹线是两个不同的概念。流线是从欧拉法角度来分析流体运动的概念,是同一时刻与许多质点的流速矢量相切的空间曲线,而迹线是从拉格朗日法角度来分析流体运动的概念,是某一质点在一个时段内运动的轨

迹线。

恒定流的流线不随时间变化,同一点的流线和迹线在几何上是一致的,二者重合。而非恒定流在一般情况下,其流线和迹线是不重合的;如果流场速度方向不随时间变化,仅速度大小随时间变化,此时流线和迹线重合。

3.2.4 流管和流束、过流断面、元流和总流

(1) 流管和流束

在流场中,通过任意不与流线重合的封闭曲线上各点作流线所构成的管状面,称为流管[图 3-3(a)];在流管中所有流线的集合称为流束[图 3-3(b)]。

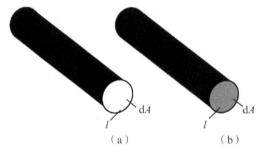

图 3-3 (a) 流管;(b) 流束

因为流线不能相交,所以在各个时刻,流体质点只能在流管内部或流管表面流动,而不能穿越流管,因此,流管可看作是一根管道。日常生活中的自来水管的内表面就是流管的实例。

(2) 过流断面

在流束上作出的与所有流线正交的横断面,称为过流断面,也称为过水断面。过流断面不一定是平面,其形状与流线的分布情况有关。只有当流线相互平行时,过流断面才为平面,否则为曲面,如图 3-4 所示。

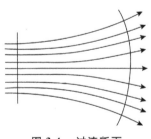

图 3-4 过流断面

（3）元流和总流

过流断面无限小的流束称为元流,元流的极限就是流线,其几何特征与流线相同。因此,元流同一断面上各点的运动要素如流速、动压强等,在同一时刻可以认为是相等的。

过流断面为有限大小的流束称为总流,它是许多元流的有限集合体,同一过流断面上各点的运动参数一般不相同。实际工程中的管流、明渠水流都是总流。

3.2.5　流量与断面平均流速

（1）流量

单位时间内通过过流断面的流体量称为流量。流量一般用体积或者质量来表示,可分为体积流量 $Q(\mathrm{m^3/s}$ 或 $\mathrm{L/s})$ 和质量流量 $Q_m(\mathrm{kg/s})$。在流体力学中,多采用体积流量。后文的流量,不作特殊说明的均指体积流量。

假设元流过流断面面积为 $\mathrm{d}A$,其上各点的流速为 u,根据流量的定义,元流的流量为

$$\mathrm{d}Q = u\mathrm{d}A \tag{3-18}$$

而总流的流量等于所有元流的流量之和,即

$$Q = \int_A u\,\mathrm{d}A \tag{3-19}$$

质量流量为

$$Q_m = \int_A \rho u\,\mathrm{d}A \tag{3-20}$$

对于均质不可压缩流体,密度 ρ 为常数,则 $Q_m = \rho Q$。

（2）断面平均流速

如果已知过流断面上的流速分布,则可利用式(3-19)计算总流的流量。但是,一般情况下过流断面流速分布不易确定。在工程实际中,为使研究简便,引入断面平均流速 v 的概念。

所谓断面平均流速 v,是指均匀分布在过流断面上的假想流速 u(图3-5),其大小等于流经过流断面的体积流量 Q 除以过流断面面积 A,即

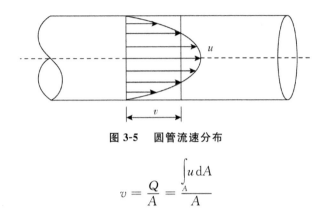

图 3-5　圆管流速分布

$$v = \frac{Q}{A} = \frac{\int_A u\,\mathrm{d}A}{A}$$

引入断面平均流速后,可将实际的三维流动或二维流动问题简化为一维流动问题,即总流分析法。

3.2.6　均匀流与非均匀流

根据位于同一流线上各质点的流速矢量是否沿流程变化,可将流体流动分为均匀流和非均匀流两种。若流场中同一流线上各质点的流速矢量沿程不变,这种流动称为均匀流,否则称为非均匀流。通常,等径直管或者断面形状和水深不变的长直渠道中的水流可看作均匀流。

均匀流具有以下特性:

① 因为均匀流的流线是相互平行的直线,所以过流断面是平面,且过流断面的面积沿流程不变。

② 同一流线上各点的流速相等(但不同流线上的流速不一定相等),流速分布沿流程不变,断面平均流速也沿流程不变。

③ 过流断面上的动压强分布规律符合静压强分布规律,即 $z + \dfrac{p}{\rho g} \approx C$。

实际工程中的流体流动大多为流线彼此不平行的非均匀流。根据流速沿流线变化的缓急程度,非均匀流又可分为渐变流和急变流。各流线接近于平行直线的流动称为渐变流,也称缓变流,即渐变流各流线间的夹角足够小,且流线的曲率半径足够大,否则称为急变流。如图 3-6,用流线形状表征渐变流和急变流。渐变流流线的曲率很小,且流线近乎彼此平行;急变流流线的曲率较大或流线间的夹角较大,或两者都有。

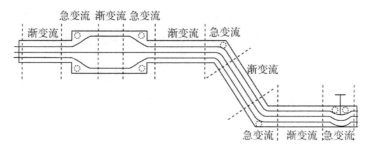

图 3-6　渐变流与急变流

渐变流的流线近乎平行,因此,渐变流的极限情况就是流线为平行直线的均匀流,故渐变流具备均匀流的特性:

① 可近似认为渐变流的过流断面为平面。

② 渐变流过流断面上的动压强分布规律近似符合静压强的分布规律。

均匀流与恒定流、非均匀流与非恒定流是不同的概念。在恒定流中,当地加速度等于零,而在均匀流中,则是迁移加速度等于零。

3.3　连续性方程

连续性方程是流体运动学的基本方程,是质量守恒定律的流体力学表达式。

3.3.1　连续性微分方程

在流场中取任意一点 $O'(x,y,z)$,以 O' 为中心的微小六面体为控制体。所谓控制体,是指相对某一坐标系而言,有流体流过的固定不变的任何体积。控制体的边界称为控制面,它总是封闭面。控制体边长分别为 $\mathrm{d}x$、$\mathrm{d}y$、$\mathrm{d}z$。假设某一时刻,通过点 O' 的流体质点的三个流速分量为 u_x、u_y、u_z,密度为 ρ。

根据泰勒级数展开,并略去高阶微小量,可得该时刻通过各控制面中心点的流体质点运动流速和密度。例如,在 x 方向,左右两个控制面中心点 M 和 N 的流速、密度分别为

$$\text{点 } M: u_M = u_x = -\frac{1}{2}\frac{\partial u_x}{\partial x}\mathrm{d}x; \quad \rho_M = \rho = -\frac{1}{2}\frac{\partial \rho}{\partial x}\mathrm{d}x$$

$$\text{点 } N: u_N = u_x = +\frac{1}{2}\frac{\partial u_x}{\partial x}\mathrm{d}x; \quad \rho_N = \rho = +\frac{1}{2}\frac{\partial \rho}{\partial x}\mathrm{d}x$$

由于六面体无限小,同一控制面上各点的流速、密度可认为均匀分布。因此,单位时间内 x 方向从右控制面流进控制体的流体质量为

$$\left(\rho - \frac{1}{2}\frac{\partial \rho}{\partial x}\mathrm{d}x\right)\left(u_x - \frac{1}{2}\frac{\partial u_x}{\partial x}\mathrm{d}x\right)\mathrm{d}y\mathrm{d}z$$

单位时间内 x 方向从左控制面流出控制体的流体质量为

$$\left(\rho + \frac{1}{2}\frac{\partial \rho}{\partial x}\mathrm{d}x\right)\left(u_x + \frac{1}{2}\frac{\partial u_x}{\partial x}\mathrm{d}x\right)\mathrm{d}y\mathrm{d}z$$

则单位时间内 x 方向流进、流出控制体的流体质量差为

$$\begin{aligned}\Delta m_x &= \left(\rho - \frac{1}{2}\frac{\partial \rho}{\partial x}\mathrm{d}x\right)\left(u_x - \frac{1}{2}\frac{\partial u_x}{\partial x}\mathrm{d}x\right)\mathrm{d}y\mathrm{d}z \\ &\quad - \left(\rho + \frac{1}{2}\frac{\partial \rho}{\partial x}\mathrm{d}x\right)\left(u_x + \frac{1}{2}\frac{\partial u_x}{\partial x}\mathrm{d}x\right)\mathrm{d}y\mathrm{d}z \\ &= -\frac{\partial(\rho u_x)}{\partial x}\mathrm{d}x\mathrm{d}y\mathrm{d}z\end{aligned}$$

同理,单位时间内 y、z 方向流进、流出控制体的流体质量分别为

$$\Delta m_y = -\frac{\partial(\rho u_y)}{\partial y}\mathrm{d}x\mathrm{d}y\mathrm{d}z$$

$$\Delta m_z = -\frac{\partial(\rho u_z)}{\partial z}\mathrm{d}x\mathrm{d}y\mathrm{d}z$$

因为流体是连续介质,根据质量守恒定律,单位时间内流进、流出控制体的流体质量差应等于控制体内流体因密度变化所引起的质量增量,即

$$-\left[\frac{\partial(\rho u_x)}{\partial x}\mathrm{d}x\mathrm{d}y\mathrm{d}z + \frac{\partial(\rho u_y)}{\partial y}\mathrm{d}x\mathrm{d}y\mathrm{d}z + \frac{\partial(\rho u_z)}{\partial z}\mathrm{d}x\mathrm{d}y\mathrm{d}z\right] = \frac{\partial \rho}{\partial t}\mathrm{d}x\mathrm{d}y\mathrm{d}z$$

整理上式,得

$$\frac{\partial \rho}{\partial t} + \frac{\partial(\rho u_x)}{\partial x} + \frac{\partial(\rho u_y)}{\partial y} + \frac{\partial(\rho u_z)}{\partial z} = 0 \tag{3-21}$$

或写成矢量形式

$$\frac{\partial \rho}{\partial t} + \mathrm{div}(\rho \boldsymbol{u}) = 0 \tag{3-22}$$

式(3-22)即为流体运动的连续性微分方程的一般形式,它表达了任何可能存在的流体运动所必须满足的连续性条件,即质量守恒条件。

对于恒定流,$\frac{\partial \rho}{\partial t} = 0$,式(3-21)变为

$$\frac{\partial(\rho u_x)}{\partial x} + \frac{\partial(\rho u_y)}{\partial y} + \frac{\partial(\rho u_z)}{\partial z} = 0 \tag{3-23}$$

或

$$\mathrm{div}(\rho\boldsymbol{u}) = 0 \tag{3-24}$$

对于不可压缩流体，ρ 为常数，式(3-23)变为

$$\frac{\partial u_x}{\partial x} + \frac{\partial u_y}{\partial y} + \frac{\partial u_z}{\partial z} = 0 \tag{3-25}$$

或

$$\mathrm{div}\boldsymbol{u} = 0 \tag{3-26}$$

3.3.2　连续性积分方程

如图 3-7 所示，假设总流控制体的体积为 V，微元体积为 $\mathrm{d}V$，则根据式 (3-21)对总流控制体积分，可得

$$\int_V \frac{\partial \rho}{\partial t}\mathrm{d}V + \int_V \left(\frac{\partial (\rho u_x)}{\partial x} + \frac{\partial (\rho u_y)}{\partial y} + \frac{\partial (\rho u_z)}{\partial z} \right)\mathrm{d}V = 0 \tag{3-27}$$

由于控制体不随时间变化，式(3-27)中第一项可改写为 $\frac{\partial}{\partial t}\int_V \rho\mathrm{d}V$。根据高斯定理，式(3-27)第二项的体积分可以写成面积分，即

$$\int_V \left(\frac{\partial (\rho u_x)}{\partial x} + \frac{\partial (\rho u_y)}{\partial y} + \frac{\partial (\rho u_z)}{\partial z} \right)\mathrm{d}V = \oint_A \rho u_n \mathrm{d}A \tag{3-28}$$

故式(3-27)可变为

$$\frac{\partial}{\partial t}\int_V \rho\mathrm{d}V + \oint_A \rho u_n \mathrm{d}A = 0 \tag{3-29}$$

式中，A 为控制面面积；u_n 为控制面上各点的流速矢量在微元面积 $\mathrm{d}A$ 外法线方向的投影；$\oint_A \rho u_n \mathrm{d}A$ 为通过总流控制面的质量通量。

式(3-29)即为流体运动的连续性积分方程的一般形式。

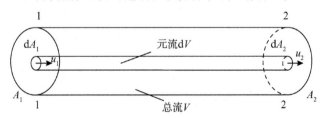

图 3-7　总流连续性方程

3.3.3 恒定不可压缩总流的连续性方程

对于恒定不可压缩总流而言，存在 ρ 为常数，则可将流体运动的连续性积分方程的一般形式进行化简，

$$\int_V \left(\frac{\partial u_x}{\partial x} + \frac{\partial u_y}{\partial y} + \frac{\partial u_z}{\partial z} \right) \mathrm{d}V = \oint_A u_n \mathrm{d}A \qquad (3\text{-}30)$$

而

$$\int_V \left(\frac{\partial u_x}{\partial x} + \frac{\partial u_y}{\partial y} + \frac{\partial u_z}{\partial z} \right) \mathrm{d}V = 0 \qquad (3\text{-}31)$$

故

$$\oint_A u_n \mathrm{d}A = 0 \qquad (3\text{-}32)$$

在总流控制面中，由于侧表面上 $u_n = 0$，故上式又可化简为

$$-\int_{A_1} u_1 \mathrm{d}A_1 + \int_{A_2} u_2 \mathrm{d}A_2 = 0 \qquad (3\text{-}33)$$

式中，A_1 和 A_2 分别为总流进、出口过流断面面积。

式(3-33)中，第一项取负号，是因为流速 u_1 与 $\mathrm{d}A_1$ 的外法线方向相反。应用积分中值定理，可得

$$v_1 A_1 = v_2 A_2 = Q \qquad (3\text{-}34)$$

式(3-34)即为恒定不可压缩总流的连续性方程。它表明总流的体积流量沿程不变，并且对于任意过流断面，其断面平均流速 v 与过流断面面积 A 成反比。

上述恒定不可压缩总流的连续性方程式是在流量沿程不变的条件下推导而来。若沿程流量有变化，即出现流量流进或流出，则总流的连续性方程在形式上需要作相应的修正。如图 3-8 所示的情况，其总流的连续性方程可写为

$$Q_1 \pm Q_3 = Q_2 \qquad (3\text{-}35)$$

式中，Q_3 为流进(取"+")或流出(取"-")控制体的流量。

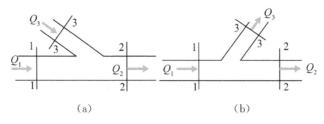

图 3-8　沿程流量有变化的总流的连续性方程。(a) 流进；(b) 流出

流体运动的连续性方程式是不涉及任何作用力的运动学方程,因此,它对于理想流体和实际流体均适用。

【例 3-1】　通过管道中的液体质量流量为 $Q_m = 100\mathrm{kg/s}$,密度 $\rho = 850\,\mathrm{kg/m^3}$,管道断面尺寸如图所示,$d_1 = 500\mathrm{mm}$,$d_2 = 400\mathrm{mm}$,$d_3 = 300\mathrm{mm}$,求各断面的平均流速。

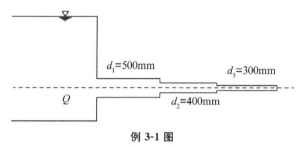

例 3-1 图

【解】　据管道的质量流量求管道的体积流量为

$$Q = \frac{Q_m}{\rho} = \frac{100}{850} = 0.12(\mathrm{m^3/s})$$

各断面的面积分别为

$$A_1 = \frac{\pi d_1^2}{4} = \frac{3.14 \times 0.5^2}{4} = 0.20(\mathrm{m^2})$$

$$A_2 = \frac{\pi d_2^2}{4} = \frac{3.14 \times 0.4^2}{4} = 0.13(\mathrm{m^2})$$

$$A_3 = \frac{\pi d_3^2}{4} = \frac{3.14 \times 0.3^2}{4} = 0.07(\mathrm{m^2})$$

根据连续性方程,管道中流量相等,有

$$Q = v_1 A_1 = v_2 A_2 = v_3 A_3$$

则

$$v_1 = \frac{Q}{A_1} = \frac{0.12}{0.20} = 0.60(\mathrm{m/s})$$

$$v_2 = \frac{Q}{A_2} = \frac{0.12}{0.13} = 0.92(\mathrm{m/s})$$

$$v_3 = \frac{Q}{A_3} = \frac{0.12}{0.07} = 1.7(\mathrm{m/s})$$

3.4　流体微团的运动分析 *

本节对流体微团的自身运动进行分析,仅作了解。

3.4.1　微团的运动分解

根据连续介质模型,流体由无数质点构成,而质点是较流动空间而言无限小却含有大量分子的微元体,在考虑尺度效应时,称为微团。

理论力学中,对于刚体的一般运动,可分解为移动和转动两部分。流体是具有流动性却又极易变形的连续介质,因此流体微团在运动过程中,除了移动和转动之外,还伴随有变形运动。如何将这三种基本运动显示出来成为各国学者研究的焦点。自 19 世纪 40 年代起,英国数学家斯托克斯和德国力学家赫尔姆霍兹先后提出了速度分解定理,从理论上解决了这个问题。具体内容如下。

如图 3-9 所示,在流场中取某 t 时刻微团,设其中一点 $O'(x,y,z)$ 为基点,速度 $\boldsymbol{u} = \boldsymbol{u}(x,y,z)$。在点 O' 的邻域任取一点 $M(x+\delta x, y+\delta y, z+\delta z)$,用泰勒展开式前两项表示点 M 的速度为

$$
\left.
\begin{aligned}
u_{M_x} &= u_x + \frac{\partial u_x}{\partial x}\delta x + \frac{\partial u_x}{\partial y}\delta y + \frac{\partial u_x}{\partial z}\delta z \\
u_{M_y} &= u_y + \frac{\partial u_y}{\partial x}\delta x + \frac{\partial u_y}{\partial y}\delta y + \frac{\partial u_y}{\partial z}\delta z \\
u_{M_z} &= u_z + \frac{\partial u_z}{\partial x}\delta x + \frac{\partial u_z}{\partial y}\delta y + \frac{\partial u_z}{\partial z}\delta z
\end{aligned}
\right\}
\tag{3-36}
$$

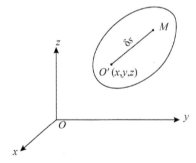

图 3-9　流体微团

为显示出移动、旋转和变形运动,对式(3-36)进行恒等变换,右边加减相同项,

$$\left. \begin{array}{l} \pm \dfrac{1}{2}\dfrac{\partial u_y}{\partial x}\delta y \pm \dfrac{1}{2}\dfrac{\partial u_z}{\partial x}\delta z \\[3mm] \pm \dfrac{1}{2}\dfrac{\partial u_x}{\partial y}\delta x \pm \dfrac{1}{2}\dfrac{\partial u_z}{\partial y}\delta z \\[3mm] \pm \dfrac{1}{2}\dfrac{\partial u_x}{\partial z}\delta x \pm \dfrac{1}{2}\dfrac{\partial u_y}{\partial z}\delta y \end{array} \right\}$$

另外,记

$$\left. \begin{array}{l} \varepsilon_{xx} = \dfrac{\partial u_x}{\partial x}, \varepsilon_{yz} = \varepsilon_{zy} = \dfrac{1}{2}\left(\dfrac{\partial u_z}{\partial y} + \dfrac{\partial u_y}{\partial z}\right), \omega_x = \dfrac{1}{2}\left(\dfrac{\partial u_z}{\partial y} - \dfrac{\partial u_y}{\partial z}\right) \\[3mm] \varepsilon_{yy} = \dfrac{\partial u_y}{\partial y}, \varepsilon_{zx} = \varepsilon_{xz} = \dfrac{1}{2}\left(\dfrac{\partial u_x}{\partial z} + \dfrac{\partial u_z}{\partial x}\right), \omega_y = \dfrac{1}{2}\left(\dfrac{\partial u_x}{\partial z} - \dfrac{\partial u_z}{\partial x}\right) \\[3mm] \varepsilon_{zz} = \dfrac{\partial u_z}{\partial z}, \varepsilon_{xy} = \varepsilon_{yx} = \dfrac{1}{2}\left(\dfrac{\partial u_y}{\partial x} + \dfrac{\partial u_x}{\partial y}\right), \omega_z = \dfrac{1}{2}\left(\dfrac{\partial u_y}{\partial x} - \dfrac{\partial u_x}{\partial y}\right) \end{array} \right\} \quad (3\text{-}37)$$

由以上各式可得

$$\left. \begin{array}{l} u_{M_x} = u_x + (\varepsilon_{xx}\delta x + \varepsilon_{xy}\delta y + \varepsilon_{xz}\delta z) + (\omega_y\delta z - \omega_z\delta y) \\[2mm] u_{M_y} = u_y + (\varepsilon_{yy}\delta y + \varepsilon_{yz}\delta z + \varepsilon_{yx}\delta x) + (\omega_z\delta x - \omega_x\delta z) \\[2mm] u_{M_z} = u_z + (\varepsilon_{zz}\delta z + \varepsilon_{zx}\delta x + \varepsilon_{zy}\delta y) + (\omega_x\delta y - \omega_y\delta x) \end{array} \right\} \quad (3\text{-}38)$$

式(3-38)即为微团的运动分解公式。式中各项对应流体微团运动的速度分解,分别为移动、变形(包括线变形和角变形)和旋转三种运动速度的组合,这就是速度分解定理。

3.4.2 微团运动的组成分析

式(3-38)是微团运动的分解式,式中各项分别代表一种简单运动的速度。为简化分析,取如图 3-10 所示的平面运动的矩形微团 $O'AMB$,以点 O' 为基点,该点的速度分量为 u_x 和 u_y,则根据泰勒展开式的前两项来表示点 A、M、B 的速度。

(1)平移速度 u_x、u_y、u_z

如图 3-10 所示,u_x 和 u_y 是微团各角点共有的速度。若微团仅随基点平移,各点的速度为 u_x 和 u_y。因此,u_x 和 u_y 表征微团整体平移的速度,故称之为平移速度。同理,对于三维流场而言,u_x、u_y、u_z 称为平移速度。

(2)线变形速度 ε_{xx}、ε_{yy}、ε_{zz}

如图 3-11 所示,微团上点 O' 和点 A 在 x 方向的速度不同,在 $\mathrm{d}t$ 时间,两

点在 x 方向的位移量不等，$O'A$ 边发生线变形，平行于 x 轴的直线都将发生线变形，为

$$\left(u_x + \frac{\partial u_x}{\partial x}\delta x\right)\mathrm{d}t - u_x\mathrm{d}t = \frac{\partial u_x}{\partial x}\delta x\mathrm{d}t$$

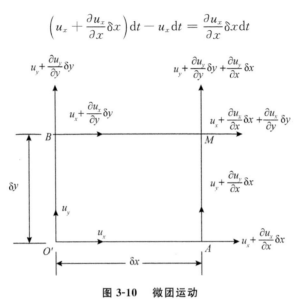

图 3-10   微团运动

因此，$\varepsilon_{xx} = \dfrac{\partial u_x}{\partial x}$ 是单位时间内微团沿 x 方向的相对线变形量，称为 x 方向的线变形速率。同理，$\varepsilon_{yy} = \dfrac{\partial u_y}{\partial y}$、$\varepsilon_{zz} = \dfrac{\partial u_z}{\partial z}$ 分别为 y、z 方向的线变形速率。

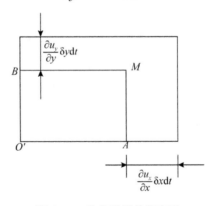

图 3-11   流体微团的线变形

（3）角变形速度 ε_{xy}、ε_{yz}、ε_{zx}

如图 3-12 所示，微团上点 O' 和点 A 在 y 方向的速度不同，在 $\mathrm{d}t$ 时间，两点在 y 方向的位移量不等，$O'A$ 边发生了偏转，偏转角度为

$$\delta\alpha = \frac{AA'}{\delta x} = \frac{\dfrac{\partial u_x}{\partial x}\delta x \mathrm{d}t}{\delta x} = \frac{\partial u_x}{\partial x}\mathrm{d}t$$

同理,$O'B$ 边也发生了偏转,偏转角度为

$$\delta\beta = \frac{BB'}{\delta y} = \frac{\dfrac{\partial u_x}{\partial y}\delta y \mathrm{d}t}{\delta y} = \frac{\partial u_x}{\partial y}\mathrm{d}t$$

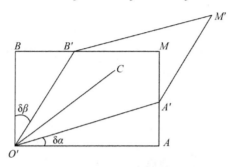

图 3-12　流体微团的角变形

$O'A$、$O'B$ 偏转的结果,使微团由原来的矩形 $O'AMB$ 变成平行四边形 $O'A'M'B'$,微团在 xOy 平面上的角变形为

$$\frac{1}{2}(\delta\alpha + \delta\beta) = \frac{1}{2}\left(\frac{\partial u_y}{\partial x} + \frac{\partial u_x}{\partial y}\right)\mathrm{d}t = \varepsilon_{xy}\mathrm{d}t$$

上式中的 $\varepsilon_{xy} = \dfrac{1}{2}\left(\dfrac{\partial u_y}{\partial x} + \dfrac{\partial u_x}{\partial y}\right)$ 即为微团在 xOy 平面上的角变形速度。同理,

$\varepsilon_{yz} = \dfrac{1}{2}\left(\dfrac{\partial u_z}{\partial y} + \dfrac{\partial u_y}{\partial z}\right)$,$\varepsilon_{zx} = \dfrac{1}{2}\left(\dfrac{\partial u_x}{\partial z} + \dfrac{\partial u_z}{\partial x}\right)$ 分别为微团在 yOz、zOx 平面上的

角变形速度

（4）旋转角速度 ω_x、ω_y、ω_z

如图 3-12 所示,微团上点 O' 和点 A 在 y 方向的速度不同,在 $\mathrm{d}t$ 时间,两点在 y 方向的位移量不等,$O'A$ 边发生了偏转;同理,$O'B$ 边也发生了偏转。

若微团 $O'A$、$O'B$ 边偏转的方向相反,转角相等,$\delta\alpha = \delta\beta$,此时微团发生角变形,但变形前后的角分线 $O'C$ 的指向不变,故此定义微团未发生旋转,是单纯的角变形。

如图 3-13 所示,若偏转角不等,$\delta\alpha \neq \delta\beta$,变形前后角分线 $O'C$ 的指向发生变化,指向 $O'C'$,表明该微团发生了旋转。规定:旋转角度 $\delta\gamma$ 以逆时针方向的转角为正,顺时针方向的转角为负。

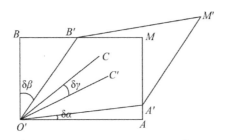

图 3-13   流体微团的旋转

$$\delta\gamma = \frac{1}{2}(\delta\alpha - \delta\beta) = \frac{1}{2}\left(\frac{\partial u_y}{\partial x} - \frac{\partial u_x}{\partial y}\right)\mathrm{d}t = \omega_z \mathrm{d}t$$

因此，$\omega_z = \frac{1}{2}\left(\frac{\partial u_y}{\partial x} - \frac{\partial u_x}{\partial y}\right)$ 即为微团绕平行于 Oz 轴的基点轴的旋转角速度。同理，$\omega_x = \frac{1}{2}\left(\frac{\partial u_z}{\partial y} - \frac{\partial u_y}{\partial z}\right)$、$\omega_y = \frac{1}{2}\left(\frac{\partial u_x}{\partial z} - \frac{\partial u_z}{\partial x}\right)$ 分别为微团绕平行于 Ox、Oy 轴的基点轴的旋转角速度。

以上分析说明了速度分解定理式(3-38)的物理意义，表明流体微团运动包括平移运动、旋转运动和变形(线变形和角变形)三部分，较刚体运动更为复杂。

在此基础之上，根据微团自身是否旋转，将流体运动又分为有旋流动和无旋流动两种类型。在运动中，流体微团不存在旋转运动，即旋转角速度为零，即 $\omega_x = \omega_y = \omega_z = 0$，称为无旋流动。而在运动中，流体微团存在旋转运动，即 ω_x、ω_y、ω_z 三者之中至少有一个不为零，则称为有旋流动。

自然界中绝大多数流动都属于有旋流动，有些以明显可见的旋涡形式表现出来，如桥墩后的旋涡区、航船船尾后面的旋涡、大气中的龙卷风等；而更多的有旋流动无明显可见的旋涡，无法一眼看出，需要根据速度场分析、判别。

本章小结

(1)流体运动的两种描述方法:拉格朗日法和欧拉法,欧拉法更为普遍。欧拉法的加速度分为两部分,即当地加速度(时变加速度)和迁移加速度(位变加速度)。

（2）欧拉法的基本概念：根据各运动要素是否随时间变化，分为恒定流与非恒定流；根据运动要素是否随位移变化，分为均匀流与非均匀流，非均匀流又可进一步分为渐变流和急变流；根据运动要素与空间坐标的关系，分为一维流动、二维流动和三维流动。流量是单位时间内通过过流断面的流体量。断面平均流速为一假想流速。

（3）均匀流的性质：① 流线是相互平行的直线，过流断面是平面，且过流断面的面积沿程不变；② 同一流线上各点的流速相等（但不同流线上的流速不一定相等），流速分布沿流不变，断面平均流速也沿流不变；③ 过流断面上的动压强分布规律符合静压强分布规律。

（4）恒定不可压缩总流的连续性方程：$v_1 A_1 = v_2 A_2 = Q$。

思考题

（1）拉格朗日变量和欧拉变数各指什么？两种方法的差别是什么？

（2）何谓恒定流与非恒定流、均匀流与非均匀流、渐变流与急变流？它们之间有什么联系？

（3）流线的概念及其意义是什么？

（4）流量是如何定义的？如何计算流量？它的单位是什么？

（5）恒定不可压缩总流的连续性方程及其实质是什么？

练习题

3-1　用欧拉法表示流体质点的加速度 a 等于：（　　　）

A. $\dfrac{\mathrm{d}^2 \boldsymbol{r}}{\mathrm{d}t^2}$ 　　　　 B. $\dfrac{\partial \boldsymbol{u}}{\partial t}$ 　　　　 C. $(\boldsymbol{u} \cdot \nabla)\boldsymbol{u}$ 　　　 D. $\dfrac{\partial \boldsymbol{u}}{\partial t} + (\boldsymbol{u} \cdot \nabla)\boldsymbol{u}$

3-2　恒定流是：（　　　）

A. 流动随时间按一定规律变化

B. 各空间点上的流动参数不随时间变化

C. 各过流断面的速度分布相同

D. 迁移加速度为零

3-3　一维流动限于:(　　　)

A.流线是直线

B.速度分布按直线变化

C.流动参数是一个空间坐标和时间变量的函数

D.流动参数不随时间变化的流动

3-4　均匀流是:(　　　)

A.当地加速度为零　　　　　　　B.迁移加速度为零

C.向心加速度为零　　　　　　　D.合加速度为零

3-5　无旋流动限于:(　　　)

A.流线是直线的流动　　　　　　B.迹线是直线的流动

C.微团无旋转的流动　　　　　　D.恒定流动

3-6　变直径管,直径 $d_1 = 320\text{mm}$,$d_2 = 160\text{mm}$,流速 $v_1 = 1.5\text{m/s}$。v_2 为:(　　　)

A.3m/s　　　　　　B.4m/s　　　　　　C.6m/s　　　　　　D.9m/s

3-7　在送风道的壁上有一面积为 0.4m^2 的风口,试求风口出流的平均速度 v。

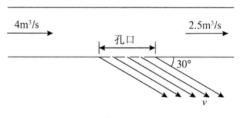

题 3-7 图

第4章　流体动力学

🔵 **内容提要**

　　本章主要阐述研究理想流体运动微分方程,伯努利积分的三个基本假定,重力场中实际流体元流的能量方程及能量方程中各项的物理意义和几何意义,水头损失、水力坡度、总水头线和测压管水头线,伯努利方程的应用条件和注意点;实际流体恒定总流动量方程,适用条件及注意点等。

　　教学重点在于总流伯努利方程和动量方程及其应用、总水头线和测压管水头线的变化规律。

🔵 **学习目标**

　　通过本章内容的学习,应掌握流体动力学基本方程,并能够具体运用实际流体恒定总流的连续性方程、能量方程、动量方程求解总流问题。

4.1　理想流体的运动微分方程

4.1.1　理想流体的应力状态

　　理想流体没有黏性,故无切应力,只有法向应力 —— 动压强。

　　取微元四面体(图 2-2)列运动方程,略去式中质量力和惯性力项(两项同表面力相比均是高阶微小量),便可证明无黏性流体任一点动压强的大小与作用面方位无关,只是关于该点空间坐标和时间的函数

$$p = p(x,y,z,t) \tag{4-1}$$

4.1.2 理想流体的运动微分方程

在理想流体中,任取一个微元直角六面体 $abcda'b'c'd'$,微元六面体的边长分别为 dx、dy、dz。假设该微元六面体的几何中心为 O' 点,坐标为 (x,y,z),O' 点的压强为 $p = p(x,y,z)$,速度为 $\boldsymbol{u} = \boldsymbol{u}(x,y,z)$。下面分析该微元体 x 方向的受力和运动情况。

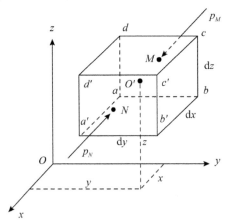

图 4-1 微元六面体

表面力:理想流体内仅存在压应力,故 x 方向受压面($abcd$ 面和 $a'b'c'd'$ 面)形心点 M、N 的压强为

$$\left.\begin{array}{l} p_M = p\left(x - \dfrac{dx}{2}, y, z\right) = p - \dfrac{1}{2}\dfrac{\partial p}{\partial x}dx \\[3mm] p_N = p\left(x + \dfrac{dx}{2}, y, z\right) = p + \dfrac{1}{2}\dfrac{\partial p}{\partial x}dx \end{array}\right\} \tag{4-2}$$

受压面上的压力

$$\left.\begin{array}{l} F_M = p_M S_{abcd} = \left(p - \dfrac{1}{2}\dfrac{\partial p}{\partial x}dx\right)dydz \\[3mm] F_N = p_N S_{a'b'c'd'} = \left(p + \dfrac{1}{2}\dfrac{\partial p}{\partial x}dx\right)dydz \end{array}\right\} \tag{4-3}$$

质量力:假设单位质量力为 $\boldsymbol{f}$,则 x 方向的质量力为

$$F_x = f_x dm = f_x \rho dxdydz \tag{4-4}$$

由牛顿第二定律,$\sum F_x = m\dfrac{du_x}{dt}$

$$\left(p - \dfrac{1}{2}\dfrac{\partial p}{\partial x}dx\right)dydz - \left(p + \dfrac{1}{2}\dfrac{\partial p}{\partial x}dx\right)dydz + f_x\rho dxdydz = \rho dxdydz\dfrac{du_x}{dt}$$

化简,同理可得 y、z 方向

$$\left. \begin{array}{l} f_x - \dfrac{1}{\rho}\dfrac{\partial p}{\partial x} = \dfrac{\mathrm{d}u_x}{\mathrm{d}t} \\[3mm] f_y - \dfrac{1}{\rho}\dfrac{\partial p}{\partial y} = \dfrac{\mathrm{d}u_y}{\mathrm{d}t} \\[3mm] f_z - \dfrac{1}{\rho}\dfrac{\partial p}{\partial z} = \dfrac{\mathrm{d}u_z}{\mathrm{d}t} \end{array} \right\} \tag{4-5}$$

将加速度项展开成欧拉法表达式

$$\left. \begin{array}{l} f_x - \dfrac{1}{\rho}\dfrac{\partial p}{\partial x} = \dfrac{\mathrm{d}u_x}{\mathrm{d}t} = \dfrac{\partial u_x}{\partial t} + u_x\dfrac{\partial u_x}{\partial x} + u_y\dfrac{\partial u_x}{\partial y} + u_z\dfrac{\partial u_x}{\partial z} \\[3mm] f_y - \dfrac{1}{\rho}\dfrac{\partial p}{\partial y} = \dfrac{\mathrm{d}u_y}{\mathrm{d}t} = \dfrac{\partial u_y}{\partial t} + u_x\dfrac{\partial u_y}{\partial x} + u_y\dfrac{\partial u_y}{\partial y} + u_z\dfrac{\partial u_y}{\partial z} \\[3mm] f_z - \dfrac{1}{\rho}\dfrac{\partial p}{\partial z} = \dfrac{\mathrm{d}u_z}{\mathrm{d}t} = \dfrac{\partial u_z}{\partial t} + u_x\dfrac{\partial u_z}{\partial x} + u_y\dfrac{\partial u_z}{\partial y} + u_z\dfrac{\partial u_z}{\partial z} \end{array} \right\} \tag{4-6}$$

矢量形式

$$\boldsymbol{f} - \frac{1}{\rho}\nabla p = \frac{\partial \boldsymbol{u}}{\partial t} + (\boldsymbol{u}\cdot\nabla)\boldsymbol{u} \tag{4-7}$$

式(4-7) 即为理想流体运动微分方程,又称为欧拉运动微分方程。该式是牛顿第二定律的流体力学表达式,它表述了单位质量理想流体动力学的基本定律。

4.2　元流的伯努利方程

4.2.1　理想流体运动微分方程的伯努利积分

理想流体运动微分方程是非线性偏微分方程组,在特定条件下可以积分,其中最著名的是伯努利(Bernoulli) 积分。

对于恒定流,$\boldsymbol{u} = \boldsymbol{u}(x,y,z,t)$,$p = p(x,y,z,t)$,理想流体运动微分方程可以化简为

$$\left. \begin{array}{l} f_x - \dfrac{1}{\rho}\dfrac{\partial p}{\partial x} = \dfrac{\mathrm{d}u_x}{\mathrm{d}t} = u_x\dfrac{\partial u_x}{\partial x} + u_y\dfrac{\partial u_x}{\partial y} + u_z\dfrac{\partial u_x}{\partial z} \\[3mm] f_y - \dfrac{1}{\rho}\dfrac{\partial p}{\partial y} = \dfrac{\mathrm{d}u_y}{\mathrm{d}t} = u_x\dfrac{\partial u_y}{\partial x} + u_y\dfrac{\partial u_y}{\partial y} + u_z\dfrac{\partial u_y}{\partial z} \\[3mm] f_z - \dfrac{1}{\rho}\dfrac{\partial p}{\partial z} = \dfrac{\mathrm{d}u_z}{\mathrm{d}t} = u_x\dfrac{\partial u_z}{\partial x} + u_y\dfrac{\partial u_z}{\partial y} + u_z\dfrac{\partial u_z}{\partial z} \end{array} \right\} \tag{4-8}$$

式(4-8) 中,各式分别乘以流线上微元线段的投影 dx、dy、dz。以 x 方向为例

$$f_x dx - \frac{1}{\rho}\frac{\partial p}{\partial x}dx = \frac{du_x}{dt} = \left(u_x\frac{\partial u_x}{\partial x} + u_y\frac{\partial u_x}{\partial y} + u_z\frac{\partial u_x}{\partial z}\right)dx$$

在流线上,根据流线微分方程有

$$u_y dx = u_x dy, u_z dz = u_x dz, u_z dy = u_y dz$$

则

$$\left(u_x\frac{\partial u_x}{\partial x} + u_y\frac{\partial u_x}{\partial y} + u_z\frac{\partial u_x}{\partial z}\right)dx = u_x\left(\frac{\partial u_x}{\partial x}dx + \frac{\partial u_x}{\partial y}dy + \frac{\partial u_x}{\partial z}dz\right) = u_x du_x$$

故以 x 方向可化简。同理,可得 y、z 方向

$$\left.\begin{array}{l} f_x dx - \frac{1}{\rho}\frac{\partial p}{\partial x}dx = u_x du_x \\[2mm] f_y dy - \frac{1}{\rho}\frac{\partial p}{\partial y}dy = u_y du_y \\[2mm] f_z dz - \frac{1}{\rho}\frac{\partial p}{\partial z}dz = u_z du_z \end{array}\right\} \qquad (4\text{-}9)$$

以上式子相加,得

$$(f_x dx + f_y dy + f_z dz) - \frac{1}{\rho}\left(\frac{\partial p}{\partial x}dx + \frac{\partial p}{\partial y}dy + \frac{\partial p}{\partial z}dz\right) = u_x du_x + u_y du_y + u_z du_z$$

其中,

$$\frac{1}{\rho}\left(\frac{\partial p}{\partial x}dx + \frac{\partial p}{\partial y}dy + \frac{\partial p}{\partial z}dz\right) = \frac{1}{\rho}dp$$

$$u_x du_x + u_y du_y + u_z du_z = d\left(\frac{u_x^2 + u_y^2 + u_z^2}{2}\right) = d\left(\frac{u^2}{2}\right)$$

故

$$(f_x dx + f_y dy + f_z dz) - \frac{1}{\rho}dp = d\left(\frac{u^2}{2}\right) \qquad (4\text{-}10)$$

若流动是在重力场中,作用在流体上的质量力只有重力,即:$f_x = f_y = 0, f_z = -g$,代入式(4-10) 化简可得

$$d\left(\frac{u^2}{2} + \frac{p}{\rho} + gz\right) = 0$$

沿流线积分得

$$z + \frac{p}{\rho g} + \frac{u^2}{2g} = C \qquad (4\text{-}11)$$

对于同一流线上的任意两点 1、2,则有

$$z_1 + \frac{p_1}{\rho g} + \frac{u_1^2}{2g} = z_2 + \frac{p_2}{\rho g} + \frac{u_2^2}{2g} \qquad (4\text{-}12)$$

或

$$z_1 + \frac{p_1}{\gamma} + \frac{u_1^2}{2g} = z_2 + \frac{p_2}{\gamma} + \frac{u_2^2}{2g}$$

式中,$\gamma = \rho g$,为单位体积流体的重量。

式(4-12)即为理想流体运动微分方程沿流线积分式,称为伯努利积分。其中重力作用下不可压缩流体的伯努利积分式称为伯努利方程,以纪念在理想流体运动微分方程式(4-8)建立之前,1738 年瑞士数学家、物理学家伯努利根据能量守恒定律,结合实验提出与式(4-12)类似的公式,用于计算管流问题。

伯努利方程表征了重力场中理想流体的元流为恒定流时,流速、动压强与位置高度三者之间的关系。

由于元流过流断面的面积无限小,沿流线的伯努利方程就是元流的伯努利方程。需注意推导该方程引入的限定条件即为理想流体元流伯努利方程的应用条件:

① 理想流体;

② 不可压缩流体;

③ 恒定流;

④ 质量力只有重力;

⑤ 沿元流(流线)。

4.2.2　元流伯努利方程的物理意义和几何意义

(1) 物理意义

伯努利方程中的三项分别代表三种不同的能量形式:z,单位重量流体具有的位能(又称为重力势能);$\frac{p}{\rho g}$,单位重量流体具有的压能(压强势能);$z + \frac{p}{\rho g}$,单位重量流体具有的总势能;$\frac{u^2}{2g}$,单位重量流体具有的动能;$z + \frac{p}{\rho g} + \frac{u^2}{2g}$,单位重量流体具有的机械能。理想流体的恒定流动,单位重量流体的机械能守恒,故伯努利方程又称能量方程。

（2）几何意义

理想流体元流的伯努利方程中的每一项都是长度量纲 L。

z,代表元流过流断面上任一点相对于选取的基准面的位置高度,又称为位置水头;$\frac{p}{\rho g}$,测压管高度,又称为压强水头;$\frac{u^2}{2g}$,流速水头;$z+\frac{p}{\rho g}$,测压管水头;$z+\frac{p}{\rho g}+\frac{u^2}{2g}$,总水头。

4.2.3 黏性流体元流的伯努利方程

实际流体由于存在黏性,运动时产生流动阻力,克服阻力做功,使流体的一部分机械能转化为热能而散失。因此,黏性流体流动过程中,机械能不是守恒的,而是沿程减小的,总水头线不是水平线,而是沿程下降。

假设 h'_w 为黏性流体元流单位重量流体由过流断面 1-1 流至 2-2 的机械能损失,称为水头损失。根据能量守恒定律,黏性流体元流的伯努利方程

$$z_1+\frac{p_1}{\rho g}+\frac{u_1^2}{2g}=z_2+\frac{p_2}{\rho g}+\frac{u_2^2}{2g}+h'_w \qquad (4\text{-}13)$$

因此,水头损失 h'_w 也是长度的量纲 L。

4.3 实际流体总流的伯努利方程

4.3.1 总流的伯努利方程

黏性流体元流的伯努利方程已知,而总流的伯努利方程只需对相应过流断面进行积分即可。

假设流量为 dQ 的流体,其重量为 $\rho g dQ$,用它同时乘以元流伯努利方程的两端,即可得到单位时间内通过元流两过流断面全部流体的能量关系式。

$$\rho g\,dQ\left(z_1+\frac{p_1}{\rho g}+\frac{u_1^2}{2g}\right)=\rho g\,dQ\left(z_2+\frac{p_2}{\rho g}+\frac{u_2^2}{2g}\right)+\rho g\,dQh'_w$$

根据连续性方程,有

$$dQ=u_1\,dA_1=u_2\,dA_2$$

联立以上两式,并在对应过流断面上积分,可得

$$\rho g\,\mathrm{d}Q\left(z_1 + \frac{p_1}{\rho g} + \frac{u_1^2}{2g}\right) = \rho g\,\mathrm{d}Q\left(z_2 + \frac{p_2}{\rho g} + \frac{u_2^2}{2g}\right) + \rho g\,\mathrm{d}Q h_w'$$

可写成

$$\int_{A_1}\rho g\left(z_1 + \frac{p_1}{\rho g} + \frac{u_1^2}{2g}\right)u_1\,\mathrm{d}A_1 = \int_{A_2}\rho g\left(z_2 + \frac{p_2}{\rho g} + \frac{u_2^2}{2g}\right)u_2\,\mathrm{d}A_2 + \int_Q\rho g h_w'\,\mathrm{d}Q$$

变形有

$$\int_{A_1}\left(z_1 + \frac{p_1}{\rho g}\right)\rho g u_1\,\mathrm{d}A_1 + \int_{A_1}\frac{u_1^2}{2g}\rho g u_1\,\mathrm{d}A_1$$

$$= \int_{A_2}\left(z_2 + \frac{p_2}{\rho g}\right)\rho g u_2\,\mathrm{d}A_2 + \int_{A_2}\frac{u_2^2}{2g}\rho g u_2\,\mathrm{d}A_2 + \int_Q h_w'\rho g\,\mathrm{d}Q \tag{4-14}$$

上式包括三种类型的积分,下面逐一讨论。

(1) 势能积分 $\int_A\left(z + \frac{p}{\rho g}\right)\rho g u\,\mathrm{d}A$:表征单位时间内总流过流断面的流体势能的总和。当流体作均匀流动或渐变流动时,同一过流断面上的动水压强按静水压强的规律分布,即: $z + \frac{p}{\rho g} = C$,故势能积分可做如下变形

$$\int_A\left(z + \frac{p}{\rho g}\right)\rho g u\,\mathrm{d}A = \left(z + \frac{p}{\rho g}\right)\int_A\rho g u\,\mathrm{d}A = \left(z + \frac{p}{\rho g}\right)\rho g Q \tag{4-15}$$

(2) 动能积分 $\int_A\frac{u^2}{2g}\rho g u\,\mathrm{d}A$:表征单位时间内通过总流过流断面的流体动能总和。考虑到断面流速分布难以确定,对动能积分求解时采用积分中值定理来计算。故引入修正系数,用断面平均流速 v 进行计算。

$$\int_A\frac{u^2}{2g}\rho g u\,\mathrm{d}A = \rho g\alpha\frac{v^2}{2g}vA = \alpha\frac{v^2}{2g}\rho g Q \tag{4-16}$$

式中, α 为动能修正系数,是表征断面流速分布均匀程度的一个系数。当断面流速分布较为均匀时,实际的动能同按断面平均流速计算的动能值相近, α 的取值近似等于1,一般取 $\alpha = 1.05 \sim 1.10$;流速分布不均匀时, α 值较大,可达到2或更大。为计算简便,工程中常取 $\alpha = 1$。

$$\alpha = \frac{\int_A\frac{u^3}{2g}\rho g\,\mathrm{d}A}{\int_A\frac{v^3}{2g}\rho g\,\mathrm{d}A} = \frac{\int_A u^3\,\mathrm{d}A}{v^3 A} \tag{4-17}$$

(3) 水头损失积分 $\int_Q h_w'\rho g\,\mathrm{d}Q$:表征总流由过流断面 1-1 至 2-2 的机械能损

失，可用单位重量流体断面间的平均能量损失 h_w 来计算，h_w 称为总流的水头损失，则

$$\int_Q h'_w \rho g \, \mathrm{d}Q = h_w \rho g Q \tag{4-18}$$

把积分结果式(4-15)、(4-16)、(4-18) 代入总流关系式(4-14)，可得

$$\left(z_1 + \frac{p_1}{\rho g}\right)\rho g Q_1 + \frac{\alpha_1 v_1^2}{2g}\rho g Q_1 = \left(z_2 + \frac{p_2}{\rho g}\right)\rho g Q_2 + \frac{\alpha_2 v_2^2}{2g}\rho g Q_2 + \rho g h_w Q_2$$

结合连续性方程 $Q_1 = Q_2 = Q$，代入上式，并且等式两边同时除以 $\rho g Q$，得

$$z_1 + \frac{p_1}{\rho g} + \frac{\alpha_1 v_1^2}{2g} = z_2 + \frac{p_2}{\rho g} + \frac{\alpha_2 v_2^2}{2g} + h_w \tag{4-19}$$

式(4-19)即为实际流体总流的伯努利方程。

在实际流体总流的伯努利方程的推导过程中引入了某些限制条件，所以在应用伯努利方程解决工程问题时应满足一定的适用条件：

① 恒定流；

② 不可压缩流体；

③ 质量力只有重力；

④ 所选取的两个过流断面为渐变流或均匀流断面；

⑤ 两过流断面之间没有能量的输入或输出；

⑥ 所选取的两过流断面之间，流量保持不变，无分流或汇流。

4.3.2 总流伯努利方程的物理意义和几何意义

总流伯努利方程的物理意义和几何意义同元流伯努利方程类似，不作详细介绍，需要注意的是方程的“平均”意义，而且方程中与势能相关的项均是对过流断面上的同一个计算点而言。z，总流过流断面上所取计算点单位重量流体的位能，位置高度或位置水头；$\frac{p}{\rho g}$，总流过流断面上所取计算点单位重量流体的压能，测压管高度或压强水头；$z + \frac{p}{\rho g}$，总流过流断面上所取计算点单位重量流体的总势能，测压管水头；$\frac{\alpha v^2}{2g}$，总流过流断面上单位重量流体的平均动能，平均流速水头；$z + \frac{p}{\rho g} + \frac{\alpha v^2}{2g}$，总流过流断面上单位重量流体的平均机械能；$h_w$，总流两过流断面间单位重量流体平均的机械能损失，水头损失。

可见,式(4-19)是能量守恒定律的总流表达式,因此,恒定总流伯努利方程也称总流能量方程。

4.3.3　水头线

水头线就是总流沿程能量变化的几何图示。

如图 4-2 所示,任取一水平面 0-0 为基准面,过沿程各点作垂直于基准面的垂线。以垂线在基准面上的交点为起点,在垂线上按一定的比例顺次截取长度分别为 z、$\dfrac{p}{\rho g}$、$\dfrac{\alpha v^2}{2g}$ 的线段,把所有的高度为 $H_p = z + \dfrac{p}{\rho g}$ 的点连接成的曲线称为测压管水头线,把所有的高度为 $H = z + \dfrac{p}{\rho g} + \dfrac{\alpha v^2}{2g}$ 的点连成的曲线称为总水头线。显然,总水头线与测压管水头线的差等于流速水头。

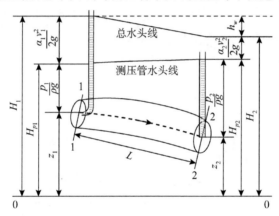

图 4-2　水头线

由于实际流体在流动中机械能沿程减小,实际流体的总水头线总是沿程降低的;而测压管水头线却并不一定是下降的,它有可能下降,也有可能是上升的曲线,这取决于能量的转化关系。对于均匀流和渐变流,测压管水头线与总水头线是平行直线,而非均匀流与急变流的测压管水头线是曲线且不平行。

为了衡量总水头线沿程下降的快慢程度,引入水力坡度的概念,即总水头线的坡度,用 J 表示,在数值上等于单位重量的流体沿流程单位长度上的能量损失。

$$J = -\frac{\mathrm{d}H}{\mathrm{d}L} = \frac{\mathrm{d}h_w}{\mathrm{d}L} \tag{4-20}$$

因为 dH 沿程减小，故 $\dfrac{dH}{dL}$ 恒为负；为保证 J 恒为正，故在 $\dfrac{dH}{dL}$ 前加"－"号。

测压管水头线沿程的变化率可用测压管坡度 J_p 表示，在数值上等于单位重量的流体沿流程单位长度上的势能减少量。

$$J_p = -\frac{dH_p}{dL} \tag{4-21}$$

测压管坡度不全是正值。当测压管水头线下降时，J_p 为正值，反之为负。

【例 4-1】 皮托管测量点流速。

【解】 速度水头可直接测量，以均匀管流为例。假设为均匀流，测量某过流断面上点 A 的流速，如图所示。

在该点上方放置一测压管，并在点 A 下游相距很近的地方放一根测速管。测速管是弯成直角且两端开口的细管，一端的出口置于与点 A 相距很近的点 B 处，并正对来流，另一端向上。在点 B 处由于测速管的阻挡，流速为零，动能全部转化为压能，测速管中液面升高。

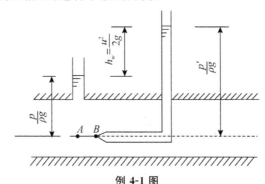

例 4-1 图

应用黏性流体恒定流的伯努利方程，并取点 A、B 所在水平面为基准面，则有

$$z_A + \frac{p_A}{\rho g} + \frac{u_A^2}{2g} = z_B + \frac{p_B}{\rho g} + \frac{u_B^2}{2g} + h_w'$$

因为 $u_B = 0$，$z_A = z_B = 0$，A 点与 B 点相距很近，认为 $h_w' = 0$，则

$$u_A = \sqrt{2g\left(\frac{p_B}{\rho g} - \frac{p_A}{\rho g}\right)}$$

而点 A、B 测压管和测速管中液面的高差 h，故

$$u_A = \sqrt{2gh}$$

根据上述原理，将测速管和测压管组合成测量点流速的仪器，称为皮托

管。考虑到实际测流时，$h'_w \neq 0$，以及皮托管放入流场后对原流的干扰等影响，引入修正系数 c

$$u_A = c\sqrt{2gh}$$

c 值大小与皮托管的构造有关，数值接近于 1，一般为 $0.98 \sim 1$，由实验测定。

【例 4-2】　如图文丘里（Venturi）流量计，进口直径 $d_1 = 100\text{mm}$，喉管直径 $d_2 = 50\text{mm}$，实测测压管水头差 $\Delta h = 0.6\text{m}$（或水银压差计的水银面高差 $h_p = 47.6\text{mm}$），流量计的流量系数 $\mu = 0.98$。试求管道输水的流量。

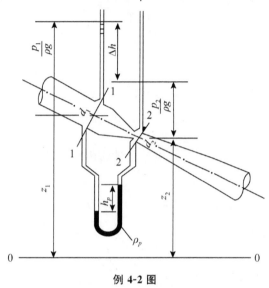

例 4-2 图

【解】　文丘里流量计是一种测量有压管道中液体流量的仪器，它由光滑的收缩管、喉管、扩散管三部分组成。测量管中流量时，把流量计接入被测段，在管段和喉管处分别安装一根测压管（或是连接两处的水银压差计）。设在恒定流条件下，读得测压管高差为 Δh（或水银计的高差为 h_p），运用总流伯努利方程计算则可得管中液体流量。

以 0-0 为水平基准面，选收缩段进口前断面 1-1 和喉管断面 2-2 为计算断面，两者均为渐变流断面，计算点取在管轴线上。由于收缩段的水头损失很小，可忽略不计。取动能修正系数 $\alpha_1 = \alpha_2 = 1.0$，列伯努利方程为

$$z_1 + \frac{p_1}{\rho g} + \frac{\alpha_1 v_1^2}{2g} = z_2 + \frac{p_2}{\rho g} + \frac{\alpha_2 v_2^2}{2g}$$

变形有

$$\left(z_1 + \frac{p_1}{\rho g}\right) - \left(z_2 + \frac{p_2}{\rho g}\right) = \frac{v_2^2}{2g} - \frac{v_1^2}{2g}$$

即

$$\Delta h = \frac{v_2^2 - v_1^2}{2g}$$

根据连续性方程,$v_1 A_1 = v_2 A_2$,则

$$v_1 = \sqrt{\frac{2g\Delta h}{\left(\dfrac{d_1}{d_2}\right)^4 - 1}}$$

故流量

$$Q = v_1 A_1 = \frac{\pi d_1^2}{4}\sqrt{\frac{2g\Delta h}{\left(\dfrac{d_1}{d_2}\right)^4 - 1}}$$

令 $K = \dfrac{\pi d_1^2}{4}\sqrt{\dfrac{2g}{\left(\dfrac{d_1}{d_2}\right)^4 - 1}}$ 是由流量计结构尺寸 d_1、d_2 而定的常数,称为

仪器常数。又考虑两断面之间有水头损失,乘以流量计流量因数 μ(实验室测定),则文丘里流量计测流公式为

$$Q = \mu K \sqrt{\Delta h}$$

本题中代入相关数据,计算可得 $Q = 6.83 \times 10^3\,\mathrm{m^3/s}$。

【例 4-3】 如图,在一管路上测得过流断面 1-1 的测压管高度为 1.5m,H 断面的过流断面面积 $A_1 = 0.05\mathrm{m^2}$,断面 2-2 的过流断面面积 $A_2 = 0.02\mathrm{m^2}$,

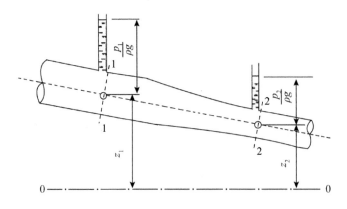

例 4-3 图

两断面间水头损失 $h_w = 0.5 \dfrac{v_1^2}{2g}$，流量 $Q = 20\text{L/s}$，试求断面 2-2 的测压管高度。已知 $z_1 = 2.5\text{m}, z_2 = 1.6\text{m}$。

【解】　由连续性方程，

$$v_1 = \frac{Q}{A_1} = \frac{0.02}{0.05} = 0.4(\text{m/s})$$

$$v_2 = \frac{Q}{A_2} = \frac{0.02}{0.02} = 1(\text{m/s})$$

选取 0-0 作为基准面。列断面 1-1 和 2-2 间的伯努利方程为

$$z_1 + \frac{p_1}{\rho g} + \frac{\alpha_1 v_1^2}{2g} = z_2 + \frac{p_2}{\rho g} + \frac{\alpha_2 v_2^2}{2g} + h_w$$

所以，断面 2-2 的测压管高度为

$$\frac{p_2}{\rho g} = \left(z_1 + \frac{p_1}{\rho g} + \frac{\alpha_1 v_1^2}{2g} \right) - \left(z_2 + \frac{\alpha_2 v_2^2}{2g} + h_w \right)$$

$$= \left(2.5 + 1.5 + \frac{1 \times 0.4^2}{2 \times 9.8} \right) - \left(1.6 + \frac{1 \times 1^2}{2 \times 9.8} + \frac{0.5 \times 0.4^2}{2 \times 9.8} \right)$$

$$= 2.36(\text{m})$$

在应用伯努利方程进行求解时应注意：

① 过流断面须在渐变流或均匀流区域；

② 基准面可任意选择，但必须针对同一个基准面；

③ $\dfrac{p}{\rho g}$ 既可为相对压强，也可为绝对压强，但必须为同一标准；

④ 在计算过流断面上 $z + \dfrac{p}{\rho g}$ 时，对于圆管取管轴线，而对于明渠取自由水面；

⑤ $\alpha_1 \neq \alpha_2$，但在实际应用中，可令 $\alpha_1 = \alpha_2 = 1$。

4.3.4　总流伯努利方程的扩展

前面讨论了总流的伯努利方程及其适用范围，解决实际问题时必须重视方程的应用条件，切忌不顾应用条件而随意套用公式，应对实际问题时要具体分析，灵活运用。下面重点讨论三种情况。

4.3.4.1　两断面间有分流或汇流的伯努利方程

总流的伯努利方程式(4-19)，是在两过流断面间无分流或汇流的条件

下导出的,但实际的供水、供气管道中,沿程大多存在分流和汇流,此时式
(4-19)是否仍然适用?

对于两断面间有分流的情况,如图 4-3 所示,对断面 1-1 可以看成是两
股独立的流体运动,分别通过断面 2-2、3-3。断面 1-1 与 2-2 间仍然适用伯努
利方程

$$z_1 + \frac{p_1}{\rho g} + \frac{\alpha_1 v_1^2}{2g} = z_2 + \frac{p_2}{\rho g} + \frac{\alpha_2 v_2^2}{2g} + h_{w1-2} \tag{4-22}$$

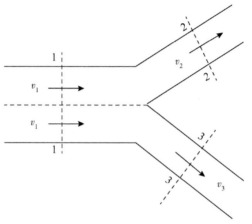

图 4-3　分流

同理,断面 1-1 与 3-3 间列伯努利方程为

$$z_1 + \frac{p_1}{\rho g} + \frac{\alpha_1 v_1^2}{2g} = z_3 + \frac{p_3}{\rho g} + \frac{\alpha_3 v_3^2}{2g} + h_{w1-3} \tag{4-23}$$

对于两断面间有汇流的情况,如图 4-4 所示,当两股流体交汇时,除引起
水头损失外,还由于单位重量流体的机械能不等而引起流股之间的能量交
换。单位重量流体能量高的流股向能量低的流股传递了部分能量,即在汇流
情况下,对每一股流体而言,存在能量输入或输出的情况。当流股之间的交
换能量不可忽略时,就不再适用式(4-19),但应满足总流的总能量守恒,即
单位时间内流过计算断面的全部重量流体的能量应保持守恒,有

$$\rho g Q_1 \left(z_1 + \frac{p_1}{\rho g} + \frac{\alpha_1 v_1^2}{2g} \right) + \rho g Q_2 \left(z_2 + \frac{p_2}{\rho g} + \frac{\alpha_2 v_2^2}{2g} \right)$$

$$= \rho g Q_3 \left(z_3 + \frac{p_3}{\rho g} + \frac{\alpha_3 v_3^2}{2g} \right) + \rho g Q_1 h_{w1-3} + \rho g Q_1 h_{w2-3} \tag{4-24}$$

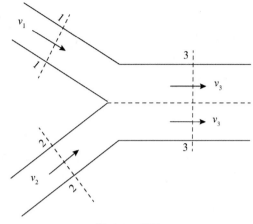

图 4-4　汇流

在城市管网中，汇流时的能量交换往往相对流股所具有的总单位能量可忽略不计，所以一般情况下仍可利用式(4-19)进行计算。

4.3.4.2　沿程有能量输入或输出的伯努利方程

总流的伯努利方程是在两过流断面间没有能量输入或输出的条件下得到的，但实际工程中，管路中经常设有水泵或水轮机等水力机械，此时存在能量的输入或输出，需要对伯努利方程进行修正。当管路中装有水泵时，流体流经水泵，水泵输入机械能给流体，根据能量守恒方程，应增加能量的输入；当管路中装有水轮机时，流体流经水轮机输出能量，应在能量方程中减去输出的能量。

设单位重量流体的能量输出或输入变化为 H，则断面之间有能量输入或输出时的伯努利方程为

$$z_1 + \frac{p_1}{\rho g} + \frac{\alpha_1 v_1^2}{2g} \pm H = z_2 + \frac{p_2}{\rho g} + \frac{\alpha_2 v_2^2}{2g} + h_{w1-2} \tag{4-25}$$

式中，$+H$ 表示单位重量流体流经水泵、风机时获得的能量；$-H$ 表示单位重量流体流经水轮机时失去的能量。

式(4-25)中，H 具有长度的量纲，但工程中一般可直接获得水力机械的功率 N。另外，任何机械均存在能量损耗，水力机械的效率用 η 表示，它是一个小于 1 的百分数。假设水泵的提水高程（扬程）为 H，单位为 m，带动水泵的电机的功率为 N_p，水泵机组的效率为 η_p，则有

$$\eta_p N_p = \rho g Q H \tag{4-26}$$

若水电站发电机组的出力是 N_g，水轮机和发电机的总效率为 η_g，则

$$H = \frac{\eta_g N_g}{\rho g Q} \tag{4-27}$$

4.3.4.3 气流的伯努利方程

式(4-19)是由不可压缩流体导出的。气体属于可压缩流体,但是对流速不是很大、压强变化不大的系统,如工业通风管道、烟道等,气流在运动过程中密度变化很小。此时,伯努利方程仍可用于气流。由于气流的密度同外部空气的密度是相同的数量级,在用相对压强进行计算时,需要考虑外部大气压在不同高度的差值。

假设恒定气流,如图 4-5 所示,气流的密度为 ρ,外部空气的密度为 ρ_a,过流断面上计算点的绝对压强为 p_{1abs}、p_{2abs},列断面 1-1 与 2-2 的伯努利方程为

$$z_1 + \frac{p_{1abs}}{\rho g} + \frac{\alpha_1 v_1^2}{2g} = z_2 + \frac{p_{2abs}}{\rho g} + \frac{\alpha_2 v_2^2}{2g} + h_{w1-2}$$

式中,$\alpha_1 = \alpha_2 = 1$。

把上式转化为压强形式,

$$\rho g z_1 + p_{1abs} + \frac{\rho v_1^2}{2} = \rho g z_2 + p_{2abs} + \frac{\rho v_2^2}{2} + p_w \qquad (4-28)$$

式中,p_w 为压强损失,$p_w = \rho g h_{w1-2}$。

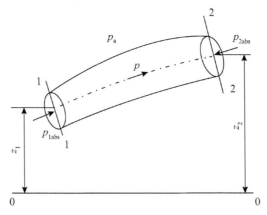

图 4-5 恒定气流

将式(4-28)中的压强用相对压强 p_1、p_2 表示为

$$p_{1abs} = p_1 + p_a$$

$$p_{2abs} = p_2 + p_a - \rho_a g (z_2 - z_1)$$

式中,p_a 为高程 z_1 处的大气压;$p_a - \rho_a g (z_2 - z_1)$ 为高程 z_2 处的大气压。代入式(4-28),整理得

$$p_1 + \frac{\rho v_1^2}{2} + (\rho_a - \rho) g (z_2 - z_1) = p_2 + \frac{\rho v_2^2}{2} + p_w \qquad (4-29)$$

式中，p_1、p_2 为静压；$\dfrac{\rho v_1^2}{2}$、$\dfrac{\rho v_2^2}{2}$ 为动压；$(\rho_a - \rho)g$ 为单位体积气体所受有效浮力；$z_2 - z_1$ 为气体沿浮力方向升高的距离；$(\rho_a - \rho)g(z_2 - z_1)$ 为断面 1-1 相对于断面 2-2 单位体积气体的位能，称为位压。

式(4-29)就是以相对压强计算的气流伯努利方程。

当气流的密度和外界空气的密度相同时，$\rho = \rho_a$，或两计算点的高度相同时，$z_1 = z_2$，位压项为零。式(4-29)化简为

$$p_1 + \frac{\rho v_1^2}{2} = p_2 + \frac{\rho v_2^2}{2} + p_w$$

当气流的密度远大于外界空气的密度，此时相当于液体总流，式(4-29)中 ρ_a 可忽略不计，认为各点的当地大气压相同。式(4-29)化简为

$$z_1 + \frac{p_1}{\rho g} + \frac{v_1^2}{2g} = z_2 + \frac{p_2}{\rho g} + \frac{v_2^2}{2g} + h_{w1-2} \tag{4-30}$$

由此可见，对于液体总流来说，压强 p_1、p_2 不论是绝对压强，还是相对压强，伯努利方程的形式不变。只是注意方程等式两边选用的压强要么都是绝对压强，要么都是相对压强。

4.3.5　伯努利方程应用举例

【例 4-4】　如图所示，抽水机功率 $N = 14.7\text{kW}$，效率 $\mu = 75\%$，将密度 $\rho = 900\,\text{kg/m}^3$ 的油从油库送入密闭油箱。已知管道直径 $d = 150\text{mm}$，油的流量 $Q = 0.14\text{m}^3/\text{s}$，抽水机进口 B 处压力表指示为 -3m 水柱高，假定自抽水机至油箱的水头损失为 $h = 2.3\text{m}$ 油柱高，问：此时油箱内点 A 的压强为多少？

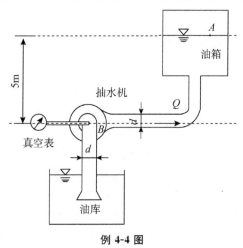

例 4-4 图

【解】   以点 B 所在水平面为基准面,取通过点 A 和点 B 的两个断面,写出两断面之间具有能量输入的伯努利方程

$$z_B + \frac{p_B}{\rho g} + \frac{\alpha_B v_B^2}{2g} + H = z_A + \frac{p_A}{\rho g} + \frac{\alpha_A v_A^2}{2g} + h_{wB-A}$$

由

$$N = \frac{\rho g Q H}{\eta}$$

则

$$H = \frac{N\eta}{\rho g Q} = \frac{14.7 \times 10^3 \times 75\%}{900 \times 9.8 \times 0.14} = 8.929(\text{m})$$

根据连续性方程,

$$v_B = \frac{Q}{\frac{\pi}{4}d^2} = \frac{0.14}{\frac{3.14}{4} \times 0.15^2} = 7.92(\text{m/s})$$

故

$$\frac{p_A}{\rho g} = \left(z_B + \frac{p_B}{\rho g} + \frac{\alpha_B v_B^2}{2g} + H\right) - \left(z_A + \frac{\alpha_A v_A^2}{2g} + h_{wB-A}\right)$$

$$= \left(0 + \frac{-3 \times 1000 \times 9.8}{900 \times 9.8} + \frac{1 \times 7.922^2}{2 \times 9.8} + 8.929\right) - \left(5 + \frac{1 \times 0}{2 \times 9.8} + 2.3\right)$$

$$= 1.498(\text{m})$$

所以点 A 的压强

$$p_A = 1.498 \times 900 \times 9.8 = 13.21(\text{kPa})$$

4.4   恒定总流的动量方程

恒定总流动量方程是继总流的连续性方程与伯努利方程之后,研究流体一维流动的又一基本方程。它是自然界动量守恒定律在流体运动中的具体表现,反映了流体动量变化与作用力之间的关系。

工程实践中经常需要计算运动流体与固体边壁间的相互作用力,而连续性方程和伯努利方程均没有反映出流体和边界之间的作用力关系,因此无法求解流体对边界的作用力;另外,伯努利方程中水头损失一般来说较难确定,应用也受到限制。动量方程正好弥补了这些不足,无须知道流体内部的流动情况,仅通过其边界的流动状况即可求解流体对边界的作用力。

4.4.1　恒定总流动量定律的推导

根据理论力学可知,质点系的动量定律可表述为:质点系的动量对时间的变化率等于作用于该质点系的所有外力之矢量和,即

$$\sum \boldsymbol{F} = \frac{\mathrm{d}\boldsymbol{P}}{\mathrm{d}t} = \frac{\mathrm{d}\left(\sum m\boldsymbol{u}\right)}{\mathrm{d}t} \tag{4-31}$$

利用式(4-31)可推导适合于恒定流的动量方程。如图 4-6 所示,假设在直角坐标系 $Oxyz$ 中有恒定总流,取过流断面 1-1、2-2,二者均为渐变流断面,面积分别为 A_1、A_2,以过流断面及总流的侧表面围成的空间为控制体。经 $\mathrm{d}t$ 时段后,控制体中的流体运动到新位置 $1'$-$2'$。

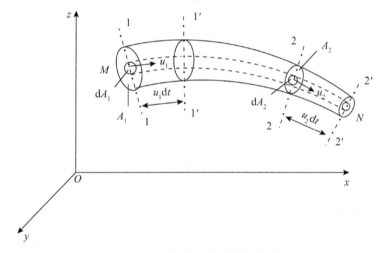

图 4-6　恒定总流动量方程

在流过控制体的总流内,任取元流 1-2,两断面面积分别为 $\mathrm{d}A_1$、$\mathrm{d}A_2$,点流速分别为 $\boldsymbol{u}_1$、$\boldsymbol{u}_2$。$\mathrm{d}t$ 时间元流动量的增量为

$$\mathrm{d}\boldsymbol{P} = \boldsymbol{P}_{1'-2'} - \boldsymbol{P}_{1-2} = (\boldsymbol{P}_{1'-2} + \boldsymbol{P}_{2-2'}) - (\boldsymbol{P}_{1-1'} + \boldsymbol{P}_{1'-2})$$

由于是恒定流,$\mathrm{d}t$ 前后 $\boldsymbol{P}_{1'-2}$ 无变化,则有

$$\mathrm{d}\boldsymbol{P} = \boldsymbol{P}_{2-2'} - \boldsymbol{P}_{1-1'} = \rho_2 u_2 \mathrm{d}t \mathrm{d}A_2 \boldsymbol{u}_2 - \rho_1 u_1 \mathrm{d}t \mathrm{d}A_1 \boldsymbol{u}_1$$

因为过流断面为渐变流断面,故可认为各点的速度方向平行。按平行矢量和的法则,定义 $\boldsymbol{i}_2$ 为 $\boldsymbol{u}_2$ 方向的基本单位矢量,$\boldsymbol{i}_1$ 为 $\boldsymbol{u}_1$ 方向的基本单位矢量,则 $\mathrm{d}t$ 时间内总流的动量的增量为

$$\mathrm{d}\boldsymbol{P} = \left(\int_{A_2} \rho_2 u_2 \mathrm{d}t \mathrm{d}A_2 u_2\right)\boldsymbol{i}_2 - \left(\int_{A_1} \rho_1 u_1 \mathrm{d}t \mathrm{d}A_1 u_1\right)\boldsymbol{i}_1$$

对于不可压缩流体，$\rho_1 = \rho_2 = \rho$，并引入修正系数，以断面平均流速 v 代替点流速 u，积分得

$$\mathrm{d}\boldsymbol{P} = (\rho\beta_2 v_2^2 A_2 \mathrm{d}t)\boldsymbol{i}_2 - (\rho\beta_1 v_1^2 A_1 \mathrm{d}t)\boldsymbol{i}_1$$
$$= \rho\beta_2 v_2 A_2 \mathrm{d}t\boldsymbol{v}_2 - \rho\beta_1 v_1 A_1 \mathrm{d}t\boldsymbol{v}_1 = \rho Q \mathrm{d}t(\beta_2 \boldsymbol{v}_2 - \beta_1 \boldsymbol{v}_1)$$

式中，β 是为修正以断面平均流速计算的动量与实际动量的差值而引入的修正系数，称为动量修正系数。β 的值取决于过流断面上的流速分布。对于速度分布较均匀的流动，β 为 $1.01 \sim 1.05$。实际工程中，通常取 $\beta = 1.0$。

$$\beta = \frac{\int_A u^2 \mathrm{d}A}{v^2 A} \tag{4-32}$$

根据动量定律有

$$\sum \boldsymbol{F} = \rho Q(\beta_2 \boldsymbol{v}_2 - \beta_1 \boldsymbol{v}_1) \tag{4-33}$$

用分量表示

$$\left. \begin{array}{l} \sum F_x = \rho Q(\beta_2 v_{2x} - \beta_1 v_{1x}) \\ \sum F_y = \rho Q(\beta_2 v_{2y} - \beta_1 v_{1y}) \\ \sum F_z = \rho Q(\beta_2 v_{2z} - \beta_1 v_{1z}) \end{array} \right\} \tag{4-34}$$

式(4-33)即为恒定总流的动量方程，表征作用于控制体内流体上的外力等于控制体净流出的动量。

$\sum \boldsymbol{F}$ 是指作用于控制体内流体的所有外力矢量和，该力包括：① 作用在该控制体所有流体质点的质量力；② 作用在该控制体界面上的所有表面力（动压力、切应力）；③ 四周边界对流体的总作用力。

总流动量方程是动量原理的总流表达式，方程给出了总流动量变化与作用力之间的关系。在求解总流与边界间的相互作用力，或者因水头损失难以确定、运用伯努利方程受限等问题时，可通过动量方程求解。

4.4.2　总流动量方程的应用

根据以上推导过程，总流的动量方程具有一定的适用条件：① 恒定流；② 过流断面为渐变流断面（控制体内可以是渐变流，也可以是急变流）；③ 不可压缩流体（ρ 为常数）。

下面给出动量方程的解题步骤。

（1）选择控制体

根据问题的要求，将所研究的两个或多个渐变流断面之间的流体所占的固定空间取为控制体。

（2）确定坐标系

确定参考坐标系方向，将各作用力及流速的分量与坐标系方向进行对比，同向为正，异向为负。

（3）作计算简图

分析控制体流体的受力情况（含重力），并在控制体上标出全部作用力的方向。对于待求作用力，首先假定其方向，实际方向最后根据计算结果的正、负来确定。结果为正，表示与假定方向一致；结果为负，表示与假定方向相反。

（4）列动量方程求解

注意与伯努利方程、连续性方程的联合使用。

4.4.3　推论

若具有多个流进或流出控制体的控制断面，则方程可修正为

$$\sum \boldsymbol{F} = \sum \left(\rho Q \beta v\right)_{\text{流出}} - \sum \left(\rho Q \beta v\right)_{\text{流进}} \qquad (4\text{-}35)$$

式中，$\sum \left(\rho Q \beta v\right)_{\text{流出}}$ 为各控制断面上单位时间内流出控制体的动量的矢量和；$\sum \left(\rho Q \beta v\right)_{\text{流进}}$ 为各控制断面上单位时间内流入控制体的动量的矢量和。

【例 4-5】　如图所示，水平放置的输水管路，转角 $\phi = 60°$，内径 $d_1 = 1\text{m}$，$d_2 = 0.75\text{m}$，输水流量 $Q = 1.57\text{m}^3/\text{s}$，弯管进口断面压强 $p_1 = 5.05 \times 10^4 \text{Pa}$，忽略水头损失，试求水流作用在弯管上的水平推力。

【解】　（1）取控制体

取弯管进口过流断面 1-1 与出口过流断面 2-2 及管壁所围成的空间为控制体。

（2）确立坐标系

建立直角坐标系 xOy。

（3）对控制体作受力分析

设弯管对水流的水平作用力为 F'_{Rx}、F'_{Ry}，假定方向分别与 Ox、Oy 方向相

反,则控制体所受的合力 F_x、F_y 分别为

$$F_x = p_1 \frac{\pi}{4} d_1^2 - p_2 \frac{\pi}{4} d_2^2 \cos\phi - F'_{Rx}$$

$$F_y = p_2 \frac{\pi}{4} d_2^2 \sin\phi - F'_{Ry}$$

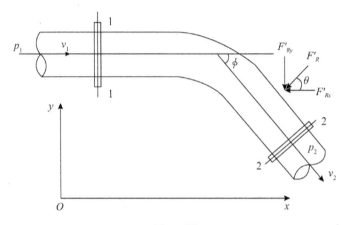

例 4-5 图

（4）取 $\beta_1 = \beta_2 = 1.0$，列动量方程求 F'_{Rx}、F'_{Ry}

Ox 方向

$$p_1 \frac{\pi}{4} d_1^2 - p_2 \frac{\pi}{4} d_2^2 \cos\phi - F'_{Rx} = \rho Q (v_2 \cos\phi - v_1)$$

Oy 方向

$$p_2 \frac{\pi}{4} d_2^2 \sin\phi - F'_{Ry} = \rho Q (-v_2 \sin\phi - 0)$$

（5）补充条件

根据连续性方程，有

$$v_1 = \frac{Q}{\frac{\pi}{4} d_1^2} = \frac{1.57}{\frac{3.14}{4} \times 1^2} = 2(\text{m/s})$$

$$v_2 = \frac{Q}{\frac{\pi}{4} d_2^2} = \frac{1.57}{\frac{3.14}{4} \times 0.75^2} = 3.56(\text{m/s})$$

以管轴线所在平面为基准面，取弯管进、出口断面 1-1 和 2-2，计算点取在管轴线上，列断面 1-1 至断面 2-2 总流的伯努利方程，有

$$z_1 + \frac{p_1}{\rho g} + \frac{\alpha_1 v_1^2}{2g} = z_2 + \frac{p_2}{\rho g} + \frac{\alpha_2 v_2^2}{2g} + h_{w1-2}$$

代入 $z_1 = z_2 = 0, \alpha_1 = \alpha_2 = 1.0, h_{w1-2} = 0$,得

$$0 + \frac{5.05 \times 10^4}{1000 \times 9.8} + \frac{1 \times 2^2}{2 \times 9.8} = z_2 + \frac{p_2}{1000 \times 9.8} + \frac{1 \times 3.56^2}{2 \times 9.8} + 0$$

解得

$$p_2 = 4.616 \times 10^4 (\text{Pa})$$

（6）求解动量方程

$$5.05 \times 10^4 \times \frac{3.14}{4} \times 1^2 - 4.616 \times 10^4 \times \frac{3.14}{4} \times 0.75^2 \times \cos 60° - F'_{Rx}$$

$$= 1000 \times 1.57 \times (3.56 \times \cos 60° - 2)$$

$$4.616 \times 10^4 \times \frac{3.14}{4} \times 0.75^2 \times \sin 60° - F'_{Ry}$$

$$= 1000 \times 1.57 \times (-3.56 \times \sin 60° - 0)$$

解得

$$\begin{cases} F'_{Rx} = 29.8(\text{kN}) \\ F'_{Ry} = 22.5(\text{kN}) \end{cases}$$

计算结果为正,说明与图示的假设方向一致。

水流对弯管的作用力与弯管对水流的作用力是作用力与反作用力的关系,故其大小相等,方向相反。

$$\begin{cases} F_{Rx} = 29.8(\text{kN})(\rightarrow) \\ F_{Ry} = 22.5(\text{kN})(\rightarrow) \end{cases}$$

则水流对弯管的合力

$$\begin{cases} F_R = \sqrt{F_{Rx}^2 + F_{Ry}^2} = 37.3(\text{kN}) \\ \theta = \arctan \dfrac{F_{Ry}}{F_{Rx}} = 37.1° \end{cases}$$

4.5　黏性流体的运动微分方程 *

一切实际流体都是有黏性的,无黏性流体运动微分方程存在一定局限性。因此,本章最后一节对普遍适用的黏性流体运动微分方程进行简要阐述,供读者自行学习。

4.5.1　黏性流体的应力状态

黏性流体运动中存在切应力,某一点的应力大小既与该点的位置有关,又与作用面的方位有关。为了准确表征黏性流体的应力,应力符号采用双下标的形式来表示。其中,应力符号的第一个下标代表作用面的方位,表示作用面的外法线方向;第二个下标表示应力的方向,故黏性流体的应力可表示为 p_{ij},这样的物理量是二阶张量。

在直角坐标系中,两个注标相同($i=j$)的应力 p_{xx}、p_{yy}、p_{zz} 表示法向应力 —— 压应力;两个注标不同($i \neq j$)的应力表示切向应力 —— 切应力,另以符号 τ_{ij} 表示,并规定:作用在正表面(外法线方向与坐标轴正方向同向)上、指向坐标轴正方向的应力,或作用在负表面(外法线方向与坐标轴负方向同向)上、指向坐标轴负方向的应力为正号,余者为负号。按此约定,法向应力 —— 压应力取负号,与弹性力学应力正负号规则一致。

黏性流体的应力有以下性质:

(1) 任意一点处三个相互正交面上,垂直指向交线的切应力相等,即切应力互等定理。如图 4-7 所示直角六面体微元缩成一点的极限情况。

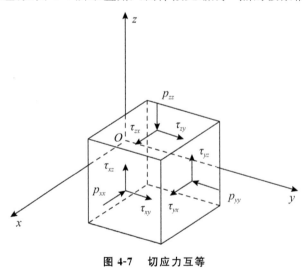

图 4-7　切应力互等

$$
\left.
\begin{aligned}
\tau_{xy} &= \tau_{yx} \\
\tau_{yz} &= \tau_{zy} \\
\tau_{zx} &= \tau_{xz}
\end{aligned}
\right\}
\tag{4-36}
$$

（2）任意一点处三个相互正交面上法向应力 —— 压应力之和为一定值，即应力第一不变量。

$$p_{xx} + p_{yy} + p_{zz} = p_{x'x'} + p_{y'y'} + p_{z'z'}$$

根据这一性质，任意一点处三个相互正交面上的法向应力的平均值定义为该点的动压强，以符号 p 表示

$$p = \frac{1}{3}(p_{xx} + p_{yy} + p_{zz}) \tag{4-37}$$

动压强 p 是任意一点三个相互正交面上法向应力的平均值，一般情况下，它同其中某一面上的法向应力存在一定差值，如下式

$$\left.\begin{aligned} p_{xx} &= - p + p'_{xx} \\ p_{yy} &= - p + p'_{yy} \\ p_{zz} &= - p + p'_{zz} \end{aligned}\right\} \tag{4-38}$$

式中，p'_{xx}、p'_{yy}、p'_{zz} 称为附加法向应力。

4.5.2　应力和变形速度的关系

为求解黏性流体应力与变形速度的关系，类比弹性理论的基本假设（均匀连续性、各向同性、应力应变线性关系），斯托克斯进行类似假设：① 各向同性，流体各方向的黏度相同；② 各应力分量与应变率（变形速度）线性关系；③ 应变率为零时，各切应力分量为零，法向应力简化为动压强。推导出切应力与切应变率（角变形速度）呈线性关系，不可压缩流体附加法向应力与线应变率（线变形速度）成线性关系，代入变形速度的表达式即可得出不可压缩黏性流体应力和变形速度的关系式

$$\left.\begin{aligned} \tau_{xy} &= \tau_{yx} = \mu\left(\frac{\partial u_y}{\partial x} + \frac{\partial u_x}{\partial y}\right) = 2\mu\varepsilon_{xy} \\ \tau_{yz} &= \tau_{zy} = \mu\left(\frac{\partial u_z}{\partial y} + \frac{\partial u_y}{\partial z}\right) = 2\mu\varepsilon_{yz} \\ \tau_{zx} &= \tau_{xz} = \mu\left(\frac{\partial u_x}{\partial z} + \frac{\partial u_z}{\partial x}\right) = 2\mu\varepsilon_{zx} \\ p_{xx} &= - p + 2\mu\frac{\partial u_x}{\partial x} = - p + 2\mu\varepsilon_{xx} \\ p_{yy} &= - p + 2\mu\frac{\partial u_y}{\partial y} = - p + 2\mu\varepsilon_{yy} \\ p_{zz} &= - p + 2\mu\frac{\partial u_z}{\partial z} = - p + 2\mu\varepsilon_{zz} \end{aligned}\right\} \tag{4-39}$$

式(4-39)是在斯托克斯三项假设的基础上得出的,并没有坚实的理论基础,但引入该式导出的黏性流体运动微分方程,用于求解实际流动已被实验所证实。式(4-39)表征了流体物料固有的力学属性,也称为牛顿流体的本构方程。

4.5.3　黏性流体运动微分方程

如图 4-8 所示,设流场中任意一点 $M(x,y,z)$,速度 $\boldsymbol{u}(u_x,u_y,u_z)$,取以 M 为中心的直角六面体微元,作用在微元体表面的法向应力、切应力(取正向)如图所示。

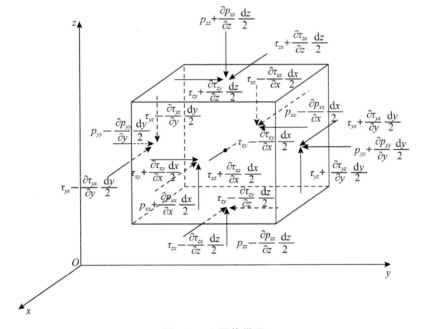

图 4-8　六面体微元

以 x 方向为例,微元体 x 方向的作用力为:

表面力:

$$\left[-\left(p_{xx}-\frac{\partial p_{xx}}{\partial x}\frac{\mathrm{d}x}{2}\right)+\left(p_{xx}+\frac{\partial p_{xx}}{\partial x}\frac{\mathrm{d}x}{2}\right)\right]\mathrm{d}y\mathrm{d}z$$

$$+\left[\left(\tau_{yx}+\frac{\partial \tau_{yx}}{\partial y}\frac{\mathrm{d}y}{2}\right)+\left(\tau_{yx}-\frac{\partial \tau_{yx}}{\partial y}\frac{\mathrm{d}y}{2}\right)\right]\mathrm{d}x\mathrm{d}z$$

$$+\left[\left(\tau_{zx}+\frac{\partial \tau_{zx}}{\partial z}\frac{\mathrm{d}z}{2}\right)+\left(\tau_{zx}-\frac{\partial \tau_{zx}}{\partial z}\frac{\mathrm{d}z}{2}\right)\right]\mathrm{d}x\mathrm{d}y$$

$$= \left(\frac{\partial p_{xx}}{\partial x} + \frac{\partial \tau_{yx}}{\partial y} + \frac{\partial \tau_{zx}}{\partial z} \right) \mathrm{d}x\mathrm{d}y\mathrm{d}z$$

质量力：$f_x \rho \mathrm{d}x\mathrm{d}y\mathrm{d}z$

根据牛顿第二定律：$\sum F_x = m \dfrac{\mathrm{d}u_x}{\mathrm{d}t}$

$$f_x \rho \mathrm{d}x\mathrm{d}y\mathrm{d}z + \left(\frac{\partial p_{xx}}{\partial x} + \frac{\partial \tau_{yx}}{\partial y} + \frac{\partial \tau_{zx}}{\partial z} \right) \mathrm{d}x\mathrm{d}y\mathrm{d}z = \rho \mathrm{d}x\mathrm{d}y\mathrm{d}z \frac{\mathrm{d}u_x}{\mathrm{d}t}$$

化简得到 x 方向以应力表示的运动微分方程

$$f_x + \frac{1}{\rho} \frac{\partial p_{xx}}{\partial x} + \frac{1}{\rho} \left(\frac{\partial \tau_{yx}}{\partial y} + \frac{\partial \tau_{zx}}{\partial z} \right) = \frac{\mathrm{d}u_x}{\mathrm{d}t}$$

同理，

$$f_y + \frac{1}{\rho} \frac{\partial p_{yy}}{\partial y} + \frac{1}{\rho} \left(\frac{\partial \tau_{xy}}{\partial x} + \frac{\partial \tau_{zy}}{\partial z} \right) = \frac{\mathrm{d}u_y}{\mathrm{d}t}$$

$$f_z + \frac{1}{\rho} \frac{\partial p_{zz}}{\partial z} + \frac{1}{\rho} \left(\frac{\partial \tau_{xz}}{\partial x} + \frac{\partial \tau_{yz}}{\partial z} \right) = \frac{\mathrm{d}u_z}{\mathrm{d}t}$$

以上即为应力表示的黏性流体运动微分方程。

将牛顿流体的本构关系代入上式，有

$$f_x + \frac{1}{\rho} \frac{\partial}{\partial x} \left(-p + 2\mu \frac{\partial u_x}{\partial x} \right) + \frac{\mu}{\rho} \frac{\partial}{\partial y} \left(\frac{\partial u_y}{\partial x} + \frac{\partial u_x}{\partial y} \right) + \frac{\mu}{\rho} \frac{\partial}{\partial z} \left(\frac{\partial u_x}{\partial z} + \frac{\partial u_z}{\partial x} \right) = \frac{\mathrm{d}u_x}{\mathrm{d}t}$$

整理上式，

$$f_x - \frac{1}{\rho} \frac{\partial p}{\partial x} + \frac{\mu}{\rho} \left(\frac{\partial^2 u_x}{\partial x^2} + \frac{\partial^2 u_x}{\partial y^2} + \frac{\partial^2 u_x}{\partial z^2} \right) + \frac{\mu}{\rho} \frac{\partial}{\partial x} \left(\frac{\partial u_x}{\partial x} + \frac{\partial u_y}{\partial y} + \frac{\partial u_z}{\partial z} \right) = \frac{\mathrm{d}u_x}{\mathrm{d}t}$$

对于不可压缩流体，

$$\frac{\partial u_x}{\partial x} + \frac{\partial u_y}{\partial y} + \frac{\partial u_z}{\partial z} = 0$$

则有

$$f_x - \frac{1}{\rho} \frac{\partial p}{\partial x} + \frac{\mu}{\rho} \left(\frac{\partial^2 u_x}{\partial x^2} + \frac{\partial^2 u_x}{\partial y^2} + \frac{\partial^2 u_x}{\partial z^2} \right) = \frac{\mathrm{d}u_x}{\mathrm{d}t}$$

$$f_y - \frac{1}{\rho} \frac{\partial p}{\partial y} + \frac{\mu}{\rho} \left(\frac{\partial^2 u_y}{\partial x^2} + \frac{\partial^2 u_y}{\partial y^2} + \frac{\partial^2 u_y}{\partial z^2} \right) = \frac{\mathrm{d}u_y}{\mathrm{d}t}$$

$$f_z - \frac{1}{\rho} \frac{\partial p}{\partial z} + \frac{\mu}{\rho} \left(\frac{\partial^2 u_z}{\partial x^2} + \frac{\partial^2 u_z}{\partial y^2} + \frac{\partial^2 u_z}{\partial z^2} \right) = \frac{\mathrm{d}u_z}{\mathrm{d}t}$$

用欧拉法描述，有

$$f_x - \frac{1}{\rho}\frac{\partial p}{\partial x} + \frac{\mu}{\rho}\left(\frac{\partial^2 u_x}{\partial x^2} + \frac{\partial^2 u_x}{\partial y^2} + \frac{\partial^2 u_x}{\partial z^2}\right) = \frac{\partial u_x}{\partial t} + u_x\frac{\partial u_x}{\partial x} + u_y\frac{\partial u_x}{\partial y} + u_z\frac{\partial u_x}{\partial z}$$

$$f_y - \frac{1}{\rho}\frac{\partial p}{\partial y} + \frac{\mu}{\rho}\left(\frac{\partial^2 u_y}{\partial x^2} + \frac{\partial^2 u_y}{\partial y^2} + \frac{\partial^2 u_y}{\partial z^2}\right) = \frac{\partial u_y}{\partial t} + u_x\frac{\partial u_y}{\partial x} + u_y\frac{\partial u_y}{\partial y} + u_z\frac{\partial u_y}{\partial z}$$

$$f_z - \frac{1}{\rho}\frac{\partial p}{\partial z} + \frac{\mu}{\rho}\left(\frac{\partial^2 u_z}{\partial x^2} + \frac{\partial^2 u_z}{\partial y^2} + \frac{\partial^2 u_z}{\partial z^2}\right) = \frac{\partial u_z}{\partial t} + u_x\frac{\partial u_z}{\partial x} + u_y\frac{\partial u_z}{\partial y} + u_z\frac{\partial u_z}{\partial z}$$

$$(4\text{-}40)$$

对于恒定流，$\dfrac{\partial u_x}{\partial t} = \dfrac{\partial u_y}{\partial t} = \dfrac{\partial u_z}{\partial t} = 0$

得

$$f_x - \frac{1}{\rho}\frac{\partial p}{\partial x} + \frac{\mu}{\rho}\left(\frac{\partial^2 u_x}{\partial x^2} + \frac{\partial^2 u_x}{\partial y^2} + \frac{\partial^2 u_x}{\partial z^2}\right) = u_x\frac{\partial u_x}{\partial x} + u_y\frac{\partial u_x}{\partial y} + u_z\frac{\partial u_x}{\partial z}$$

$$f_y - \frac{1}{\rho}\frac{\partial p}{\partial y} + \frac{\mu}{\rho}\left(\frac{\partial^2 u_y}{\partial x^2} + \frac{\partial^2 u_y}{\partial y^2} + \frac{\partial^2 u_y}{\partial z^2}\right) = u_x\frac{\partial u_y}{\partial x} + u_y\frac{\partial u_y}{\partial y} + u_z\frac{\partial u_y}{\partial z}$$

$$f_z - \frac{1}{\rho}\frac{\partial p}{\partial z} + \frac{\mu}{\rho}\left(\frac{\partial^2 u_z}{\partial x^2} + \frac{\partial^2 u_z}{\partial y^2} + \frac{\partial^2 u_z}{\partial z^2}\right) = u_x\frac{\partial u_z}{\partial x} + u_y\frac{\partial u_z}{\partial y} + u_z\frac{\partial u_z}{\partial z}$$

$$(4\text{-}41)$$

式(4-40)、(4-41)即为黏性不可压缩流体运动微分方程，方程各项的物理意义表示作用于单位质量流体的质量力、表面力（包括压强梯度力、黏性力）和惯性力相平衡，是黏性流体运动牛顿第二定律的微分表达式，也是控制流体运动的基本方程。

自1755年欧拉建立无黏性流体运动微分方程-欧拉运动微分方程式以来，经过纳维、斯托克斯等人近百年的研究，最终完成现在形式的黏性流体运动微分方程，又称纳维-斯托克斯方程（Navier-Stokes-equation），缩写N-S方程。

作为N-S方程式的特例，无黏性流体运动 $\mu = 0$，N-S方程转化为欧拉运动微分方程式；流体静止时，N-S方程转化为欧拉平衡微分方程式。

本章小结

（1）实际总流的伯努利方程（能量方程）

$$z_1 + \frac{p_1}{\rho g} + \frac{\alpha_1 v_1^2}{2g} = z_2 + \frac{p_2}{\rho g} + \frac{\alpha_2 v_2^2}{2g} + h_{w1\text{-}2}$$

适用条件:恒定流;不可压缩流体;质量力只有重力;所选取的两个过流断面为渐变流或均匀流断面;两过流断面之间没有能量的输入或输出;所选取的两过流断面之间,流量保持不变,无分流或汇流。

各物理量的物理、几何意义。

(2)沿程有能量输入或输出的伯努利方程

$$z_1 + \frac{p_1}{\rho g} + \frac{\alpha_1 v_1^2}{2g} \pm H = z_2 + \frac{p_2}{\rho g} + \frac{\alpha_2 v_2^2}{2g} + h_{w1-2}$$

(3)恒定总流的动量方程分量表达式

$$\sum \boldsymbol{F} = \sum (\rho Q \beta v)_{流出} - \sum (\rho Q \beta v)_{流进}$$

总流动量方程的应用条件有:恒定流;不可压缩流体;控制断面为渐变流过流断面(控制体内部可以为急变流)。

(4)动能修正系数,动量修正系数,实际上都是大于 1 的数。

(5)各断面总水头的连线,称为总水头线。各断面测压管水头的连线称为测压管水头线。总水头线总是下降的,测压管水头线可升、可降,亦可保持不变。

水力坡度等于单位重量的流体沿流程单位长度上的能量损失。

 思考题

(1)两张薄纸,平行提在手中,当用嘴顺着纸间缝隙吹气时,薄纸是不动,靠拢,还是张开?为什么?

(2)动能修正系数的概念及其物理意义是什么?

(3)应用总流伯努利方程时的限制条件有哪些?如何选取其计算断面、基准面、计算点和压强?

(4)应用恒定总流动量方程时,为什么不必考虑水头损失(提示:引起水头损失可能是外力或内力,其中外力是流体边界的摩擦力,通常较小,可忽略不计)?

📖 **练习题**

4-1 如图,等直径水管,A-A 为过流断面,B-B 为水平面,1、2、3、4 为面上各点,各点的流动参数有以下关系:(   )

A. $p_1 = p_2$ B. $p_3 = p_4$

C. $z_1 + \dfrac{p_1}{\rho g} = z_2 + \dfrac{p_2}{\rho g}$ D. $z_3 + \dfrac{p_3}{\rho g} = z_4 + \dfrac{p_4}{\rho g}$

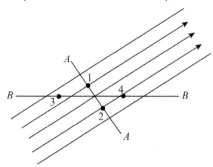

题 4-1 图

4-2 伯努利方程中 $z + \dfrac{p}{\rho g} + \dfrac{\alpha v^2}{2g}$ 表示:(   )

A. 单位重量流体具有的机械能   B. 单位质量流体具有的机械能

C. 单位体积流体具有的机械能   D. 通过过流断面流体的总机械能

4-3 如图,水平放置的渐扩管,如忽略水头损失,断面形心点的压强有以下关系:(   )

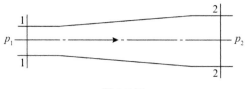

题 4-3 图

A. $p_1 > p_2$ B. $p_1 = p_2$ C. $p_1 < p_2$ D. 不定

4-4 黏性流体总水头线沿程的变化是:(   )

A. 沿程下降   B. 沿程上升

C. 保持水平   D. 前三种情况都有可能

4-5 黏性流体测压管水头线的沿程变化是:(   )

A. 沿程下降   B. 沿程上升

C. 保持水平   D. 前三种情况都有可能

4-6 如图,一变直径的管段 AB,直径 $d_A = 0.2\mathrm{m}$,$d_B = 0.4\mathrm{m}$,高差 $\Delta h = 1.5\mathrm{m}$。今测得 $p_A = 30\mathrm{kN/m^2}$,$p_B = 40\mathrm{kN/m^2}$,B 处断面平均流速 $v_B = 1.5\mathrm{m/s}$。试判断水在管中的流动方向。

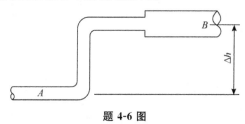

题 4-6 图

4-7 为了测量石油管道的流量,安装文丘里流量计,如图,管道直径 $d_1 = 200\mathrm{mm}$,流量计喉管直径 $d_2 = 100\mathrm{mm}$,石油密度 $\rho = 850\mathrm{kg/m^3}$,流量计流量系数 $\mu = 0.95$。现测得水银压差计读数 $h_p = 150\mathrm{mm}$,问此时管中流量 Q 是多少?

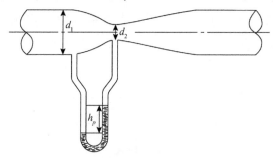

题 4-7 图

4-8 如图,水箱中的水从一扩散短管流到大气中,直径 $d_1 = 100\mathrm{mm}$,该处绝对压强 $p_1 = 0.5$ 大气压强,直径 $d_2 = 150\mathrm{mm}$,试求水头 H(水头损失忽略不计)。

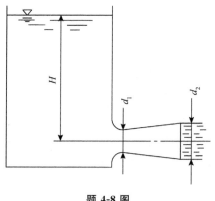

题 4-8 图

4-9　如图,水力采煤用水枪在高压下喷射强力水柱冲击煤层,喷嘴出口直径 $d = 30\text{mm}$,出口水流速度 $v = 54\text{m/s}$,求水流对煤层的冲击力。

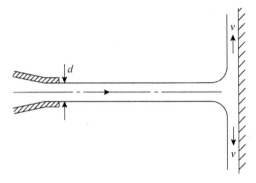

题 4-9 图

4-10　如图,水由喷嘴射出,已知流量 $Q = 0.4\text{m}^3/\text{s}$,主管直径 $D = 0.4\text{m/s}$,喷口直径 $d = 0.1\text{m}$,水头损失忽略不计,求水流作用在喷嘴上的力。

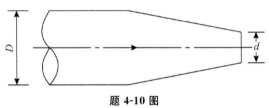

题 4-10 图

第5章 量纲分析和相似原理

💧 **内容提要**

本章主要介绍量纲的概念、量纲公式，无量纲量的特点、物理量的无量纲组合，量纲和谐原理的意义和应用；瑞利法的原理和应用步骤、π 定理的原理和应用步骤，物理量的基本量力学相似的涵义、相应物理量的比尺，雷诺相似准则、弗劳德相似准则、欧拉准则、独立准则和导出准则；模型相似准则的选择等。

重点在于量纲与单位的基本概念、量纲和谐的原理、量纲的基本分析方法，以及几何、运动、动力、初始与边界条件相似的基本概念；重点掌握重力相似准则、黏性力相似准则和压力相似准则。

💧 **学习目标**

通过本章内容的学习，应掌握量纲的基本概念和量纲和谐原理；掌握量纲分析的瑞利法和 π 定理，以及雷诺准则、弗劳德准则、欧拉准则等相似准则。

前面的章节阐述了流体力学基础理论，建立了流体运动的基本方程。应用流体力学基础理论和基本方程是解决流体力学问题的基本途径。但是，实际工程中，由于流体黏性的存在及边界条件的不确定性，导致许多流体力学问题的求解在数学上存在困难，需要应用定性的理论分析方法和实验方法进行研究。

量纲分析和相似原理为科学地组织实验及整理实验成果提供了理论指导。对于复杂的流动问题，还可借助量纲分析和相似原理来建立物理量之间的联系。因此，量纲分析与相似原理是发展流体力学理论、解决实际工程问题的有力工具。

5.1 量纲分析和量纲和谐原理

5.1.1 量纲的概念

5.1.1.1 单位与量纲

流体力学涉及多种不同的物理量,按性质的不同,可将物理量分为长度、时间、质量、力、速度、加速度、黏度等。所有物理量均是由物理属性和量度单位两个基本因素构成。量度单位又称量度标准。例如长度,其物理属性是线性几何量,量度单位则有米、厘米、英尺、光年等不同的标准。

物理量的属性(类别)称为量纲或因次。显然,量纲是物理量的实质,不受人为的影响。不同类别的物理量可用不同量纲来标志,通常以 L 表示长度量纲,M 表示质量量纲,T 表示时间量纲。采用 $\dim q$ 代表物理量 q 的量纲,则面积 A 的量纲可表示为

$$\dim A = L^2$$

单位是度量物理量大小的标准。某一物理量采用的标准不同时,所度量的物理量将具有不同的量值。如直径为 1m 的管道,可以用 100cm 或 1000mm 表示。

5.1.1.2 基本量纲与导出量纲

量纲可分为基本量纲和导出量纲。根据物理量量纲之间的关系,通常将无任何联系且相互独立的量纲称为基本量纲,而将由基本量纲推导出的量纲称为导出量纲。因此,基本量纲不依赖于其他基本量纲,如质量 M、长度 L 和时间 T 都是相互独立的量纲,而导出量纲均可由基本量纲推导出。

为了应用方便,并同国际单位制一致,普遍采用 M-L-T-Θ 基本量纲关系,即选取质量 M、长度 L、时间 T、热力学温度 Θ 为基本量纲。对于不可压缩流体运动,一般取质量 M、长度 L、时间 T 三个基本量纲,其他物理量的量纲均可由这三个基本量纲导出。例如:

速度 $\qquad \dim v = LT^{-1}$

加速度 $\qquad \dim a = LT^{-2}$

力 $\qquad \dim F = MLT^{-2}$

动力黏性系数　　$\dim\mu = ML^{-1}T^{-1}$

根据以上量纲式,不难得出,流体力学中任意物理量 q 的量纲都可用 3 个基本量纲的指数乘积形式表示

$$\dim q = M^{\alpha}L^{\beta}T^{\gamma} \tag{5-1}$$

式(5-1)称为量纲公式。

物理量 q 的性质由量纲指数 α、β、γ 来决定:

(1)当 $\alpha = 0, \beta \neq 0, \gamma = 0$ 时,q 为几何学的量;

(2)当 $\alpha = 0, \beta \neq 0, \gamma \neq 0$ 时,q 为运动学的量;

(3)当 $\alpha \neq 0, \beta \neq 0, \gamma \neq 0$ 时,q 为动力学的量。

以上讨论的是采用 M-L-T-Θ 基本量纲,常采用国际单位制(SI制)的单位 kg,m,s,K 为单位。流体力学中常见物理量的量纲和单位如表 5-1 所示。

表 5-1　流体力学常见物理量的量纲与单位

	物理量	符号	量纲	单位
几何学的量	长度	l	L	m
	面积	A	L^2	m^2
	体积	V	L^3	m^3
	水力坡度	J	1	—
	惯性矩	I	L^4	m^4
运动学的量	时间	t	T	s
	流速	v	L/T	m/s
	重力加速度	g	L/T^2	m/s^2
	单宽流量	q	L^2/T	m^2/s
	势函数	W	L^2/T	m^2/s
运动学的量	角速度	ω	1/T	1/s
	运动黏性系数	ν	L^2/T	m^2/s
	质量	m	M	kg
	力	F	ML/T^2	N
	密度	ρ	M/L^3	kg/m^3
	动力黏性系数	μ	M/LT	$N \cdot s/m^2$
	压强	p	M/LT^2	N/m^2
	切应力	τ	M/LT^2	N/m^2
	功率	N	ML^2/T^2	J
	动量	K	ML/T	$kg \cdot m/s$

5.1.1.3 无量纲量

某些物理量的量纲在量纲公式(5-1)中,出现 $\alpha = \beta = \gamma = 0$,则 $\dim q = M^0 L^0 T^0 = 1$,此时称该物理量为无量纲量,也称量纲为一的量。

无量纲量可由两个具有相同量纲的物理量相比得到,如水力坡度 $J = \dfrac{\Delta H}{L}$,其量纲 $\dim J = \dfrac{L}{L} = 1$;线应变 $\varepsilon = \dfrac{\Delta l}{l}$,其量纲 $\dim \varepsilon = \dfrac{L}{L} = 1$。无量纲量也可由几个有量纲的量通过乘除组合而成,结果是量纲公式(5-1)中各基本量纲的指数均为零,例如,雷诺数 $Re = \dfrac{vd}{\nu}$,其量纲 $\dim Re = \dfrac{(LT^{-1})L}{L^2 T^{-1}} = 1$,为一无量纲量。

无量纲量具有如下的特点:

(1) 客观性。量值大小与所采用的单位制无关。

(2) 不受运动规模影响。无量纲量是纯数,如两种不同规模的流动为相似流动,则两种流动的相应无量纲量相等。

(3) 可进行超越函数(对数、指数、三角函数)运算。

5.1.2 量纲和谐原理

在一个反映客观规律的物理方程式中,各项的量纲必须保持一致,即量纲一致性原理,称为量纲和谐原理。这是被无数事实证实了的客观原理。如伯努利方程式中 z、$\dfrac{p}{\rho g}$、$\dfrac{\alpha v^2}{2g}$、h_w 等项均具有长度量纲 L。其他凡正确反映客观规律的物理方程,各项量纲之间的关系莫不如此。在工程界至今还有一些由实验和观测资料整理成的经验公式,不满足量纲和谐原理。如谢才公式 $v = C\sqrt{RJ}$,该经验公式规定要用 m 和 s 为单位,则式中 C 是一个量纲为 $L^{1/2} T^{-1}$ 的系数,单位为 $m^{1/2} s^{-1}$。曼宁提出 C 的经验公式为 $C = \dfrac{1}{n} R^{1/6}$,式中,n 为糙率;根据量纲和谐原理,n 的量纲应为 $L^{-1/3} T$,而文献和实用中的糙率 n 却是作为无量纲量处理的,因此曼宁公式的量纲是不和谐的。这种情况表明,人们对这一部分流动的认识尚不充分。随着人们对自然规律认识的深入,这样的公式将逐渐被修正或被正确、完整的公式所替代。

量纲和谐原理是量纲分析的基础。如果一个物理方程量纲和谐,则方程的形式不随量度单位的改变而改变。因此,量纲和谐原理可以用来检验新建方程或经验公式的正确性和完整性,即只有两个同类型的物理量才能相加减。但不同类型的物理量可以相乘除,从而得到另一导出量纲的物理量。利用量纲和谐原理可以确定公式中物理量的指数,建立物理方程,并实现单位换算。

由量纲和谐原理可引申出以下两点:

(1)凡正确反映客观规律的物理方程,一定能表示成由无量纲项组成的无量纲方程。因为方程中各项的量纲相同,只需用其中一项遍除各项,便得到一个由无量纲项组成的无量纲式,仍保持原方程的性质。

(2)量纲和谐原理规定了一个物理过程中有关物理量之间的关系。因为一个正确完整的物理方程中,各物理量纲之间的关系是确定的,按物理量纲之间的这一确定性,就可以建立该物理过程各物理量的关系式。量纲分析法就是根据这一原理发展起来的,它是 20 世纪力学上的重要发现之一。

5.2 量纲分析法

在量纲和谐原理基础上发展起来的量纲分析法有两种:一种称为瑞利法,适用于比较简单的问题;另一种称为 π 定理,是一种具有普遍性的方法。

5.2.1 瑞利法

瑞利法的基本原理是:若某一物理过程同几个物理量有关,

$$f(q_1, q_2, \cdots, q_n) = 0 \tag{5-2}$$

其中的某一物理量 q_i 可表示为其他物理量的指数乘积形式

$$q_i = kq_1^a q_2^b \cdots q_{n-1}^p \tag{5-3}$$

写出其量纲式表达式

$$\dim q_i = \dim(q_1^a q_2^b \cdots q_{n-1}^p) \tag{5-4}$$

将量纲式表达式(5-4)中各物理量的量纲按式(5-1)表示为基本量纲的指数乘积形式;然后根据量纲和谐原理,确定式(5-4)中指数 $a, b, \cdots, p$,即可得出表达该物理过程的方程式。

下面通过例题说明瑞利法的应用步骤。

【例题 5-1】 求水泵输出功率的表达式。

【解】 水泵输出功率是指单位时间水泵输出的能量。

① 找出与水泵输出功率 N 有关的物理量,包括单位体积水的重量 $\gamma = \rho g$、流量 Q、扬程 H,即

$$f(N,\gamma,Q,H) = 0$$

② 写出指数乘积关系式

$$N = k\gamma^a Q^b H^c$$

③ 写出量纲式

$$\dim N = \dim(\gamma^a Q^b H^c)$$

④ 按式(5-1),以基本量纲(M、L、T)表示各物理量量纲

$$ML^2 T^{-3} = (ML^{-2}T^{-2})^a \ (L^3 T^{-1})^b \ (L)^c$$

⑤ 根据量纲和谐原理求量纲指数

$$\begin{cases} M: 1 = a \\ L: 2 = -2a + 3b + c \\ T: -3 = -2a - b \end{cases}$$

解得

$$a = 1, b = 1, c = 1$$

⑥ 整理方程式

$$N = k\gamma QH = k\rho g QH$$

式中,k 为根据实验确定的系数。

【例题 5-2】 求圆管层流的流量关系式。

【解】 圆管层流运动将在下一章介绍,此处仅作为量纲分析的方法来讨论。

① 找出影响圆管层流流量 Q 的物理量,包括管段两端的压强差 Δp、管段长度 l、半径 r_0、流体的黏度 μ。

根据经验和已有实验资料,流量 Q 与压强差 Δp 成正比,与管段长度 l 成反比。因此,可将压强差 Δp、管段长度 l 合并为一项,有

$$f\left(Q, \frac{\Delta p}{l}, r_0, \mu\right) = 0$$

② 写出指数乘积关系式

$$Q = k\left(\frac{\Delta p}{l}\right)^a r_0^b \mu^c$$

③ 写出量纲式

$$\mathrm{dim}Q = \mathrm{dim}\left[\left(\frac{\Delta p}{l}\right)^a r_0^b \mu^c\right]$$

④ 按式(5-1),以基本量纲(M、L、T)表示各物理量量纲

$$L^3 T^{-1} = (ML^{-2}T^{-2})^a \, (L)^b \, (ML^{-1}T^{-1})^c$$

⑤ 根据量纲和谐原理求量纲指数

$$\begin{cases} \mathrm{M}: 0 = a + c \\ \mathrm{L}: 3 = -2a + b - c \\ \mathrm{T}: -1 = -2a - c \end{cases}$$

解得

$$a = 1, b = 4, c = -1$$

⑥ 整理方程式

$$Q = k\frac{\Delta p}{l}r_0^4 \mu^{-1} = k\frac{\Delta p r_0^4}{l\mu}$$

根据实验可确定系数 k 的值,$k = \dfrac{\pi}{8}$。

故

$$Q = \frac{\pi}{8}\frac{\Delta p r_0^4}{l\mu} = \frac{\varrho g J}{8\mu}\pi r_0^4$$

式中,$J = \dfrac{\Delta p/(\varrho g)}{l}$。

　　从上述例题可以看出,用瑞利法求力学方程,在相关物理量数目不超过 4 个、待求的量纲指数不超过 3 个时,可直接根据量纲和谐条件,求出各量纲指数,建立方程,如例题 5-1。而当相关物理量数目超过 4 个时,则需要归并有关物理量或选待定系数,以求得量纲指数,如例题 5-2,或采用 π 定理进行分析。

5.2.2　π 定理

　　π 定理是量纲分析中最为普遍的原理,它是1915年由美国物理学家布金汉(Edgar Buckingham,1867 — 1940 年) 提出来的,又称为布金汉定理。

　　π 定理的表述如下。

　　若任意一个物理过程包含有 n 个物理量,即

$$F(q_1, q_2, \cdots, q_n) = 0 \tag{5-5}$$

其中有 m 个基本量纲(量纲独立,相互之间独立,不能互相导出),那么这个物理过程可以用 $(n-m)$ 个无量纲量的关系式来描述,即

$$F(\pi_1,\pi_2,\cdots,\pi_{n-m})=0 \tag{5-6}$$

由于无量纲量用 π 来表示,故 π 定理由此得名。π 定理可用数学方法证明,此处从略。

应用 π 定理的基本步骤如下:

① 找出与物理过程相关的物理量。例如,表征水的物理特性的物理量有密度、重力加速度、黏性系数、表面张力等;表征流动边界影响的物理量有建筑物尺寸、边界粗糙、粗糙度等;表征水流运动要素的物理量有水头、单宽流量、流速、压强等。影响因素列举是否全面和正确,将直接影响分析结果。所列的物理量中包括常量和变量。

$$F(q_1,q_2,\cdots,q_n)=0$$

② 在 n 个物理量中选取 m 个基本物理量,对于不可压缩流体运动,一般取 $m=3$。推荐在几何学量 q_1、运动学量 q_2 和动力学量 q_3 中各选一个组成,以确保所选的三个基本量在量纲上互相独立,作为基本量纲。

$$\begin{cases} \dim q_1 = \dim(M^{\alpha_1} L^{\beta_1} T^{\gamma_1}) \\ \dim q_2 = \dim(M^{\alpha_2} L^{\beta_2} T^{\gamma_2}) \\ \dim q_3 = \dim(M^{\alpha_3} L^{\beta_3} T^{\gamma_3}) \end{cases}$$

q_1,q_2,q_3 在量纲上是独立的,即不能组合成无量纲数,要求它们的指数乘积不能为零,也就是要求其量纲式中的指数行列式不能为零,即

$$\Delta = \begin{vmatrix} \alpha_1 & \beta_1 & \gamma_1 \\ \alpha_2 & \beta_2 & \gamma_2 \\ \alpha_3 & \beta_3 & \gamma_3 \end{vmatrix} \neq 0$$

③ 写出 $(n-3)$ 个无量纲量,它们是由 $(n-3)$ 个其他的物理量 $q_4,q_5,\cdots,q_n$ 依次与 3 个基本量纲组成的无量纲量 π_i,其中 $i=1,2,\cdots,n-3$,即

$$\begin{cases} \pi_1 = \dfrac{q_4}{q_1^{a_1} q_2^{b_1} q_3^{c_1}} \\[2mm] \pi_2 = \dfrac{q_5}{q_1^{a_2} q_2^{b_2} q_3^{c_2}} \\[2mm] \vdots \\[2mm] \pi_{n-3} = \dfrac{q_n}{q_1^{a_{n-3}} q_2^{b_{n-3}} q_3^{c_{n-3}}} \end{cases}$$

式中, a_i, b_i, c_i 为待定指数。

④ π_1, π_2, $\cdots$, π_{n-3} 是无量纲量,即 $\dim\pi_i = L^0 T^0 M^0$。根据量纲和谐原理可求出相应指数 a_i, b_i, c_i。

⑤ 整理并写出描述物理过程的关系式为

$$F(\pi_1, \pi_2, \cdots, \pi_{n-m}) = 0$$

【例题 5-3】　用 π 定理推导水平等直径有压管内压强差 Δp 的表达式。已知影响 Δp 的物理量有管长 l、管径 d、管壁绝对粗糙度 Δ、流速 v、液体密度 ρ、动力黏性系数 μ。

【解】　① 列出上述影响因素的函数关系式为

$$F(d, v, \rho, l, \mu, \Delta, \Delta p) = 0$$

可见函数中变量个数 $n = 7$。

② 选取 3 个基本物理量,分别为几何学量 d、运动学量 v 和动力学量 ρ。其量纲分别为

$$\begin{cases} \dim d = M^{\alpha_1} L^{\beta_1} T^{\gamma_1} = M^0 L^1 T^0 \\ \dim v = M^{\alpha_2} L^{\beta_2} T^{\gamma_2} = M^0 L^1 T^{-1} \\ \dim \rho = M^{\alpha_3} L^{\beta_3} T^{\gamma_3} = M^1 L^{-3} T^0 \end{cases}$$

检验 d、v 和 ρ 的独立性

$$\Delta = \begin{vmatrix} 0 & 1 & 0 \\ 0 & 1 & -1 \\ 1 & -3 & 0 \end{vmatrix} = -1 \neq 0$$

故 d、v 和 ρ 相互独立,可作为基本量纲。

③ 将 $(n-3) = 4$ 个其他物理量 $l, \mu, \Delta, \Delta p$ 依次与 3 个基本量纲组成无量纲量 π_i

$$\begin{cases} \pi_1 = \dfrac{l}{d^{a_1} v^{b_1} \rho^{c_1}} \\[2mm] \pi_2 = \dfrac{\mu}{d^{a_2} v^{b_2} \rho^{c_2}} \\[2mm] \pi_3 = \dfrac{\Delta}{d^{a_3} v^{b_3} \rho^{c_3}} \\[2mm] \pi_4 = \dfrac{\Delta p}{d^{a_4} v^{b_4} \rho^{c_4}} \end{cases}$$

④ 根据量纲和谐原理，依次求解各无量纲量 π_i 的指数。

无量纲量 π_1

$$\dim l = \dim(d^{a_1} v^{b_1} \rho^{c_1})$$

$$M^0 \, LT^0 = L^{a_1} \, (LT^{-1})^{b_1} \, (ML^{-3})^{c_1}$$

$$\begin{cases} M: 0 = c_1 \\ L: 1 = a_1 + b_1 - 3c_1 \\ T: 0 = -b_1 \end{cases}$$

解得：$a_1 = 1, b_1 = 0, c_1 = 0$。

无量纲量 π_2

$$\dim \mu = \dim(d^{a_2} v^{b_2} \rho^{c_2})$$

$$ML^{-1}T^{-1} = L^{a_2} \, (LT^{-1})^{b_2} \, (ML^{-3})^{c_2}$$

$$\begin{cases} M: 1 = c_2 \\ L: -1 = a_2 + b_2 - 3c_2 \\ T: -1 = -b_2 \end{cases}$$

解得：$a_2 = 1, b_2 = 1, c_2 = 1$。

无量纲量 π_3

$$\dim \Delta = \dim(d^{a_3} v^{b_3} \rho^{c_3})$$

$$L = L^{a_3} \, (LT^{-1})^{b_3} \, (ML^{-3})^{c_3}$$

$$\begin{cases} M: 0 = c_3 \\ L: 1 = a_3 + b_3 - 3c_3 \\ T: 0 = -b_3 \end{cases}$$

解得：$a_3 = 1, b_3 = 0, c_3 = 0$。

无量纲量 π_4

$$\dim \Delta p = \dim(d^{a_4} v^{b_4} \rho^{c_4})$$

$$ML^{-1}T^{-2} = L^{a_4} \, (LT^{-1})^{b_4} \, (ML^{-3})^{c_4}$$

$$\begin{cases} M: 1 = c_4 \\ L: -1 = a_4 + b_4 - 3c_4 \\ T: -2 = -b_4 \end{cases}$$

解得：$a_1 = 0, b_1 = 2, c_1 = 1$。

综上，有

$$\pi_1 = \frac{l}{d}, \pi_2 = \frac{\mu}{dv\rho}, \pi_3 = \frac{\Delta}{d}, \pi_4 = \frac{\Delta p}{v^2 \rho}$$

故 $F\left(\dfrac{l}{d}, \dfrac{\mu}{dv\rho}, \dfrac{\Delta}{d}, \dfrac{\Delta p}{v^2 \rho}\right) = 0$。

对式中 π_i 进行超越函数计算，不改变无量纲性质，因此，上式可改写为

$$F'\left(\frac{l}{d}, \frac{dv\rho}{\mu}, \frac{\Delta}{d}, \frac{\Delta p}{v^2 \rho}\right) = 0$$

$$\frac{\Delta p}{v^2 \rho} = F''\left(\frac{l}{d}, \frac{dv\rho}{\mu}, \frac{\Delta}{d}\right)$$

根据试验可知 Δp 与 l 有关，引入 $Re = \dfrac{dv\rho}{\mu} = \dfrac{vd}{\nu}$，代入上式有

$$\frac{\Delta p}{\rho g} = F'''\left(Re, \frac{\Delta}{d}\right) \frac{l}{d} \frac{v^2}{2g}$$

5.2.3　量纲分析方法的补充说明

（1）量纲分析方法的理论基础是量纲和谐原理，即凡正确反映客观规律的物理方程，其量纲一定是和谐的。

（2）量纲和谐原理是判断经验公式是否完善的基础。20 世纪，量纲分析原理未发现之前，水力学中积累了不少纯经验公式，每一个经验公式都有一定的实验根据，都可用于描述一定条件下流动现象。量纲分析方法可以从量纲理论作出判别和权衡，使其中的一些公式从纯经验的范围内分离出来。

（3）应用量纲分析方法得到的物理方程式是否符合客观规律，同所选的物理量是否正确有关。而量纲分析方法本身对有关物理量的选取不能提供任何指导和启示，可能由于遗漏某一个具有决定性意义的物理量，导致建立的方程式失误；也可能因选取了没有决定性意义的物理量，造成方程中出现累赘的量纲量。这种局限性是该方法本身决定的。

（4）量纲分析为组织实施实验研究以及整理实验数据提供了科学的方法，可以说，量纲分析方法是沟通流体力学理论和实验之间的桥梁。

5.3　相似理论基础

前面章节讨论了量纲分析方法，后面将讨论模型实验的基本原理。实际工程中，因为流动情况复杂，难以直接应用基本方程求解问题，需依赖于实

验研究,而大多数工程实验需要借助模型实验完成。通常将与原型(工程实物)具有同样运动规律、各运动参数存在固定比例关系的缩小物称为模型。通过模型实验,把研究结果换算成原型流动,进而预测在原型流动中可能发生的现象。因此,模型实验的关键就是确保模型和原型是相似流动。而相似理论是模型实验的理论基础。

5.3.1　相似概念

流动相似是几何相似的扩展。两个几何图形,如果对应边成比例,对应角相等,则将二者称为几何相似。对于两个几何相似图形,把其中一个图形的某一几何长度乘以某一比例常数,就可得到另一图形的相应长度。如果原型和模型在两个流动的相应点上,同名物理量(如线性长度、速度、压强、各种力等)均存在一定的比例关系,则将二者称为流动相似。也就是说,流动相似要满足两个流动的几何相似、运动相似、动力相似及初始条件和边界条件相似。

5.3.1.1　几何相似

几何相似是指两个流动(原型和模型)的几何形状相似,即相应的线段长度成比例,相应夹角相等。以下标 p 表示原型(prototype),m 表示模型(model),则有

$$\lambda_l = \frac{l_p}{l_m} \tag{5-7}$$

$$\theta_p = \theta_m \tag{5-8}$$

式中,λ_l 为长度比尺。

由长度比尺可推得相应的面积比尺和体积比尺。

(1)面积比尺

$$\lambda_A = \frac{A_p}{A_m} = \frac{l_p^2}{l_m^2} = \lambda_l^2 \tag{5-9}$$

(2)体积比尺

$$\lambda_V = \frac{V_p}{V_m} = \frac{l_p^3}{l_m^3} = \lambda_l^3 \tag{5-10}$$

可见,几何相似是通过长度比尺 λ_l 来表征的。只要各相应长度都保持固定的比尺关系 λ_l,便保证了两个流动几何相似。

5.3.1.2　运动相似

运动相似指两个流动相应点的速度方向相同,大小成比例,即

$$\lambda_u = \frac{u_p}{u_m} \tag{5-11}$$

式中,λ_u 为速度比尺。

由于各相应点速度成比例,相应断面的平均速度必然有同样比尺,即

$$\lambda_v = \frac{v_p}{v_m} = \frac{u_p}{u_m} = \lambda_u \tag{5-12}$$

将 $v = \dfrac{l}{t}$ 代入式(5-12),得

$$\lambda_v = \frac{v_p}{v_m} = \frac{l_p/t_p}{l_m/t_m} = \frac{l_p/l_m}{t_p/t_m} = \frac{\lambda_l}{\lambda_t} \tag{5-13}$$

式中,$\lambda_t = \dfrac{t_p}{t_m}$ 为时间比尺,满足运动相似必有固定的长度比尺和时间比尺。

速度相似也意味着加速度相似,加速度比尺为

$$\lambda_a = \frac{a_p}{a_m} = \frac{u_p/t_p}{u_m/t_m} = \frac{u_p/u_m}{t_p/t_m} = \frac{\lambda_l}{\lambda_t^2} \tag{5-14}$$

5.3.1.3　动力相似

动力相似是指两个流动相应点处质点所受的同名力满足力的方向相同、大小成比例。根据达朗贝尔原理,对于运动的质点,假设加上该质点的惯性力,惯性力与质点所受到的各种作用力平衡,形式上构成封闭的力多边形。从这个意义上说,动力相似又可表述为相应点上的力多边形相似,相应边(即同名力)成比例。

影响流体运动的作用力主要有黏滞力、重力、压力,有时还需考虑其他的力。若分别用符号 $\boldsymbol{T}$、$\boldsymbol{G}$、$\boldsymbol{F}$ 和 $\boldsymbol{I}$ 代表黏滞力、重力、压力和惯性力,则

$$\begin{cases} \boldsymbol{T} + \boldsymbol{G} + \boldsymbol{F} + \cdots + \boldsymbol{I} = \boldsymbol{0} \\ \dfrac{T_p}{T_m} = \dfrac{G_p}{G_m} = \dfrac{F_p}{F_m} = \cdots = \dfrac{I_p}{I_m} \\ \lambda_T = \lambda_G = \lambda_F = \cdots = \lambda_I \end{cases} \tag{5-15}$$

5.3.1.4　初始条件和边界条件相似

边界条件相似指两个流动相应边界性质相同,如原型中的固体壁面,在模型中相应部分也是固体壁面;原型中的自由液面,在模型相应部分也是自

由液面。对于非恒定流动，还要满足初始条件相似。如初始时刻的流速、加速度、密度、温度等运动要素是否随时间变化对其后的流动过程起着重要作用。要使模型与原型中的流动相似，应使其初始状态的运动要素相似。而恒定流中则无须考虑初始条件的相似。因此，边界条件和初始条件相似是保证流动相似的充分条件。

几何相似、运动相似和动力相似是模型和原型保持相似的主要条件，它们相互联系，互为条件。几何相似是运动相似和动力相似的前提和依据；动力相似是决定运动相似的主导因素；运动相似是几何相似和动力相似的具体表现和结果。它们是一个统一的整体，缺一不可。

5.3.2 相似准则

前面已经阐述了相似的相关含义，但是怎么来实现原型和模型的相似呢？

首先要满足几何相似，否则两个流动不存在相应点，因此几何相似是力学相似的前提条件。

其次是实现动力相似。要使两个流动动力相似，前面定义的各项比尺须符合一定的约束关系，这种约束关系称为相似准则。

根据动力相似的流动，相应点上的力多边形相似，相应边（即同名力）成比例。下面依次推导各单项力的相似准则。

5.3.2.1 雷诺准则

当黏滞力作用为主时，由牛顿内摩擦定律可得

① 黏滞力

$$T = \mu A \frac{\mathrm{d}u}{\mathrm{d}y} = \mu l v$$

② 惯性力

$$I = \rho l^3 \frac{l}{t^2} = \rho l^2 v^2$$

两个流动相应点上惯性力与黏滞力的比例关系满足

$$\frac{T_p}{T_m} = \frac{I_p}{I_m}$$

即

$$\frac{\mu_p l_p v_p}{\mu_m l_m v_m} = \frac{\rho_p l_p^2 v_p^2}{\rho_m l_m^2 v_m^2}$$

可得

$$\frac{l_p v_p}{\nu_p} = \frac{l_m v_m}{\nu_m} \tag{5-16}$$

即

$$(Re)_p = (Re)_m$$

式中,雷诺数,$Re = \dfrac{vl}{\nu}$。

式(5-16)表明,两个流动的惯性力与黏滞力成比例,则这两个流动相应的雷诺数相等,称为雷诺准则,也称为黏滞力相似准则。雷诺数表征惯性力与黏滞力之比。

5.3.2.2　弗劳德准则

当重力作用为主时,此时有

① 重力

$$G = \rho g l^3$$

② 惯性力

$$I = \rho l^2 v^2$$

两个流动相应点上惯性力与重力的比例关系满足

$$\frac{G_p}{G_m} = \frac{I_p}{I_m}$$

即

$$\frac{\rho_p g_p l_p^3}{\rho_m g_m l_m^3} = \frac{\rho_p l_p^2 v_p^2}{\rho_m l_m^2 v_m^2}$$

可得

$$\frac{v_p^2}{l_p g_p} = \frac{v_m^2}{l_m g_m}$$

或

$$\sqrt{\frac{v_p^2}{l_p g_p}} = \sqrt{\frac{v_m^2}{l_m g_m}} \tag{5-17}$$

$$(Fr)_p = (Fr)_m$$

式中,弗劳德数 $Fr = \dfrac{v}{\sqrt{gl}}$。

式(5-17)表明,两个流动的惯性力与重力成比例,则这两个流动相应的弗劳德数相等,称为弗劳德相似准则,也称为重力相似准则。弗劳德数表征惯性力与重力之比。

5.3.2.3 欧拉准则

若改变原有运动状态的力为流体动压力,则

① 压力

$$F = pl^2$$

② 惯性力

$$I = \rho l^2 v^2$$

两个流动相应点上惯性力与压力的比例关系满足

$$\frac{F_p}{F_m} = \frac{I_p}{I_m}$$

即

$$\frac{p_p l_p^2}{p_m l_m^2} = \frac{\rho_p l_p^2 v_p^2}{\rho_m l_m^2 v_m^2}$$

可得

$$\frac{\rho_p v_p^2}{p_p} = \frac{\rho_m v_m^2}{p_m} \tag{5-18}$$

$$(Eu)_p = (Eu)_m$$

式中,欧拉数 $Eu = \dfrac{p}{\rho v^2}$。

式(5-18)表明,两个流动的惯性力与流体动压力成比例,则这两个流动相应的欧拉数相等,称为欧拉相似准则,也称为压力相似准则。欧拉数表征压力与惯性力比。

在大多数流动中,对流动起作用的是压强差 Δp,而不是压强的绝对值,故欧拉数中常以相应点的压强差 Δp 代替压强 p,则欧拉数可变为

$$Eu = \frac{\Delta p}{\rho v^2}$$

5.3.2.4 柯西准则

当流动作用力主要为弹性力时,则

① 弹性力

$$E = Kl^2$$

② 惯性力

$$I = \rho l^2 v^2$$

两个流动相应点上惯性力与弹性力的比例关系满足

$$\frac{E_p}{E_m} = \frac{I_p}{I_m}$$

即

$$\frac{K_p l_p^2}{K_m l_m^2} = \frac{\rho_p l_p^2 v_p^2}{\rho_m l_m^2 v_m^2}$$

可得

$$\frac{\rho_p v_p^2}{K_p} = \frac{\rho_m v_m^2}{K_m} \tag{5-19}$$

$$(Ca)_p = (Ca)_m$$

式中,柯西数 $Ca = \dfrac{\rho v^2}{K}$。

式(5-19)表明,两个流动的惯性力与弹性力成比例,则这两个流动相应的柯西数相等,称为柯西准则,也称为弹性力相似准则。柯西数表征惯性力与弹性力之比。

声音在流体中传播的速度(声速)$c = \sqrt{\dfrac{K}{\rho}}$,代入式(5-19)开方,得

$$\frac{v_p}{c_p} = \frac{v_m}{c_m} \tag{5-20}$$

$$(Ma)_p = (Ma)_m$$

式中,马赫数 $Ma = \dfrac{v}{c}$。

可压缩气流流速接近或超过音速时,弹性力成为影响流动的主要因素,实现流动相似需要相应的马赫数相等,称为马赫准则,也称为弹性力相似准则。

5.3.2.5　韦伯准则

当作用力主要为表面张力时,表面张力用 σl 表征,σ 为表面张力系数,可得

$$\frac{\sigma_p l_p}{\sigma_m l_m} = \frac{\rho_p l_p^2 v_p^2}{\rho_m l_m^2 v_m^2}$$

整理得

$$\frac{\sigma_p / \rho_p}{l_p v_p^2} = \frac{\sigma_m / \rho_m}{l_m v_m^2} \tag{5-21}$$

令 $We = \dfrac{v^2 l}{\sigma / \rho}$，它是一个无量纲数，称为韦伯数，表征液流中表面张力与惯性力之比，于是

$$(We)_p = (We)_m$$

式(5-21)表明，两个液流在表面张力作用下的力学相似条件是它们的韦伯数相等，称为韦伯相似准则，也称为表面张力相似准则。

上述介绍的五个相似准则中，雷诺准则、弗劳德准则和欧拉准则运用较为广泛。若同时有重力、黏滞力以及压力作用在流体上，则两个流动动力相似应同时满足上述三个准则。动力相似要求对应点处上述三个力与惯性力构成的封闭的力多边形相似，故只要惯性力及其他任意两个同名力相似，另一个同名力必将相似。由于流体压强差的产生是流体运动的结果，并不决定流动相似，因此只要对应点处的重力、黏滞力和惯性力相似，压强差将会自行相似。换言之，当重力相似准则、黏滞力相似准则得到满足，压力相似准则将会自行满足。因此，在通常情况下，弗劳德相似准则和雷诺相似准则称为独立准则，欧拉相似准则称为导出准则。

5.4　模型实验

实际工程中，许多未知问题需要通过模型实验来解决。而模型实验是根据相似原理，制作与原型相似的小尺度模型进行实验研究，并分析实验结果以预测原型将可能发生的流动现象。进行模型实验需要解决下面两个问题。

5.4.1　模型相似准则的选择

为了使模型和原型流动完全相似，除要几何相似外，各独立的相似准则应同时满足。但实际上要同时满足各准则很困难，甚至是不可能的。

譬如，根据雷诺准则

$$(Re)_p = (Re)_m$$

则原型与模型的速度比

$$\frac{v_p}{v_m} = \frac{l_m \nu_p}{l_p \nu_m} \tag{5-22}$$

根据弗劳德准则有

$$(Fr)_p = (Fr)_m$$

且

$$g_p = g_m$$

则原型与模型的速度比

$$\frac{v_p}{v_m} = \sqrt{\frac{l_p}{l_m}} \qquad (5\text{-}23)$$

若同时满足雷诺准则和弗劳德准则，就必须同时满足式(5-22)和式(5-23)，即

$$\frac{\nu_p l_m}{\nu_m l_p} = \sqrt{\frac{l_p}{l_m}} \qquad (5\text{-}24)$$

(1) 当原型和模型为同种流体，$\nu_p = \nu_m$，得

$$\frac{l_m}{l_p} = \sqrt{\frac{l_p}{l_m}} \qquad (5\text{-}25)$$

只有 $l_p = l_m$，即 $\lambda_l = 1$ 时，式(5-25)才能成立。这一结果在绝大多数的情况下，已失去进行模型实验的意义。

(2) 当原型和模型为不同种流体，$\nu_p \neq \nu_m$，由式(5-24)得

$$\frac{\nu_p}{\nu_m} = \left(\frac{l_p}{l_m}\right)^{\frac{3}{2}}$$

$$\nu_m = \frac{\nu_p}{\left(\frac{l_p}{l_m}\right)^{\frac{3}{2}}} = \frac{\nu_p}{\lambda_l^{\frac{3}{2}}}$$

假如长度比尺 $\lambda_l = 10$，则 $\nu_m = \dfrac{\nu_p}{\lambda_l^{\frac{3}{2}}} = \dfrac{\nu_p}{31.62}$。若原型流体是水，则模型就需选用运动黏性系数是水的 1/31.62 的实验流体，而实验室难以找到这种的流体。

根据以上分析，模型实验做到完全相似是十分困难的，一般只能达到近似相似，也就是保证对流动起主要作用的力相似，这就是模型相似准则的选择问题。如有压管流、潜体绕流，黏滞力起主要作用，应按雷诺准则设计模型；对于堰顶溢流、闸孔出流、明渠流动等，重力起主要作用，应按弗劳德准则设计模型。

当雷诺数 Re 超过一定值后，水头损失系数将不再随 Re 改变，此时流动

阻力的大小与 Re 无关,这个流动范围称为自动模型区。若原型和模型流动都处于自动模型区,只需几何相似,不需 Re 相等,就自动实现阻力相似。工程上许多明渠水流处于自动模型区,按弗劳德准则设计的模型,只要模型中的流动进入自动模型区,便同时满足阻力相似。

5.4.2 模型设计

进行模型设计,通常是先根据实验场地、模型制作和量测条件,定出长度比尺 λ_l;然后根据选定的比尺 λ_l 缩小原型的几何尺寸,得出模型的几何边界;接着根据对流动受力情况的分析,满足对流动起主要作用的力相似,以选择模型相似准则;最后按照选用的相似准则,确定流速比尺 λ_u 及模型的流量。

譬如,根据雷诺准则,由式(5-16)得

$$\frac{v_p l_p}{\nu_p} = \frac{v_m l_m}{\nu_m}$$

若 $\nu_p = \nu_m$,则

$$\frac{v_p}{v_m} = \frac{l_m}{l_p} = \frac{1}{\lambda_l} \tag{5-26}$$

按弗劳德准则,且 $g_p = g_m$,则

$$\frac{v_p}{v_m} = \sqrt{\frac{l_p}{l_m}} = \sqrt{\lambda_l} \tag{5-27}$$

故流量比为

$$\frac{Q_p}{Q_m} = \frac{v_p A_p}{v_m A_m} = \lambda_u \lambda_l^2 \tag{5-28}$$

将速度比尺关系式(5-26)、式(5-27)分别代入上式,得模型流量。

① 雷诺准则模型

$$Q_m = \frac{Q_p}{\lambda_u \lambda_l^2} = \frac{Q_p}{\lambda_l}$$

② 弗劳德准则模型

$$Q_m = \frac{Q_p}{\lambda_u \lambda_l^2} = \frac{Q_p}{\lambda_l^{5/2}}$$

按雷诺准则和弗劳德准则导出各物理量比尺如表 5-2 所示。

表 5-2 模型比尺

名称	比尺		
	雷诺准则		弗劳德准则
	$\lambda_v = 1$	$\lambda_v \neq 1$	
长度比尺	λ_l	λ_l	λ_l
流速比尺	λ_l^{-1}	$\lambda_v \lambda_l^{-1}$	$\lambda_l^{1/2}$
加速度比尺	λ_l^{-3}	$\lambda_v^2 \lambda_l^{-3}$	λ_l^0
流量比尺	λ_l	$\lambda_v \lambda_l$	$\lambda_l^{5/2}$
时间比尺	λ_l^2	$\lambda_v^{-1} \lambda_l^2$	$\lambda_l^{1/2}$
力的比尺	λ_ρ	$\lambda_\rho \lambda_v^2$	$\lambda_\rho \lambda_l^3$
压强比尺	$\lambda_\rho \lambda_l^{-2}$	$\lambda_\rho \lambda_l^{-2} \lambda_v^2$	$\lambda_\rho \lambda_l$
功能比尺	$\lambda_\rho \lambda_l$	$\lambda_\rho \lambda_l \lambda_v^2$	$\lambda_\rho \lambda_l^4$
功率比尺	$\lambda_\rho \lambda_l^{-1}$	$\lambda_\rho \lambda_l^{-1} \lambda_v^3$	$\lambda_\rho \lambda_l^{7/2}$

本章小结

（1）任何物理量都包括物理属性（或称类别）和大小两个基本因素，物理量的属性（类别）称为量纲或因次，是各种类别物理量的标志。选取质量 M、长度 L、时间 T、温度 Θ 为基本量纲，其他为导出量纲。

（2）量纲和谐原理：凡是正确反映客观规律的物理方程，其各项的量纲都必须是一致的，即只有方程两边量纲相同，方程才能成立。

（3）量纲分析的两种方法：瑞利法和 π 定理（布金汉定理）。

（4）两液流流动相似必须满足：几何相似、运动相似、动力相似和初始条件和边界条件相似。

（5）相似准则：雷诺准则、弗劳德准则、欧拉准则、柯西准则、韦伯准则。

① 黏滞力起主要作用时，采用雷诺准则；

② 重力起主要作用时，采用弗劳德准则。

📖 **思考题**

(1) 什么是量纲?什么是单位?二者之间有什么区别和联系?

(2) 基本物理量的选择有哪些依据?

(3) 量纲分析有何作用?

(4) 两液流流动相似须满足的基本条件包括哪些?

(5) 为什么每个相似准则都要表征惯性力?

(6) 用相似准则来描述物理现象有何优点?包括哪些相似准则?

(7) 举例说明几何相似、运动相似、动力相似的基本概念。

(8) 简述运用 π 定理的基本步骤。

📕 **练习题**

5-1 速度 v,长度 l,重力加速度 g 的无量纲集合是:( )

A. $\dfrac{lv}{g}$ B. $\dfrac{v}{gl}$ C. $\dfrac{l}{gv}$ D. $\dfrac{v^2}{gl}$

5-2 速度 v,密度 ρ,压强 p 的无量纲集合是:( )

A. $\dfrac{\rho p}{v}$ B. $\dfrac{\rho v}{p}$ C. $\dfrac{p v^2}{\rho}$ D. $\dfrac{p}{\rho v^2}$

5-3 速度 v,长度 l,时间 t 的无量纲集合是:( )

A. $\dfrac{v}{lt}$ B. $\dfrac{t}{vl}$ C. $\dfrac{l}{vt^2}$ D. $\dfrac{l}{vt}$

5-4 压强差 Δp,密度 ρ,长度 l,流量 Q 的无量纲集合是:( )

A. $\dfrac{\rho Q}{\Delta p l^2}$ B. $\dfrac{\rho l}{\Delta p Q^2}$ C. $\dfrac{\Delta p l Q}{\rho}$ D. $\sqrt{\dfrac{\rho}{\Delta p}}\dfrac{Q}{l^2}$

5-5 进行水力模型实验,要实现明渠水流的动力相似,应选的相似准则是:( )

A. 雷诺准则 B. 弗劳德准则 C. 欧拉准则 D. 其他

5-6 进行水力模型实验,要实现有压管流的动力相似,应选的相似准则是:( )

A. 雷诺准则 B. 弗劳德准则 C. 欧拉准则 D. 其他

5-7 雷诺数的物理意义表示:(   )

A. 黏滞力与重力之比   B. 重力与惯性力之比

C. 惯性力与黏滞力之比   D. 压力与黏滞力之比

5-8 明渠水流模型实验,长度比尺为 4,模型流量应为原型流量的:(   )

　　A. 1/2   B. 1/4   C. 1/8   D. 1/32

5-9 压力输水管模型实验,长度比尺为 8,模型水管的流量应为原型输水管流量的:(   )

　　A. 1/2   B. 1/4   C. 1/8   D. 1/16

5-10 如图,薄壁堰溢流,假设单宽流量 q 与堰上水头 H、水的密度 ρ 及重力加速度 g 有关,试用瑞利法求流量 q 的关系式。

5-11 已知文丘里流量计喉管流速 v 与流量计压强差 Δp、主管直径 d_1、喉管直径 d_2,以及流体的密度 ρ 和运动黏度 ν 有关,试用 π 定理证明流速关系式为 $v = \sqrt{\dfrac{\Delta p}{\rho}}\phi\left(Re,\dfrac{d_2}{d_1}\right)$。

5-12 如图,圆形孔口出流的流速 v 与作用水头 H、孔口直径 d、水的密度 ρ 和动力黏度 μ、重力加速度 g 有关,试用 π 定理推导孔口流量公式。

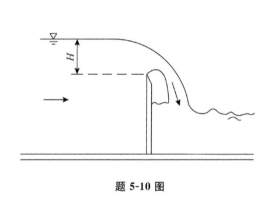

题 5-10 图

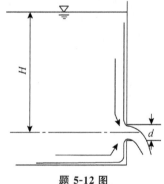

题 5-12 图

第6章 流体流态及水头损失

💧 **内容提要**

本章主要介绍沿程水头损失与局部水头损失的概念及计算,以及绕流阻力与边界层的概念。主要包括流体流动水头损失的分类,均匀流基本方程,实际流体两种流动状态:层流和紊流,雷诺数的物理意义和判别标准,圆管中层流运动规律,紊流的特征、黏性底层的概念,尼古拉兹实验分区及沿程阻力系数的变化规律和影响因素,局部损失形成原因,局部损失分析以及绕流阻力与边界层的概念。

💧 **学习目标**

通过本章内容的学习,应理解沿程水头损失和局部水头损失的物理概念;掌握流体流态的判别方法、圆管中层流运动规律,了解紊流特征、紊流时均化的概念,熟悉局部水头损失的成因,掌握沿程阻力和局部水头损失的计算。

6.1 流体阻力与水头损失的分类

第4章讨论了理想流体与实际流体的伯努利方程,发现理想流体的方程式中没有水头损失项 h_w,而实际流体的方程式中有水头损失项 h_w,其原因在于实际流体存在黏性。理想流体没有黏性,流体流动过程中没有能量损失,不产生水头损失。但是实际流体是有黏性的,与固体边界面接触的流体质点会黏附在其上,边界无滑移,故边界上的速度为零,而在固体边界面的法线方向上流速是在增加的,因此,在平直的流道中,过流断面上的流速分布是不均匀的,相邻两流层间有相对运动和流动阻力,从而产生内摩擦力,流体运动过程中有部分机械能转化为热能而散失,这就是实际流体伯努利方程式中的能量损失项 h_w。在流体力学中,能量损失用单位重量流体所损失的能量来表示,称为水头损失 h_w。

流体阻力和水头损失的规律与流体的物理特性、边界特征以及流体流态均有密切的关系。根据流动边界情况的不同,将流体阻力与水头损失分为两类:沿程水头损失和局部水头损失。

6.1.1 沿程阻力与沿程水头损失

在平直的流道中,沿流程固体边界的黏滞力作用造成流速分布不均匀,因此,两流层之间存在着相对运动,有相对运动的两流层必然会产生内摩擦力,即沿程阻力;在这一段固体边界平直的流道中,为克服沿程阻力做功,单位重量流体自一个过流断面流至另一个过流断面所损失的机械能称为两断面间的沿程水头损失,用 h_f 表示。这种水头损失是沿程都有并随着流程长度的增加而增加的,而且只有在长直流道中,流动在均匀流和渐变流中,其水头损失表现为沿程水头损失。一般地,均匀流或渐变流的水头损失中只包括沿程水头损失。

6.1.2 局部阻力与局部水头损失

如图 6-1 所示,因流道边界的改变,实际流体在黏滞力作用下,断面流速分布急剧变化,产生漩涡。在该漩涡区,由于涡体的形成、流转与分裂,以及流速分布重组过程中流体质点间相对运动的加强,使得内摩擦增强,产生较大的能量损失,而漩涡经过一段距离会逐渐消失。这种局部发生急剧改变而引起断面流速分布急剧变化所导致的附加力(不包括此处的沿程阻力),称为局部阻力。由局部阻力引起的水头损失发生在局部范围之内,称之为局部水头损失,用 h_j 表示。

局部水头损失的大小主要与流道的形状有关。局部水头损失一般发生在流体过流断面突变,流体水流轴线突然弯曲、转折,或边界形状突变等处。实际情况下,在形成非均匀流的部位大多会产生局部水头损失。

因此,流体运动类型为均匀流时仅有 h_f,没有 h_j;为渐变流时有 h_f,而 h_j 可忽略不计;为急变流时既有 h_f,也有 h_j。局部水头损失是在一段流程上,甚至相当长的一段流程上完成的,但为了计算方便,在流体力学中通常将它当作一个断面上的集中水头损失来处理。

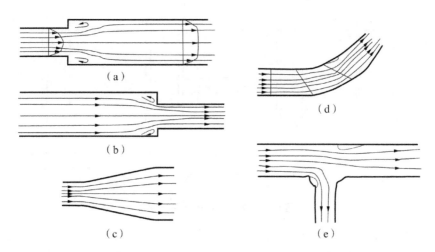

图 6-1　几种典型的局部阻碍。(a) 突扩管；(b) 突缩管；(c) 渐扩管；(d) 圆弯管；(e) 叉管

　　根据以上分析，流体产生水头损失必须具备两个条件：① 流体具有黏性；② 边界条件发生变化，由于固体边界的影响，导致流体内部质点之间产生相对运动。其中，条件 ① 是内因，起主要的决定作用；条件 ② 是外因，通过条件 ① 起作用。

　　若流体有黏性，即使固体边界是平直的，由于边界的黏滞作用，引起过流断面流速分布不均匀，也可使流体内部质点之间发生相对运动，从而产生切应力；若流体没有黏性，即使边界轮廓发生急剧变化，引起流线方向和间距的变化，也只能使机械能互相转化，不能引起水头损失。

6.1.3　水头损失的计算公式

　　若所求的两个过流断面之间既有均匀流段，也有非均匀流段，则在两个过流断面间的总水头损失由沿程水头损失和局部水头损失两部分组成，称为总水头损失，用 h_w 表示。

$$h_w = \sum h_f + \sum h_j \tag{6-1}$$

如图 6-2 所示，管道断面 1-1 到断面 8-8 间的总水头损失为

$$h_{w1-8} = h_{j1-2} + h_{f2-3} + h_{j3-4} + h_{f4-5} + h_{j5-6} + h_{f6-7} + h_{j7-8}$$

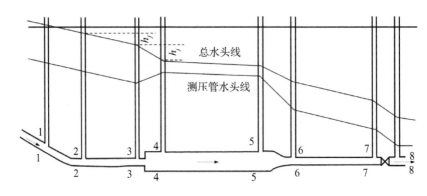

图 6-2 管道流动的水头损失

水头损失计算公式的建立,经历了从经验到理论的发展过程。19 世纪中叶,法国工程师达西(Henri Darcy,1803 — 1858 年)和德国水力学家魏斯巴赫(Julius Weisbach,1806—1871 年)在归纳总结前人实验的基础上,提出圆管沿程水头损失的计算公式

$$h_f = \lambda \frac{l}{d} \frac{v^2}{2g} \tag{6-2}$$

式中,l 为管长;d 为管径;v 为断面平均流速;g 为重力加速度;λ 为沿程水头损失系数。

式(6-2)也就是目前广泛运用的达西-魏斯巴赫公式。式中的沿程水头损失系数 λ 并不是一个确定的常数,通常是根据实验确定的。因此,可以认为达西-魏斯巴赫公式实际上是将计算沿程水头损失问题,转化为研究确定沿程水头损失系数 λ 的问题。20 世纪初,量纲分析原理发现以后,可以用量纲分析的方法直接导出式(6-2),第 5 章例题 5-3 实际上从理论上证明了该式是一个正确、完整地表达圆管沿程水头损失的公式。

在实验基础上,局部水头损失可按下式计算

$$h_j = \zeta \frac{v^2}{2g} \tag{6-3}$$

式中,ζ 为局部水头损失,由实验确定;v 为 ζ 对应的断面平均流速。

6.2 均匀流沿程水头损失与切应力的关系

沿程阻力是造成沿程水头损失的直接原因,因此,切应力 τ 与沿程水头损失 h_f 存在一定的关联,那么通过两过流断面间的切应力 τ 如何计算沿程水

头损失 h_f 大小?下面以圆管内的恒定均匀流为例,推导切应力 τ 与沿程水头损失 h_f 之间的关系。

6.2.1　均匀流基本方程

如图 6-3 所示,在圆管恒定均匀流段 1-2 上,假设管道半径为 r_0,流段 1-2 长度为 l,管轴线与铅垂方向的夹角为 α,过流断面的面积为 A,两过流断面轴线处的动压强分别为 p_1、p_2,流束表面的平均切应力为 τ,对所选取的控制体进行受力分析。

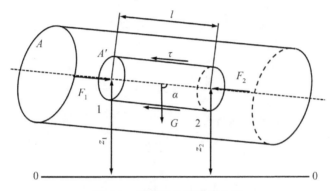

图 6-3　圆管均匀流受力分析

作用于该流段上的外力有压力、重力、壁面切应力。

① 两端过流断面上的动水压力

$$F_1 = p_1 A$$
$$F_2 = p_2 A$$

② 流段内的流体自重

$$G = \rho g A l$$

式中,ρ 为流体的密度。

③ 流段管壁上切力

$$T = \tau \chi l$$

式中,χ 为湿周(过流断面上流体与固体壁面接触的周界,称为湿周)。

④ 流束管壁上的动水压力,垂直于流束。

由于是均匀流,位变加速度为零,所有外力在流动方向上的投影之和等于零,有

$$F_1 - F_2 + G\cos\alpha - T = 0$$

联立以上公式得

$$p_1 A - p_2 A + \rho g A l \cos\alpha - \tau\chi l = 0$$

根据图 6-3 中的几何关系有 $l\cos\alpha = z_1 - z_2$，代入上式，并将等式两边各项同时除以 $\rho g A$，整理得

$$\left(z_1 + \frac{p_1}{\rho g}\right) - \left(z_2 + \frac{p_2}{\rho g}\right) = \frac{\tau\chi l}{\rho g A} \tag{6-4}$$

对过流断面 1-1,2-2 列伯努利方程

$$z_1 + \frac{p_1}{\rho g} + \frac{\alpha_1 v_1^2}{2g} = z_2 + \frac{p_2}{\rho g} + \frac{\alpha_2 v_2^2}{2g} + h_w$$

对于均匀流 $\dfrac{\alpha_1 v_1^2}{2g} = \dfrac{\alpha_2 v_2^2}{2g}$，两断面间只有沿程水头损失，$h_w = h_f$，上式可化简为

$$\left(z_1 + \frac{p_1}{\rho g}\right) - \left(z_2 + \frac{p_2}{\rho g}\right) = h_f \tag{6-5}$$

把式(6-5)代入式(6-4)，得

$$h_f = \frac{\tau\chi l}{\rho g A} \tag{6-6}$$

定义水力半径 $R = \dfrac{A}{\chi}$，同时水力坡度 $J = \dfrac{h_f}{l}$，代入式(6-6)中，有

$$\tau = \rho g R J \tag{6-7}$$

对于总流来说，流段的周界是管壁，此时的水力半径 $R_0 = \dfrac{r_0}{2}$，管壁的平均切应力为 τ_0，总流和任意流段的水力坡度 J 相等，所以

$$\tau_0 = \rho g R_0 J \tag{6-8}$$

式(6-7)和式(6-8)建立了圆管均匀流切应力与沿程水头损失之间的关系，称为均匀流基本方程。以上的结论是根据作用在恒定均匀流段上的外力平衡得到的平衡关系式，并没有涉及流动特性，因此在均匀流条件下均适用。同样，按上述方法，对于明渠均匀流，可得出相同结果，只是壁面的切应力分布不像轴对称管流那么均匀。

6.2.2　圆管过流断面上切应力分布

由式(6-7)和式(6-8)可知

$$\tau = \frac{R}{r_0}\tau_0 = \frac{r}{r_0}\tau_0 \tag{6-9}$$

式中,r 为任意流束的半径;r_0 为圆管半径。

式(6-9)表明平直圆管均匀流过流断面上切应力按直线分布,圆管轴线处 $\tau = 0$,沿半径方向逐渐增大,到管壁处最大为 $\tau = \tau_0$。

将式(6-2)代入均匀流基本方程(6-8),可得到均匀流沿程水头损失系数与管壁切应力之间的关系式

$$\tau_0 = \frac{\lambda}{8}\rho v^2 \tag{6-10}$$

定义 $v_* = \sqrt{\dfrac{\tau_0}{\rho}}$,则

$$v_* = v\sqrt{\frac{\lambda}{8}} \tag{6-11}$$

式中,v_* 为具有速度的量纲,称为摩阻流速。

式(6-11)反映了沿程阻力系数和壁面切应力的关系,该式在后续流体流态的研究中广为引用。

6.3　流体运动的两种流态

早在 19 世纪 30 年代,人们就已经发现沿程水头损失与流速之间存在一定的关系。当流速很小时,水头损失与流速的一次方成比例;当流速较大时,水头损失几乎与流速的平方成比例。直到 1883 年,英国物理学家雷诺(Osborne Reynolds,1842—1912 年)通过实验研究发现,水头损失规律之所以不同,主要是因为黏性流体存在层流和紊流这两种不同的流态(modes of flow)。

6.3.1　雷诺实验

雷诺实验的装置示意图如图 6-4。

由水箱引出玻璃管 A、末端装有阀门 B,水箱有溢流设备,以保持水流为恒定流;出口处设有阀门 B 以控制流速 v。在水箱上部的容器 C 中装有密度和水接近的有色液体,打开阀门 D,有色液体即可经针管 E 注入管 A 中,以观察其轨迹,细管上端设阀门 D 可控制有色液体的注入量。

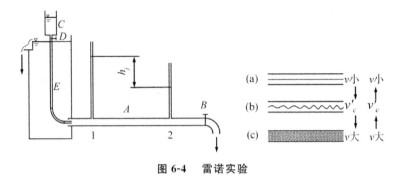

图 6-4　雷诺实验

① 先将阀门 B 缓慢开启,水从玻璃管中流出。

② 将盛有有色液体的容器的阀门 D 打开,此时在玻璃管中出现一条细而直的有色流束。这一流束并不与水混杂,如图 6-4(a) 所示。

③ 再将阀门 B 逐渐开大,玻璃管中流速 v 逐渐增大,此时玻璃管中有色流束开始扰动,并出现波形轮廓,如图 6-4(b) 所示,随后会在个别流段处发生破裂,导致有色流束形状模糊。

④ 当流速 v 达到某一数值时,有色流束完全破裂并迅速形成满管漩涡,如图 6-4(c) 所示。漩涡是由许多大小不等的共同旋转质点群所组成,通常将这些旋转质点群称为涡体。

以上实验表明,同一种流体在管中流动,随着流速 v 不同,存在着两种不同的流态:

① 当流速 v 较小时,相邻流层间互相不干扰,平稳滑动,质点流动是有规则的,互不混杂,这种形态的流动称为层流。绪论中介绍的牛顿内摩擦定律就是在这种流态下导出的。

② 当流速 v 较大时,各流层间质点形成了涡体,流动过程中质点流动是杂乱无章的,互相混杂,一些小的流体微元在层间穿越,这种形态的流动称为紊流或湍流。紊流具有脉动的性质。

若将以上实验按相反的顺序进行演示,即将阀门 B 从全开到逐渐关闭,此过程观察到的现象以相反的程序重演。

我们将图 6-4(b) 中有色液体开始出现微微振动,呈波状轮廓时的状态称为临界状态,此时的断面平均流速称为临界流速。实验结果表明:

① 层流向紊流过渡时的临界流速与紊流向层流过渡时的临界流速并不相同。通常将由层流转化为紊流时,管中的平均流速称为上临界流速,用 v'_c 表

示;将由紊流转化为层流时,管中的平均流速称为下临界流速,用 v_c 表示。$v_c < v_c'$。

② 临界流速的数值与管道直径 d 及流体的动力黏性系数 μ 有关。

实验时,选取管道的两个过流断面 1 和 2,当流速变化为 v(流速可用量杯和秒表,即体积流量法测得)时,测得两断面间的沿程水头损失为 h_f(由于是均匀流,沿程水头损失 h_f 就是测压管水头差)。将实验测得的数据点描绘在双对数坐标上,可得如图 6-5 所示的 $\lg h_f$-$\lg v$ 关系曲线。

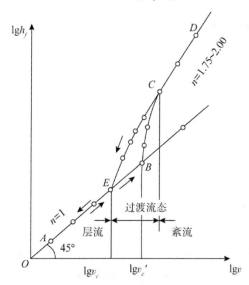

图 6-5   沿程水头损失与流速的关系曲线

根据图 6-5 发现,层流时沿程水头损失与流速的一次方成线性关系;紊流时沿程水头损失与流速的 $1.75 \sim 2.00$ 次方成比例。图中出现一个过渡区,当由层流到紊流的变化过程中,曲线走向为 EBC;当由紊流到层流的变化过程中,曲线并不沿 CBE 返回,而是落在曲线 CE 上,点 B 对应上临界点,点 E 对应下临界点。

实验结果表明,上临界流速 v_c' 不够稳定,受起始扰动影响较大。在水箱水位恒定、管道入口平顺、管壁光滑、阀门开启轻缓的条件下,v_c' 比 v_c 大许多。下临界流速 v_c 相对稳定,不受起始扰动影响。当流速 $v < v_c$ 时,只要管道足够长,流动终将发展为层流。实际流动中,扰动难以避免,通常将下临界流速 v_c 作为流态转变的临界流速,即 $v < v_c$ 时,流动为层流;$v > v_c$ 时,流动为紊流。

6.3.2 雷诺数

因为流态不同,沿程阻力和水头损失的规律不同,所以在计算水头损失前,需准确判别流体的流态。雷诺实验的结果表明:临界流速 v_c 与流体的动力黏性系数 μ 成正比,与流体的密度 ρ 和管径 d 成反比。同时雷诺还提出用下面的无量纲数来判断流态

$$Re = \frac{\rho v d}{\mu} = \frac{v d}{\nu} \tag{6-12}$$

该无量纲数 Re 被称为雷诺数。对流态开始转变时的雷诺数称为临界雷诺数,若将上临界流速代入式(6-12),所求得的雷诺数为上临界雷诺数,用 Re_c' 表示;将下临界流速代入式(6-12),所求得的雷诺数为下临界雷诺数,用 Re_c 表示。

$$Re_c = \frac{\rho v_c d}{\mu} = \frac{v_c d}{\nu}$$

上临界雷诺数是不稳定的,其数值通常约为 4000;也有学者发现当 Re 高达 50000 时,圆管中的流动仍保持层流。而当 Re 值远低于 2300 时,在管中是无法保持紊流状态的。

雷诺实验及后来的实验都显示,下临界雷诺数 Re_c 稳定在 2000 左右,其中希勒(Ludwig Schiller,1921 年)的实验值 $Re_c = 2300$ 得到了公认。以下临界雷诺数 Re_c 作为流态判别标准应用最为简便。

雷诺数 $Re = \frac{v d}{\nu}$ 中,d 表示流动特征长度,v 表示流动特征速度,而雷诺数 Re 表征了惯性力与黏滞力之比。

对于圆管而言,$Re < 2300$ 时,流动为层流;$Re > 2300$ 时,流动为紊流。

若以水力半径 R 作为特征长度,

$$R = \frac{A}{\chi} \tag{6-13}$$

式中,R 为水力半径;A 为过流断面面积;χ 为过流断面上流体与固体壁面接触的周界,称为湿周。

对于圆管而言,

$$R = \frac{A}{\chi} = \frac{\frac{\pi d^2}{4}}{\pi d} = \frac{d}{4} \tag{6-14}$$

故此时,雷诺数还可用下式表示

$$Re_R = \frac{vR}{\nu} \tag{6-15}$$

相应的临界雷诺数为

$$Re_{c,R} = \frac{v_c R}{\nu} = 575 \tag{6-16}$$

则当 $Re_{c,R} < 575$ 时,流动为层流;$Re_{c,R} > 575$ 时,流动为紊流。

【例题 6-1】　一种精炼油以流量 $Q = 0.5L/s$ 流过直径 $d = 100mm$ 的管道,运动黏性系数 $\nu = 1.8 \times 10^{-5} m^2/s$,试判断精炼油的流动流态是层流还是紊流?

【解】　管道中的流速

$$v = \frac{Q}{A} = \frac{4Q}{\pi d^2} = \frac{4 \times 0.0005}{3.14 \times 0.1^2} = 0.0637(m/s)$$

雷诺数

$$Re = \frac{vd}{\nu} = \frac{0.0637 \times 0.1}{1.8 \times 10^{-5}} = 354 < 2300$$

此雷诺数小于临界雷诺数,该流态是层流。

【例题 6-2】　某实验中的矩形渠道,底宽 $b = 0.25m$,通过的流量为 $Q = 0.01m^3/s$,渠中水深 $h = 0.3m$,测得水温 $t = 20℃$,试判别渠中流态。

【解】　根据已知条件,计算水流的断面尺寸。

矩形渠道面积

$$A = bh = 0.25 \times 0.3 = 0.075(m^2)$$

矩形渠道湿周

$$\chi = b + 2h = 0.25 + 2 \times 0.3 = 0.85(m)$$

水力半径

$$R = \frac{A}{\chi} = \frac{0.075}{0.85} = 0.088(m)$$

渠中水流流速

$$v = \frac{Q}{A} = \frac{0.01}{0.075} = 0.133(m/s)$$

查表 1-1,当水温 $t = 20℃$,运动黏性系数

$$\nu = 1.011 \times 10^{-6}(m^2/s)$$

雷诺数

$$Re_R = \frac{vR}{\nu} = \frac{0.133 \times 0.088}{1.011 \times 10^{-6}} = 11576 > 575$$

故该流态为紊流。

6.4　圆管层流运动

层流常见于很细的管道流动,或者低速、高黏流体的管道流动,如阻尼管、润滑油管、原油输油管道内的流动等。圆管层流是流体运动中较为简单的一种,对其研究不仅有重要的工程实用意义,而且可加深对紊流的认识。

6.4.1　流动特征

通过第 6.3 节的学习,可知层流是各流层的质点互不掺混的流动。对于圆管来说,各层质点沿平行于管轴线的方向运动,紧挨管壁的一层速度为零,管轴线上速度最大。整个管流如同无数薄壁圆筒一个套着一个滑动,如图 6-6 所示,因此,每一个圆筒层表面切应力均应服从牛顿内摩擦定律:

$$\tau = \mu \frac{\mathrm{d}u}{\mathrm{d}y}$$

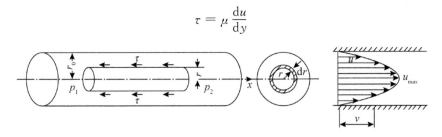

图 6-6　恒定圆管层流

如图 6-6,根据几何关系有,$y = r_0 - r$

则

$$\tau = \mu \frac{\mathrm{d}u}{\mathrm{d}y} = -\mu \frac{\mathrm{d}u}{\mathrm{d}r} \tag{6-17}$$

因为圆管各流层的流速 u 是随半径 r 的增加而递减的,所以上式中有负号。

6.4.2 流速分布

将式(6-17)代入均匀流基本方程式(6-7)中

$$\tau = -\mu \frac{\mathrm{d}u}{\mathrm{d}r} = \rho g R J = \rho g \frac{r}{2} J \tag{6-18}$$

分离变量

$$\mathrm{d}u = -\frac{\rho g J}{2\mu} r \mathrm{d}r$$

积分

$$u = -\int \frac{\rho g J}{2\mu} r \mathrm{d}r = -\frac{\rho g J}{4\mu} r^2 + C \tag{6-19}$$

积分常数 C 可根据边界条件求解。因为壁面处无滑移,即当 $r = r_0$ 时, $u = 0$,代入上式解得

$$C = \frac{\rho g J}{4\mu} r_0^2$$

代回式(6-19),

$$u = -\frac{\rho g J}{4\mu} r^2 + \frac{\rho g J}{4\mu} r_0^2 = \frac{\rho g J}{4\mu} (r_0^2 - r^2) = \frac{g J}{4\nu} (r_0^2 - r^2) \tag{6-20}$$

式(6-20)即为过流断面流速分布的解析式。该式为抛物线方程,故圆管层流过流断面上流速呈抛物线分布。

由式(6-20)可知,圆管层流中管轴线处流速最大。

当 $r = 0$ 时,

$$u_{\max} = \frac{g J}{4\nu} r_0^2 \tag{6-21}$$

管中流量

$$Q = \int_A u \mathrm{d}A = \int_0^{r_0} \frac{g J}{4\nu} (r_0^2 - r^2) \cdot 2\pi r \mathrm{d}r = \frac{g J}{8\nu} \pi r_0^4 \tag{6-22}$$

平均流速

$$v = \frac{Q}{A} = \frac{\dfrac{g J}{8\nu} \pi r_0^4}{\pi r_0^2} = \frac{g J}{8\nu} r_0^2 \tag{6-23}$$

由式(6-21)和式(6-23)可知

$$v = \frac{1}{2} u_{\max} \tag{6-24}$$

上式说明:圆管层流的断面平均流速为最大流速的一半。由此可见,层流的过流断面上流速分布是不均匀的,其动能修正系数为

$$\alpha = \frac{\int_A u^3 \, dA}{v^3 A} = 2$$

动量修正系数为

$$\beta = \frac{\int_A u^2 \, dA}{v^2 A} = \frac{4}{3}$$

6.4.3 沿程水头损失与沿程水头损失系数

根据式(6-23)可知

$$J = \frac{8\nu}{g r_0^2} v$$

又 $r_0 = \frac{d}{2}$, $J = \frac{h_f}{l}$,则

$$J = \frac{h_f}{l} = \frac{32\nu}{g d^2} v$$

则有

$$h_f = \frac{32\nu l}{g d^2} v \tag{6-25}$$

式(6-25)表明:层流时,h_f 与 v 的一次方成正比,与雷诺实验的结果一致。同时也证实:在层流中,摩擦与管壁的粗糙度无关。

比较式(6-25)与达西-魏斯巴赫公式 $h_f = \lambda \frac{l}{d} \frac{v^2}{2g}$,可得沿程水头损失系数

$$h_f = \frac{32\nu l}{g d^2} v = \frac{64\nu}{vd} \frac{l}{d} \frac{v^2}{2g}$$

则

$$\lambda = \frac{64\nu}{vd} = \frac{64}{Re} \tag{6-26}$$

式(6-26)表明:圆管中的恒定均匀层流沿程水头损失系数 λ 只是雷诺数 Re 的函数,与管壁粗糙度无关。

【例题 6-3】 油的流量 $Q = 77\,\text{cm}^3/\text{s}$,通过如图直径为 $d = 8\,\text{mm}$ 的细光

滑管，管内油的密度 $\rho = 901\mathrm{kg/m^3}$，运动黏性系数 $\nu = 8.6 \times 10^{-6}\mathrm{m^2/s}$。试求：

① 油的流态；② 在 $l = 2\mathrm{m}$ 时，管段水银压差计读数 $\Delta h = ?$

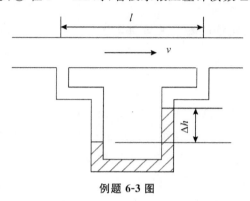

例题 6-3 图

【解】　① 平均流速

$$v = \frac{Q}{A} = \frac{4Q}{\pi d^2} = \frac{4 \times 77 \times 10^{-6}}{3.14 \times 0.008^2} = 1.53(\mathrm{m/s})$$

雷诺数

$$Re = \frac{vd}{\nu} = \frac{1.53 \times 0.008}{8.6 \times 10^{-6}} = 1426 < 2300$$

故属于层流流态。

② 列出测量段前后两个断面的伯努利方程

$$\frac{p_1}{\rho g} - \frac{p_2}{\rho g} = h_f = \lambda \frac{l}{d} \frac{v^2}{2g} = \frac{64}{Re} \frac{l}{d} \frac{v^2}{2g} = \frac{64}{1426} \times \frac{2}{0.008} \times \frac{1.53^2}{2 \times 9.8} = 1.35(\mathrm{m})$$

由水银压差计

$$p_1 - p_2 = (\rho_{水银} - \rho)g\Delta h$$

变形为

$$\frac{p_1}{\rho g} - \frac{p_2}{\rho g} = \frac{(\rho_{水银} - \rho)\Delta h}{\rho}$$

解得

$$\Delta h = \frac{1.35\rho}{\rho_{水银} - \rho} = \frac{1.35 \times 901}{13600 - 901} = 0.095(\mathrm{m})$$

6.5　紊流运动的特征

实际工程中，大多数流动均为紊流。紊流具有普遍性，比如工业生产中的工艺过程,流体的管道输送、燃烧过程、掺混过程、传热和冷却过程等均涉及紊流问题。本节简单介绍一下紊流的基本特征。

6.5.1 紊流运动的随机性与时均化

紊流中流体质点的运动极不规则,质点的运动轨迹曲折无序,各层质点相互掺混。质点的掺混使得流场中各点的速度随时间无规则地变化;与之相关联,压强、浓度等量也随时间无规则地变化,这种现象称为紊流脉动。质点掺混和紊流脉动是从不同的角度表达紊流的不规则性,前者着眼于流体质点的运动状况,后者着眼于流场中各点流动参数的变化。

紊流流动参数的瞬时值带有偶然性,但不能就此得出紊流不存在规律性的结论。通过流动参数的时均化,来求得时间平均的规律性,是流体力学研究紊流的有效途径之一。

图 6-7 是用热线流速仪测量管内紊流流动轴向速度分量 u_x 随时间 t 的变化曲线(设为 x 方向)。由图可见,u_x 随时间无规则地变化,并围绕某一平均值上下跳动。将 u_x 对某一时段 T 平均,即

$$\overline{u}_x = \frac{1}{T} \int_0^T u_x \mathrm{d}t \tag{6-27}$$

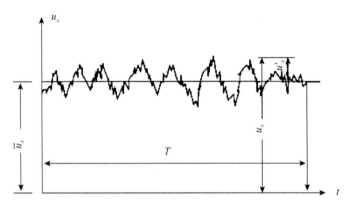

图 6-7　紊流瞬时流速

只要所取时段 T 不是很短(比任何一个脉动持续时间长得多的时间),$\overline{u}_x$ 值便与 T 的长短无关。$\overline{u}_x$ 即为该点 x 方向的时均速度。故瞬时速度即为时均速度与脉动速度的叠加

$$u_x = \overline{u}_x + u'_x \tag{6-28}$$

式中，u'_x 为该点 x 方向的脉动速度。脉动速度随时间变化，时大时小，时正时负，在 T 时段内的时均值为零。

$$\overline{u'_x} = \frac{1}{T}\int_0^T u'_x \mathrm{d}t = 0 \tag{6-29}$$

紊流速度不仅在流动方向上有脉动，同时还存在横向脉动。横向脉动速度的时均值也为零，即 $\overline{u'_y}=0,\overline{u'_z}=0$，但脉动速度的均方值不等于零，其值为

$$\overline{u'^2_x} = \frac{1}{T}\int_0^T u'^2_x \mathrm{d}t$$

$y、z$ 方向脉动速度的均方值表示为 $\overline{u'^2_y},\overline{u'^2_z}$。

常用紊流度 N 来表示紊动的程度

$$N = \frac{\sqrt{\frac{1}{3}(\overline{u'^2_x}+\overline{u'^2_x}+\overline{u'^2_x})}}{\overline{u}} \tag{6-30}$$

如此，紊流便可根据时均流动参数是否随时间变化而分为恒定流和非恒定流。同时本书在第 3 章建立的流线、流管、元流和总流等欧拉法描述流动的基本概念，在"时均"的意义上仍成立。

6.5.2　黏性底层

固体通道内的紊流，以圆管中的紊流为例（图 6-8），只要是黏性流体，不论黏性大小，都满足在壁面上无滑移（黏附）条件，使得在紧靠壁面很薄的流层内，速度由零迅速增至一定值。在这一薄层内，速度虽小，但速度梯度很大，因而黏性切应力不容忽视。另一方面，由于壁面限制质点的横向掺混，逼近壁面，速度脉动和雷诺应力趋于消失。因此，管道内紧靠管壁存在黏性切应力起控制作用的薄层，称为黏性底层。黏性底层的内侧是界限不明显的过渡层，向内是紊流核心。黏性底层的厚度 δ 通常不到 $1\mathrm{mm}$，且随雷诺数 Re 增大而减小。

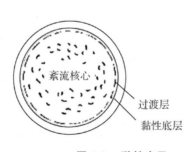

图 6-8　黏性底层

由于管壁凹凸不平,易产生涡旋,这种流动质点掺混被抑制的现象无法持久,黏性的影响很大,紊流现象受到控制。随着不断远离管壁,黏性影响变小,达到一定距离时则变成紊流运动,此区域称为紊流核心区。在紊流核心区与黏性底层之间还有一层极薄的界限不分明的过渡层,由于过薄,有时也将它算在紊流核心范围内,并简称为紊流区(图 6-9)。

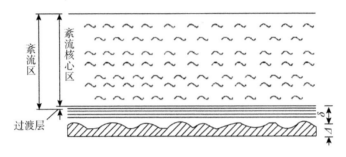

图 6-9　黏性底层与紊流核心区

因为黏性底层在工程实践中对沿程水头损失系数 λ 和沿程水头损失 h_f 的影响大,所以对紊流中沿程阻力规律的研究具有重大意义。

黏性底层的厚度 δ 并不是固定的,它与流体的运动黏性系数 ν 成正比,与流体的运动速度 v 成反比,而且与反映壁面粗糙度有关的沿程水头损失系数 λ 有关,通过理论与实验计算,得到一个近似计算公式

$$\delta = \frac{32.8d}{Re\sqrt{\lambda}} \tag{6-31}$$

由于 λ 是难以预先确定的,它是与 $\frac{\Delta}{d}$ 和 Re 相关的量,用式(6-31)计算 δ 不方便。下面的半经验公式具有足够的精确度,计算方便,可以采用。

$$\delta = \frac{34.2d}{Re^{0.875}} \tag{6-32}$$

式中,d 为管道内直径。

黏性底层的厚度在紊流运动中通常只有十分之几毫米,但是它对紊流流动的能量损失有着重要的影响。黏性底层的厚度越薄,摩阻损失越大。

6.5.3　紊流的切应力

按时均化方法,将紊流分解为时均流动和脉动流动的叠加,相应的紊流切应力由两部分组成。

因时均层流相对运动而产生的黏性切应力,符合牛顿内摩擦定律

$$\bar{\tau}_1 = \mu \frac{\mathrm{d}\bar{u}}{\mathrm{d}y}$$

因紊流脉动产生的紊动应力称为附加切应力,由雷诺于 1895 年首先提出,也称为雷诺应力

$$\bar{\tau}_2 = -\rho \overline{u_x' u_y'}$$

式中,$\overline{u_x' u_y'}$ 为脉动速度乘积的时均值。因 u_x' 和 u_y' 异号,为使附加切应力 $\bar{\tau}_2$ 与黏性切应力 $\bar{\tau}_1$ 表示方式一致,以正值出现,上式右侧加负号。

紊流切应力为

$$\bar{\tau} = \bar{\tau}_1 + \bar{\tau}_2 = \mu \frac{\mathrm{d}\bar{u}}{\mathrm{d}y} - \rho \overline{u_x' u_y'} \tag{6-33}$$

式(6-33)中,两部分切应力所占比重随紊动情况而异。在雷诺数较小、紊流脉动较弱时,$\bar{\tau}_1$ 占主导地位;随着雷诺数增大、紊流脉动加剧,$\bar{\tau}_2$ 不断增大。当雷诺数很大,紊动充分发展时,黏性切应力与附加切应力相比甚小,$\bar{\tau}_1 \ll \bar{\tau}_2$,前者可忽略不计。

6.5.4　混合长度理论

1925 年,德国力学家普朗特比拟气体分子自由行程的概念,提出了混合长度的理论,就是经典的半经验理论。

混合长度理论的要点如下。

设平面恒定均匀紊流,时均速度 $\bar{u} = \bar{u}(y)$。混合长理论假设:

① 紊流中流体质点紊动,有类比气体分子自由程的混合长 l',在此行程内,不与其他质点相碰,保持原有的运动特性,直至经过 l' 才与周围质点碰撞,发生动量交换,失去原有的运动特性。

根据这一假设,对某一给定点 y,来自上层 $(y+l')$ 和下层 $(y-l')$ 的质点,各以随机的时间间隔运动到该点。质点在到达该点之前保持原有的运动特性,所带来的时均速度 $\bar{u}(y+l')$ 和 $\bar{u}(y-l')$ 与 y 点的时均速度 $\bar{u}(y)$ 的差异,产生该点的纵向脉动速度

$$\left| \bar{u}(y \pm l') - \bar{u}(y) \right| \approx l' \left| \frac{\mathrm{d}\bar{u}}{\mathrm{d}y} \right|$$

$$|\overline{u'_x}| = l' \left| \frac{d\overline{u}}{dy} \right|$$

② 横向脉动速度量与纵向脉动速度量在同一量级，可写作

$$|\overline{u'_y}| = c_1 |\overline{u'_x}| = c_1 l' \left| \frac{d\overline{u}}{dy} \right|$$

雷诺应力式中，$-\overline{u'_x u'_y}$ 不等于 $|\overline{u'_x}| \cdot |\overline{u'_y}|$，但二者存在比例关系

$$-\overline{u'_x u'_y} = c_2 |\overline{u'_x}| \cdot |\overline{u'_y}| = c_1 c_2 l'^2 \left(\frac{d\overline{u}}{dy} \right)^2$$

式中，c_1、c_2 为比例常数，引用 $l^2 = c_1 c_2 l'^2$，则 l 仍是长度量纲，也称为混合长度，将其代入雷诺应力式，得到雷诺应力与时均速度的关系式

$$\overline{\tau}_2 = -\rho \overline{u'_x u'_y} = \rho l^2 \left(\frac{d\overline{u}}{dy} \right)^2 \tag{6-34}$$

③ 混合长度 l 不受黏性影响，只与质点到壁面的距离有关

$$l = \kappa y \tag{6-35}$$

式中，κ 为待定的无量纲常数。

在充分发展的紊流中，$\overline{\tau}_1 \ll \overline{\tau}_2$，切应力 $\overline{\tau}$ 只考虑紊流附加切应力，并认为壁面附近切应力一定 $\overline{\tau} = \tau_0$（壁面切应力），将式（6-35）代入式（6-34），略去表示时均量的横标线，得

$$\tau_0 = \rho \kappa^2 y^2 \left(\frac{du}{dy} \right)^2$$

$$du = \frac{1}{\kappa} \sqrt{\frac{\tau_0}{\rho}} \frac{dy}{y}$$

对上式积分，其中 τ_0 一定，摩阻流速 v_* 为常数，则

$$\frac{u}{v_*} = \frac{1}{\kappa} \ln y + C \tag{6-36}$$

式（6-36）是壁面附近紊流速度分布的一般式，将其推广用于除黏性底层以外的整个过流断面，同实测速度分布仍相符。式（6-36）称为普朗特-卡门对数分布律。层流和紊流时，圆管内流速分布规律的差异是由于紊流时流体质点相互掺混使流速分布趋于平均化造成的。

6.6 紊流的沿程水头损失

前面已经给出了圆管沿程水头损失 h_f 的计算公式

$$h_f = \lambda \frac{l}{d} \frac{v^2}{2g}$$

在层流时已导出 $\lambda = \dfrac{64}{Re}$，即 λ 仅与 Re 有关，它是计算沿程水头损失系数 λ 的理论公式。由于紊流的复杂性，该公式至今仍未严格地从理论上推导出 λ 的理论公式。工程上有两种途径确定 λ 值：一种是以紊流的半经验理论为基础，结合实验结果，整理成 λ 的半经验公式；另一种是直接根据实验结果，综合成 λ 的经验公式。前者更具有普遍意义。

6.6.1　尼古拉兹实验

1933 年德国力学家和工程师尼古拉兹（Johann Nikuradse,1894—1979 年）进行了管流沿程阻力系数 λ 和断面平均流速 v 分布的实验测定。

（1）沿程阻力系数 λ 的影响因素

进行沿程阻力系数 λ 实验之前，要找出它的影响因素。圆管层流沿程阻力系数 λ 只是雷诺数 Re 的函数，紊流中沿程阻力系数 λ 与流动形态（由雷诺数 Re 表征）有关；壁面粗糙是对流动的一种扰动，因此壁面粗糙是影响沿程阻力系数 λ 的另一个重要因素。

壁面粗糙一般包括粗糙凸起的高度、形状，以及疏密和排列等因素。为便于分析粗糙的影响，尼古拉兹将经过筛选的均匀砂粒，紧密地贴在管壁表面，做成人工粗糙（图 6-10）。对于这种简化的粗糙形式，可用糙粒的凸起高度 Δ（砂粒直径）一个因素来表示壁面的粗糙，Δ 称为绝对粗糙度。Δ 与直径 d 之比（Δ/d）称为相对粗糙度。它是一个能在不同直径的管道中，反映壁面粗糙影响的量。由以上分析得出，雷诺数和相对粗糙是沿程摩阻系数的两个影响因素，即

$$\lambda = f(Re,\Delta/d)$$

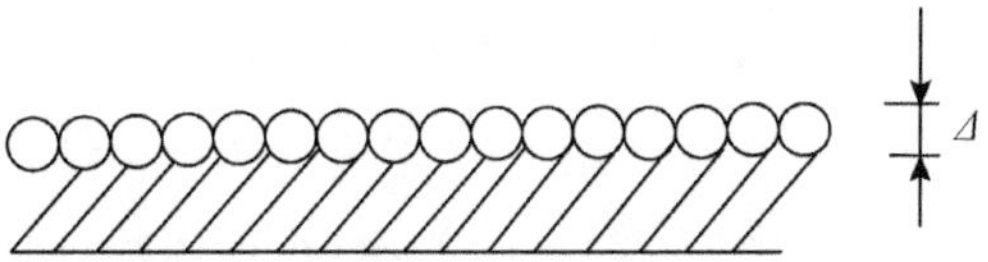

图 6-10　人工粗糙

（2）沿程摩阻系数的测定和阻力分区图

尼古拉兹应用类似雷诺实验的实验装置（拆除注有色液体的针管），采

用人工粗糙管进行实验。实验管道相对粗糙的变化范围为 $\Delta/d = \dfrac{1}{30} \sim$ $\dfrac{1}{1014}$，对每根管道（对应一个确定的 Δ/d）实测不同流量的断面平均流速 v 和沿程水头损失 h_f。再由 $Re = \dfrac{vd}{\nu}$、$\lambda = \dfrac{d}{l}\dfrac{2g}{v^2}h_f$ 两式算出 Re 和 λ 值，取对数点绘在坐标纸上，就得到 $\lambda = f(Re, \Delta/d)$ 曲线，即尼古拉兹曲线图（图 6-11）。

根据 λ 的变化特性，尼古拉兹实验曲线分为五个阻力区。

①（ab 线，$\lg Re < 3.36$，$Re < 2300$）该层为层流。不同的相对粗糙管的实验点在同一直线上，表明 λ 与相对粗糙度 Δ/d 无关，只是 Re 的函数，并符合 $\lambda = \dfrac{64}{Re}$。

②（bc 线，$\lg Re = 3.36 \sim 3.60$，$Re = 2300 \sim 4000$）不同的相对粗糙管的实验点在同一曲线上，表明 λ 与相对粗糙度 Δ/d 无关，只是 Re 的函数，即 $\lambda = f(Re)$。此区是层流向紊流过渡区，这个区的范围很窄，实用意义不大，不予讨论。

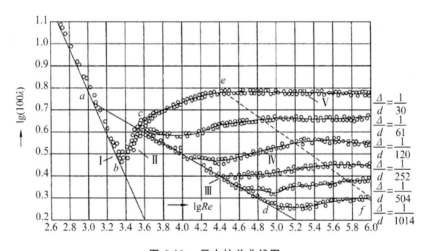

图 6-11 尼古拉兹曲线图

③（cd 线，$\lg Re > 3.60$，$Re > 4000$）不同的相对粗糙管的实验点在同一直线上，表明 λ 与相对粗糙度 Δ/d 无关，只是 Re 的函数，即 $\lambda = f(Re)$。随着 Re 的增大，Δ/d 大的管道，实验点在 Re 较低时便离开此线，而 Δ/d 小的管道，在 Re 较大时才离开。该区称为紊流光滑区。

④（cd，ef 之间的曲线族）不同的相对粗糙管的实验点分别落在不同的

曲线上,表明 λ 既与 Re 有关,又与相对粗糙度 Δ/d 有关,即 $\lambda = f(Re,\Delta/d)$。该区称为紊流过渡区。

⑤(ef 右侧水平的直线族) 不同的相对粗糙管的实验点分别落在不同的水平直线上,表明 λ 只与相对粗糙度 Δ/d 有关,与 Re 无关,即 $\lambda = f(\Delta/d)$。该区称为紊流粗糙区。在该区,对于一定的管道(Δ/d 一定),λ 是常数。由达西-魏斯巴赫公式,沿程水头损失与流速的平方成正比,故紊流粗糙区又称为阻力平方区。

如上述,紊流分为光滑区、过渡区和粗糙区三个阻力区,各区 λ 的变化规律不同,是存在黏性底层的缘故。

在紊流光滑区,黏性底层的厚度 δ 显著大于粗糙凸起高度 Δ,粗糙凸起完全被掩盖在黏性底层内,对紊流核心的流动几乎没有影响,因而 λ 只与 Re 有关,而与 Δ/d 无关[图 6-12(a)]。

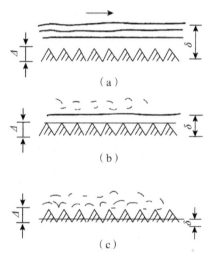

(a)

(b)

(c)

图 6-12　黏性底层的变化

在紊流过渡区,由于黏性底层的厚度变薄,接近粗糙凸起高度 Δ,粗糙影响到紊流核心的紊动程度,因而 λ 与 Re 和 Δ/d 两个因素有关[图 6-12(b)]。

在紊流粗糙区,黏性底层的厚度远小于粗糙凸起高度 Δ,粗糙凸起几乎完全突入紊流核心区内,此时 Re 的变化对黏性底层以及对流动的紊动程度的影响已微不足道,所以 λ 只与 Δ/d 有关,与 Re 无关[图 6-12(c)]。

这里所谓"光滑"或"粗糙"都是阻力分区的概念。

6.6.2 紊流的速度分布

（1）紊流光滑区

紊流光滑区的速度分布，分为黏性底层和紊流核心两部分。在黏性底层，速度按线性分布

$$u = \frac{\tau_0}{\mu} y \quad (y < \delta) \tag{6-37}$$

在紊流核心，速度按对数分布律分布

$$\frac{u}{v_*} = \frac{1}{\kappa} \ln y + c \tag{6-38}$$

根据边界条件

$$y = \delta, u = u_\delta$$

可得

$$c = \frac{u_\delta}{v_*} - \frac{1}{\kappa} \ln \delta \tag{6-39}$$

根据式（6-37）

$$\delta = \frac{u_\delta}{\tau_0} \mu = \frac{u_\delta}{v_*^2} \nu$$

将 c、δ 代入式（6-38），整理得

$$\frac{u}{v_*} = \frac{1}{\kappa} \ln \frac{y v_*}{\nu} + \frac{u_\delta}{v_*} - \frac{1}{\kappa} \ln \frac{u_\delta}{v_*} \tag{6-40}$$

或

$$\frac{u}{v_*} = \frac{1}{\kappa} \ln \frac{y v_*}{\nu} + c' \tag{6-41}$$

根据尼古拉兹实验，取 $\kappa = 0.4$、$c' = 5.5$ 代入上式，可得到光滑管紊流核心区速度分布的半经验公式

$$\frac{u}{v_*} = 2.5 \ln \frac{y v_*}{\nu} + 5.5 \tag{6-42}$$

（2）紊流粗糙区

黏性底层的厚度远小于绝对粗糙度，黏性底层已发生破坏，整个断面应按照紊流核心来处理。因为式（6-38）已忽略黏性切应力，所以确定积分常数时，壁面上流速为零的边界条件已不成立。采用边界条件 $y = \Delta$（绝对粗糙度），$u = u_s$，代入式（6-38），得

$$c = \frac{u_s}{v_*} - \frac{1}{\kappa}\ln\Delta$$

将 c 代回式(6-38),整理得

$$\frac{u}{v_*} = \frac{1}{\kappa}\ln\frac{y}{\Delta} + \frac{u_s}{v_*} \qquad (6\text{-}43)$$

或

$$\frac{u}{v_*} = \frac{1}{\kappa}\ln\frac{y}{\Delta} + c'' \qquad (6\text{-}44)$$

根据尼古拉兹实验,取 $\kappa = 0.4$、$c'' = 8.48$ 代入上式,可得到光滑管紊流粗糙区速度分布的半经验公式

$$\frac{u}{v_*} = 2.5\ln\frac{y}{\Delta} + 8.48 \qquad (6\text{-}45)$$

大量实测数据表明:对数流速分布公式适用于描述大多实际条件下管道紊流与明渠紊流的过流断面流速分布。对数形式的紊流流速分布的均匀性比抛物线分布要好得多,可知紊动的产生造成了流速分布均匀化,如图 6-13 所示。

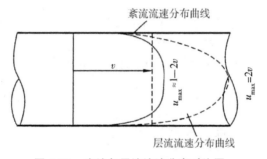

图 6-13　紊流与层流流速分布对比图

6.6.3　λ 的经验公式

根据流速分布及剪切速度即可推导沿程阻力系数 λ 的半经验公式,下面介绍几个相关公式,推导过程略。

(1) 光滑区沿程阻力系数

紊流光滑区平均流速

$$\frac{v}{v_*} = 2.5\ln\frac{v_* r_0}{\nu} + 1.75 \qquad (6\text{-}46)$$

紊流光滑区阻力系数半经验公式

$$\frac{1}{\sqrt{\lambda}} = 2\lg Re\sqrt{\lambda} - 0.8 = 2\lg\frac{Re\sqrt{\lambda}}{2.51} \qquad (6\text{-}47)$$

（2）粗糙区沿程阻力系数

紊流粗糙区平均速度

$$\frac{v}{v_*} = 2.5\ln\frac{r_0}{\Delta} + 4.73 \qquad (6\text{-}48)$$

紊流粗糙区沿程阻力系数 λ 的半经验公式，也称为尼古拉兹粗糙管公式，即

$$\frac{1}{\sqrt{\lambda}} = 2\lg\frac{3.7d}{\Delta} \qquad (6\text{-}49)$$

6.6.4 阻力区的判别

紊流在不同的阻力区，其沿程水头损失系数 λ 的计算公式不同，只有对阻力区作出判别，才能选用其相应的公式。

前面提到，不同阻力区是根据黏性底层厚度 δ 和绝对粗糙度 Δ 的关系来决定的。

将式（6-11）及（6-12）带入式（6-31），计算可得

$$\delta = 11.6\frac{\nu}{v_*} \qquad (6\text{-}50)$$

并定义粗糙雷诺数为 $Re_* = \dfrac{v_*\Delta}{\nu}$，则

$$Re_* = \frac{v_*\Delta}{\nu} = 11.6\frac{\Delta}{\delta} \qquad (6\text{-}51)$$

故 Re_* 可作为区分阻力分区的标准。尼古拉兹通过实验得出判别人工粗糙管阻力分区的标准

紊流光滑区：$0 < Re_* \leqslant 5$，　　$\delta \geqslant 2.3\Delta$，　　　　　　　$\lambda = \lambda(Re)$

紊流过渡区：$5 < Re_* \leqslant 70$，$0.17\Delta \leqslant \delta \leqslant 2.3\Delta$，$\lambda = \lambda(Re,\Delta/d)$

紊流粗糙区：$Re_* > 70$，　　　　$\Delta > 6\delta$，　　　　　　　$\lambda = \lambda(\Delta/d)$

6.6.5 工业管道沿程水头损失计算

沿程水头损失系数 λ 的计算公式都是在人工粗糙管的基础上得出的，而

人工粗糙管和一般工业管道有很大差异。

（1）紊流光滑区，工业管道和人工粗糙管道虽然粗糙不同，但均被黏性底层掩盖，对紊流核心无影响。实验证明，式（6-47）适用于工业管道。

（2）紊流粗糙区，工业管道和人工粗糙管道的绝对粗糙度均完全突入紊流核心，λ 有相同的变化规律，因此式（6-49）有可能适用于工业管道，但关键在于确定 Δ 的值。

为解决此问题，以尼古拉兹实验采用的人工粗糙度为度量标准，把工业管道的粗糙度折算成人工粗糙度，定义为工业管道的当量粗糙度。工程上把直径相同、紊流粗糙区 λ 值相等的人工粗糙管的粗糙凸起高度（绝对粗糙度）Δ 定为这种管材的当量粗糙度。也就是根据工业管道紊流粗糙区实测的 λ 值，代入尼古拉兹粗糙区的 λ 公式，反算得出 Δ 值。

当量粗糙度反映了各种因素对 λ 的影响。常用工业管道的当量粗糙度如表 6-1 所示。

表 6-1 常用工业管道的当量粗糙度

输水管道	Δ(mm)	输水管道	Δ(mm)
聚乙烯管、玻璃钢管	$0.01 \sim 0.03$	塑料板制风管	$0.01 \sim 0.05$
铅管、铜管、玻璃管	0.01	薄钢板或镀锌薄钢板制风管	$0.15 \sim 0.18$
钢管	0.046	矿渣石膏板风管	1.0
涂沥青铸铁管	0.12	胶合板风道	1.0
新铸铁管	$0.15 \sim 0.50$	矿渣混凝土板风道	1.5
旧铸铁管	$1.0 \sim 1.5$	砖砌体风道	$3 \sim 6$

（3）紊流过渡区

1939 年，柯列勃洛克（Colebrook）和怀特（White）给出适用于工业管道紊流过渡区的 λ 计算公式

$$\frac{1}{\sqrt{\lambda}} = -2\lg\left(\frac{\Delta}{3.7d} + \frac{2.51}{Re\sqrt{\lambda}}\right) \tag{6-52}$$

为简化计算，1944 年，美国工程师穆迪（Lewis Moody）以柯列勃洛克公式为基础，以相对粗糙 Δ/d 为参数，把 λ 作为 Re 的函数，绘制出工业管道沿程水头损失系数曲线图（图 6-14），该图称为穆迪图。在图上按 Δ/d 和 Re 可直接查出 λ 值。

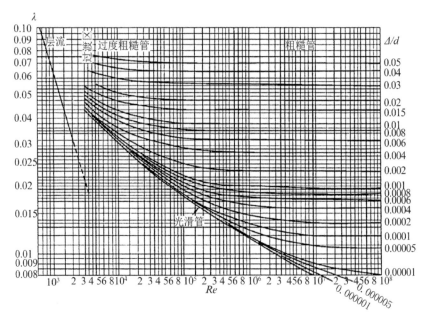

图 6-14　穆迪图

6.6.6　沿程阻力系数的经验公式

除了以上的半经验公式外，还有许多根据实验资料整理而成的经验公式，这里介绍几个应用广泛的公式。

(1) 布拉休斯(Blasius) 公式

1913 年，德国水力学家布拉休斯(Heinrich Blasius，1883—1970 年)在总结前人实验资料的基础上，提出紊流光滑区经验公式

$$\lambda = \frac{0.3164}{Re^{0.25}} \tag{6-53}$$

该式形式简单，计算方便，在 $Re < 1 \times 10^5$ 范围内，有极高的精度。

(2) 希弗林松公式

$$\lambda = 0.11 \left(\frac{\Delta}{d}\right)^{0.25} \tag{6-54}$$

该式形式简单，计算方便，在工程界经常采用。

(3) 巴尔公式

1977 年，英国学者提出巴尔公式

$$\frac{1}{\sqrt{\lambda}} = -2\lg\left(\frac{\Delta}{3.7d} + \frac{5.1286}{Re^{0.89}}\right) \tag{6-55}$$

该式的适用范围同式(6-52),也是阻力区通用的经验公式。它是 λ 的显式,计算简便且更适用于编程。

前面介绍的都是圆管的计算公式。对于非圆断面管道,至今未能进行系统研究,而是从实用观点出发将断面折算成水力半径 R 相等的圆形断面考虑,即定义非圆管的一个当量直径 $d_e = 4R$,将其代入上述公式进行计算。

实验研究结果表明,明渠(渠道、河道等)紊流的沿程阻力规律与圆管紊流是相似的。

(4) 谢才公式

将达西-魏斯巴德公式 $h_f = \lambda \dfrac{l}{d} \dfrac{v^2}{2g}$ 变形,代入 $d_e = 4R, \dfrac{h_f}{l} = J$,整理得

$$v = \sqrt{\frac{8g}{\lambda}} \ \sqrt{RJ} = C \sqrt{RJ} \qquad (6\text{-}56)$$

式中,v 为断面平均流速;R 为水力半径;J 为水力坡度;C 为反映沿程阻力的系数,称为谢才系数(单位:$m^{0.5}/s$)。

1769 年,法国工程师谢才(Antoine Chézy)总结了明渠均匀流的实测资料,提出了计算均匀流的经验公式 —— 谢才公式,即式(6-56)。其中,谢才系数可由下式计算

$$C = \sqrt{\frac{8g}{\lambda}} \qquad (6\text{-}57)$$

1889 年,爱尔兰工程师曼宁(Henry Manning)提出的经验公式 —— 曼宁公式

$$C = \frac{1}{n} R^{1/6} \qquad (6\text{-}58)$$

式中,R 为水力半径(m);n 为粗糙系数,是衡量边壁粗糙影响的综合性系数,也称为粗糙率。n 值可查表 6-2。

表 6-2 粗糙系数

壁面种类及状况	n	$1/n$
特别光滑的黄铜管、玻璃管、涂有釉质或其他釉料的表面	0.09	11.1
精致水泥浆抹面、安装及连接良好的新制的清洁铸铁管及钢管、精刨木板	0.011	90.9
很好地安装的未刨木板、正常情况下无显著水锈的给水管、非常清洁的排水管、最光滑的混凝土面	0.012	83.3
良好的砖砌体、正常情况的排水管、略有积污的给水管	0.013	76.9

（续表）

壁面种类及状况	n	$1/n$
积污的给水管和排水管、中等情况下渠道的混凝土砌面	0.014	71.4
良好的块石坛工，旧的砖砌体，比较粗制的混凝土砌面，特别光滑、仔细开挖的岩石面	0.017	58.8
坚实黏土的渠道、不密实淤泥层（有的地方是中断的）覆盖的黄土、砾石及泥土的渠道、良好养护情况下的大土渠	0.0225	44.4
良好的干砌坛工，中等养护情况的土渠，情况极良好的天然河流（河床清洁、顺直、水流畅，无塌岸及深潭）	0.025	40.0
养护情况在中等标准以下的土渠	0.0275	36.4
情况比较不良的土渠（如部分渠底有水草、卵石或砾石，部分边坡崩塌等），水流条件良好的天然河流	0.030	33.3
情况特别坏的渠道（有不少深潭及塌岸，芦苇丛生，渠底有大石及密生的树根等），过水条件差、石子及水划数量增加、有深潭及浅滩等的弯曲河道	0.040	25.0

根据曼宁公式，得

$$v = \frac{1}{n} R^{2/3} J^{1/2} \tag{6-59}$$

曼宁公式形式简单，计算方便，对于 $n < 0.02$，$R < 0.5$m 的输水管道和较小河渠可得到满意的结果。其结果与实际相符，至今仍为各国工程界广泛采用。但理论上讲，曼宁公式仅适用于紊流粗糙区。

（5）巴甫洛夫斯基公式

$$C = \frac{1}{n} R^y \tag{6-60}$$

上式实用性较好，尤其是大型渠道。其中 y 由下式计算：

$$y = 2.5\sqrt{n} - 0.13 - 0.75\sqrt{R}(\sqrt{n} - 1) \tag{6-61}$$

或采用近似关系。当 $R < 1.0$m 时，$y = 1.5\sqrt{n}$；当 $R > 1.0$m 时，$y = 1.3\sqrt{n}$。

巴甫洛夫斯基公式的适用范围是 $0.1\text{m} \leqslant R \leqslant 0.4\text{m}$，$0.011 \leqslant n \leqslant 0.035$。

【**例题 6-4**】 有一新的给水管道，管径 $d = 0.4$m，管长 $l = 100$m，粗糙系数 $n = 0.011$，沿程水头损失 $h_f = 0.4$m，水流属于紊流粗糙区。试问通过的流量为多少?

【解】 管道过水断面面积

$$A = \frac{\pi d^2}{4} = \frac{3.14 \times 0.4^2}{4} = 0.126(\text{m})$$

水力半径

$$R = \frac{d}{4} = \frac{0.4}{4} = 0.1(\text{m})$$

谢才系数

$$C = \frac{1}{n}R^{1/6} = \frac{1}{0.011} \times 0.1^{1/6} = 61.94(\text{m}^{0.5}/\text{s})$$

流量

$$Q = Av = AC\sqrt{RJ} = 0.126 \times 61.94 \times \sqrt{0.1 \times \frac{0.4}{100}} = 0.156(\text{m}^3/\text{s})$$

6.7 局部水头损失

在工业管道或渠道中,经常会设有转弯、变径、分岔管、量水表、控制闸门、拦污格栅等部件和设备。流体流经这些部件时,均匀流动受到破坏,流速的大小、方向或分布发生变化。由这些部件或设备产生的流动阻力称为局部阻力,所引起的能量损失称为局部水头损失,造成局部水头损失的部件和设备称为局部阻碍。工程中有许多管道系统如水泵吸水管等,局部损失占有很大比例。因此,了解局部损失的分析方法和计算方法有着重要意义。

6.7.1 局部水头损失的一般分析

流体流经突然扩大、突然缩小、转向、分岔等局部阻碍时,因惯性作用,主流与边壁脱离,其间形成漩涡区[图 6-15(a)~(d)]。在渐扩管内沿程减速增压,紧靠壁面的低速质点因受反向压差作用,速度不断减小至零,主流与边壁脱离,并形成漩涡区[图 6-15(e)]。

由此可见,产生局部水头损失的地方,往往会发生主流与边壁脱离,在主流和边壁间形成漩涡区,而漩涡区的存在:

① 大大增大了紊动程度。

② 压缩过流断面,引起过流断面上的流速重新分布,增加了主流区某些

地方的流速梯度,也就增加了流层间的切应力。

③ 漩涡区内部漩涡质点的能量不断消耗,主流与漩涡区之间不断有质量和能量的交换,并通过质点与质点间的摩擦和剧烈碰撞消耗大量机械能。因此,局部水头损失比流段长度相同的沿程水头损失要大得多,并取决于边界变化的急剧程度。

④ 漩涡质点不断被主流带往下游,还将加剧下游在一定范围内的紊流脉动,加大了这段长度的局部水头损失。

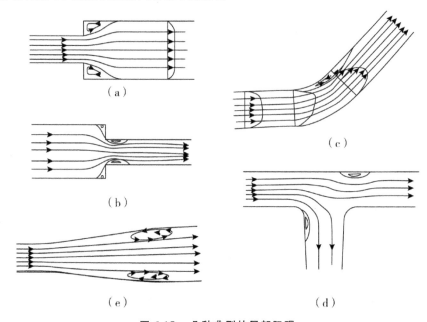

图 6-15　几种典型的局部阻碍

由以上分析,边界层的分离和漩涡区的存在是造成 h_j 的主要原因。实验结果表明,漩涡区越大,漩涡强度越大,h_j 也越大。

由于产生局部水头损失的机理比较复杂,难以从理论上进行分析,除了水流突然扩大的局部水头损失在某些假设下尚能求得其计算式外,绝大多数的局部水头损失都要通过实验来确定。

前面已经给出了局部水头损失计算公式

$$h_j = \zeta \frac{v^2}{2g}$$

式中,ζ 为局部水头损失系数;v 为 ζ 对应的断面平均流速。

局部水头损失系数 ζ,理论上应与局部阻碍处的雷诺数 Re 和边界情况有关。但是,因受局部阻碍的强烈扰动,流动在较小的雷诺数时,就已充分紊动,雷诺数的变化对紊动程度的实际影响很小。故一般情况下,ζ 只取决于局部阻碍的形状,与 Re 无关。

因局部阻碍的形式繁多,流动现象极其复杂,局部水头损失系数多由实验确定。

6.7.2　几种典型的局部水头损失系数

(1) 突然扩大管

假设突然扩大管(图 6-16),列出扩前断面 1-1 和扩后流速分布与紊流涨落已接近均匀流正常状态的断面 2-2 的伯努利方程,同时忽略两断面间的沿程水头损失,得

$$h_j = \left(z_1 + \frac{p_1}{\rho g}\right) - \left(z_2 + \frac{p_2}{\rho g}\right) + \frac{\alpha_1 v_1^2 - \alpha_2 v_2^2}{2g} \qquad (6\text{-}62)$$

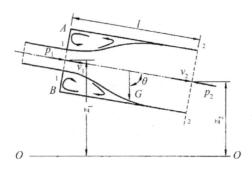

图 6-16　突然扩大管

对于断面 $A\text{-}B$、2-2 及侧壁所构成的控制体,列出流动方向的动量方程

$$\sum F = \rho Q (\beta_2 v_2 - \beta_1 v_1)$$

式中,$\sum F$ 包括:作用在 AB 面上的压力 P_{AB},这里 AB 虽不是渐变流断面,但据观察,该断面上压强符合静压强分布规律,故 $P_{AB} = p_1 A_2$;作用在断面 2-2 上的压力 $P_2 = p_2 A_2$;重力的分力 $G\cos\theta = \rho g A_2 (z_1 - z_2)$。

管壁上的摩擦阻力忽略不计,将各项力代入动量方程:

$$p_1 A_2 - p_2 A_2 + \rho g A_2 (z_1 - z_2) = \rho Q (\beta_2 v_2 - \beta_1 v_1)$$

以上各项除以 $\rho g A_2$,整理得

$$\left(z_1 + \frac{p_1}{\rho g}\right) - \left(z_2 + \frac{p_2}{\rho g}\right) = \frac{v_2}{g} (\beta_2 v_2 - \beta_1 v_1)$$

将上式代入式(6-62)，取 $\alpha_1 = \alpha_2 = \beta_1 = \beta_2 = 1$，整理得

$$h_j = \frac{(v_1 - v_2)^2}{2g} \tag{6-63}$$

式(6-63)变形为以下形式

$$h_j = \left(1 - \frac{A_1}{A_2}\right)^2 \frac{v_1{}^2}{2g} = \zeta_1 \frac{v_1{}^2}{2g}, \zeta_1 = \left(1 - \frac{A_1}{A_2}\right)^2 \tag{6-64}$$

$$h_j = \left(\frac{A_2}{A_1} - 1\right)^2 \frac{v_2{}^2}{2g} = \zeta_2 \frac{v_2{}^2}{2g}, \zeta_2 = \left(\frac{A_2}{A_1} - 1\right)^2 \tag{6-65}$$

当流体淹没出流情况下，由管道流入很大容器时，如图 6-17 所示，实际上是突然扩大管的特例，此时 $\frac{A_1}{A_2} \approx 0$，即 $\zeta_1 = 1$。

图 6-17　突然扩大管的管道出口

（2）突然缩小管

如图 6-18 所示的突然缩小管，其局部水头损失的公式按突然扩大管的方法进行计算。

$$h_j = 0.5\left(1 - \frac{A_2}{A_1}\right)\frac{v_2{}^2}{2g} = \zeta \frac{v_2{}^2}{2g}, \zeta = 0.5\left(1 - \frac{A_2}{A_1}\right) \tag{6-66}$$

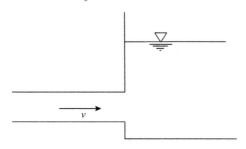

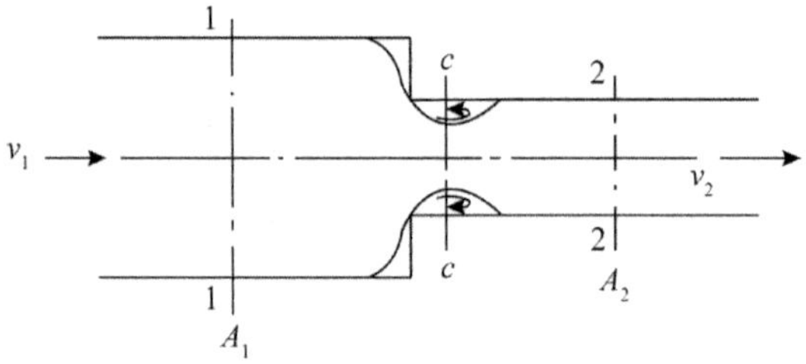

图 6-18　突然缩小管

当流体由断面很大的容器流入管道（图 6-19）时，作为突然缩小管的特例，$\frac{A_2}{A_1} \approx 0$，$\zeta = 0.5$，称为管道入口损失系数。

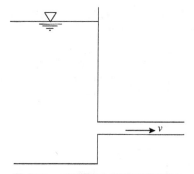

图 6-19　突然缩小管的管道出口

突然缩小管的水头损失(图 6-18),主要发生在细管内收缩断面 $c\text{-}c$ 扩大到断面 2-2 间的漩涡区,局部水头损失系数由收缩面积比决定。魏斯巴赫给出实验值(表 6-3)与细管断面平均速度 v_2 对应。

表 6-3　突然缩小管的局部水头损失系数

d_2/d_1	ζ	d_2/d_1	ζ	d_2/d_1	ζ
0	0.50	0.4	0.46	0.8	0.18
0.1	0.50	0.5	0.43	0.9	0.07
0.2	0.49	0.6	0.38	1.0	0
0.3	0.49	0.7	0.29		

(3) 渐扩管

圆锥形渐扩管(图 6-20)的局部水头损失系数决定于扩大面积比和扩张角。流体受逆压梯度作用,当扩张角超过 8°,主流脱离边壁,形成旋涡区,水头损失系数迅速增大。水头损失系数实验值(表 6-4)与细管断面平均速度 v_1 对应。

$$h_j = \zeta \frac{v_1^2}{2g}$$

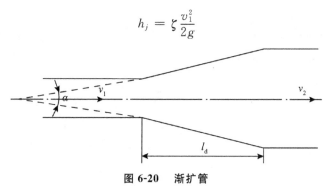

图 6-20　渐扩管

表 6-4　渐扩管的局部水头损失系数

d_2/d_1	扩张角 α										
	$< 4°$	$6°$	$8°$	$10°$	$15°$	$20°$	$25°$	$30°$	$40°$	$50°$	$60°$
1.1	0.01	0.01	0.02	0.03	0.05	0.10	0.13	0.16	0.19	0.21	0.23
1.2	0.02	0.02	0.03	0.04	0.06	0.16	0.21	0.25	0.31	0.35	0.37
1.4	0.03	0.03	0.04	0.06	0.12	0.23	0.30	0.36	0.44	0.50	0.53
1.6	0.03	0.04	0.05	0.07	0.14	0.26	0.35	0.42	0.51	0.57	0.61
1.8	0.04	0.04	0.05	0.07	0.15	0.28	0.37	0.44	0.54	0.61	0.65
2.0	0.04	0.04	0.05	0.07	0.16	0.29	0.38	0.45	0.56	0.63	0.68
3.0	0.04	0.04	0.05	0.08	0.16	0.31	0.40	0.48	0.59	0.66	0.71

（4）渐缩管

圆锥形渐缩管（图 6-21）的局部水头损失系数取决于缩小面积比和收缩角。

$$h_j = \zeta \frac{v_2^2}{2g}$$

渐缩管流体受顺压梯度作用，不发生主流脱离边壁，无旋涡区，水头损失系数很小，一般计算可忽略不计。

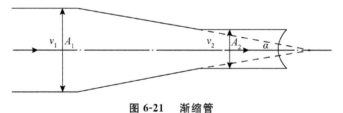

图 6-21　渐缩管

（5）进口

进口局部阻力系数因进口形状的不同而有所不同，如图 6-22 所示。局部水头损失计算公式采用

$$h_j = \zeta \frac{v^2}{2g}$$

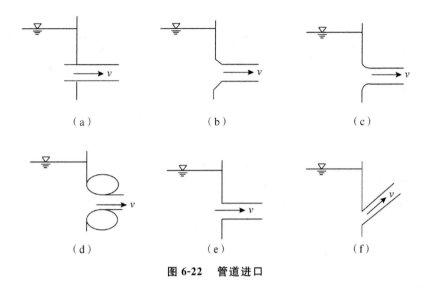

（a）　　　　　　　　　（b）　　　　　　　　　（c）

（d）　　　　　　　　　（e）　　　　　　　　　（f）

图 6-22　管道进口

（6）弯管

弯管是另一类典型的局部阻碍（图 6-23），它只改变流动方向，不改变平均流速的大小。

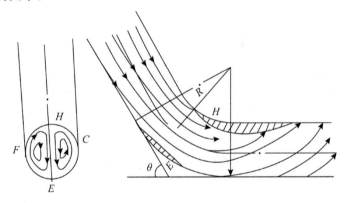

图 6-23　弯管二次流

弯管的局部水头损失，包括旋涡损失和二次流损失两部分。局部水头损失系数取决于弯管的转角 θ 和曲率半径与管径之比 R/d，如表 6-5 所示。

表 6-5   弯管的局部水头损失系数

断面形状	R/d	30°	40°	60°	90°
圆形	0.5	0.120	0.270	0.480	1.000
	1.0	0.058	0.100	0.150	0.246
	2.0	0.066	0.089	0.112	0.159
方形 $h/b = 1.0$	0.5	0.120	0.270	0.480	1.060
	1.0	0.054	0.079	0.130	0.241
	2.0	0.051	0.078	0.102	0.142
矩形 $h/b = 0.5$	0.5	0.120	0.270	0.480	1.000
	1.0	0.058	0.087	0.135	0.220
	2.0	0.062	0.088	0.112	0.155
矩形 $h/b = 2.0$	0.5	0.120	0.280	0.480	1.080
	1.0	0.042	0.081	0.140	0.227
	2.0	0.042	0.063	0.083	0.113

其他类型的局部水头损失系数可参考相关资料。

6.7.3   水头线的绘制

在实际中,有时需知道某段管道的水头走向趋势。下面以一道例题来说明水头线的绘制。

【例题 6-5】   如图 1 所示,由高位水箱向低位水箱输水,已知两水箱水面的高差 $h = 3\mathrm{m}$,输水管段的直径和长度分别为 $d_1 = 40\mathrm{mm}, l_1 = 25\mathrm{m}$, $d_2 = 70\mathrm{mm}, l_2 = 15\mathrm{m}$,沿程水头损失系数 $\lambda_1 = 0.025, \lambda_2 = 0.02$,阀门的局部水头损失系数 $\zeta_v = 3.5$。试求:① 输水流量;② 绘总水头线和测压管水头线。

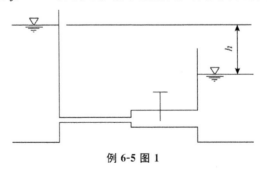

例 6-5 图 1

【解】   ① 输水流量

选两水箱水面为过流断面 1-1,2-2,列伯努利方程,式中:$p_1 = p_2 \approx 0$,

$v_1 = v_2 \approx 0$，水头损失包括沿程水头损失及管道入口、突然扩大处、阀门、管道出口各项局部水头损失。可得

$$h = h_w = \left(\lambda_1 \frac{l_1}{d_1} + \zeta_e\right)\frac{v_1^2}{2g} + \left(\lambda_2 \frac{l_2}{d_2} + \zeta_{se} + \zeta_v + \zeta_0\right)\frac{v_2^2}{2g} \quad (6\text{-}67)$$

式中，沿程水头损失系数 $\lambda_1 = 0.025, \lambda_2 = 0.02$。

局部水头损失系数：

a. 管道入口 $\zeta_e = 0.5$

b. 突然扩大处

$$\zeta_{se} = \left(\frac{A_2}{A_1} - 1\right)^2 = \left(\frac{d_2^2}{d_1^2} - 1\right)^2 = \left(\frac{70^2}{40^2} - 1\right)^2 = 4.25$$

c. 阀门 $\zeta_v = 3.5$

d. 管道出口 $\zeta_0 = 1.0$

根据连续性方程

$$v_2 = \frac{A_1}{A_2}v_1 = \frac{d_1^2}{d_2^2}v_1$$

将上式代入式(6-67)，整理得

$$h = 17.515\frac{v_1^2}{2g}$$

解得

$$v_1 = \sqrt{\frac{2gh}{17.515}} = \sqrt{\frac{2 \times 9.8 \times 3}{17.515}} = 1.83(\text{m/s})$$

$$Q = A_1 v_1 = \frac{\pi d_1^2}{4}v_1 = \frac{3.14 \times 0.04^2}{4} \times 1.83 = 2.3 \times 10^{-3}(\text{m/s})$$

② 绘制水头线和测压管水头线

a. 先绘总水头线，按断面 1-1 总的水头 H 定出总水头线的起始高度。本题总水头线的起始高度与高位水箱的水面齐平。

b. 计算各管段的沿程水头损失和局部水头损失，自断面 1-1 的总水头线，沿程依次减去各项水头损失 h_w，便得到总水头线。

c. 由总水头线向下减去各管段的速度水头 $\frac{v^2}{2g}$，可得测压管水头线 H_p，在等直径管段，速度水头不变，测压管水头线与总水头线平行。

d. 管道淹没出流，测压管水头线落在下游开口容器的水平面上；自由出流，测压管水头线应止于管道出口断面的形心。

按上述步骤绘制的水头线如图 2 所示。

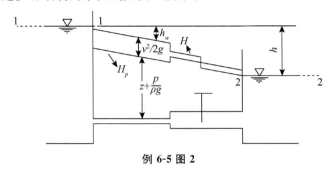

例 6-5 图 2

6.8　边界层概念与绕流阻力

前面各节讨论了流体在管道内的运动,本节将简要介绍流体绕过物体的运动。物体绕流的流场位于物体的外部,如河水绕过桥墩、风吹过建筑物、船舶在水中航行、飞机在大气中飞行,以及粉尘或泥沙在空气或水中沉降等都是绕流运动。

对于各种绕流运动,既有流体绕过静止物体的运动,也有物体在静止流体中做等速运动。对后一种情况,如把坐标系固定在运动物体上,则成为流体相对于动坐标系的运动。由于坐标系做匀速直线运动,仍为惯性坐标系,所以流体与物体之间的相互作用同流体绕静止物体运动的情况是等价的。

流体作用在绕流物体表面上的合力,可分解为绕流阻力和升力,而绕流阻力与边界层有密切关系。因无重力作用的绕流场叠加上压强后,通常等价于重力作用下的流场,故本章分析绕流时不考虑重力。

6.8.1　边界层的概念

如图 6-24(图中放大了 y 方向的尺寸)所示,当均匀来流以流速 U_0 经过平板表面的前缘时,由于黏性作用,紧靠平板的一层流体质点黏附在平板表面(壁面无滑移),速度为零,而靠外的一层流体因受到该层流体的阻滞,流速随之降低,并且距离壁面越远,流速降低程度越小,当达到一定距离时,其流速将接近于原来的流速 U_0。因此,在黏性作用下,由平板表面至未被扰动的流体之间存在一个流速分布不均匀的区域,速度梯度较大,且存在较大切应力。这一薄层因为黏性而不能忽略,且靠近壁面,称为边界层。从平板表面

沿外法线到流速 $u_x = 0.99U_0$ 处的距离,称为边界层厚度,以 δ 表示。边界层的厚度 δ 顺流逐渐加厚,因为边界的影响是随着边界的长度逐渐向流区内延伸的。利用边界层的概念,流场的求解可分为两个区域进行:一是边界层内流动,在该层必须计入流体黏性的影响,但由于边界层较薄,使 N-S 方程得以简化,可利用动量方程求得近似解;二是边界层外流动,流速梯度为零,无内摩擦力,因而可视为理想流体的流动,可按势流求解。

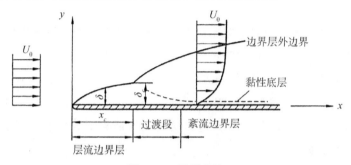

图 6-24　平板绕流

既然边界层区是黏性流动,必定包括层流与紊流两种流态。如图 6-24 所示,平板边界层内的流动,开始处于层流状态,并且其厚度沿程增加,经过一个过渡段后,层流边界层将转变为紊流边界层。因此,平板边界层内雷诺数的表达式

$$Re_x = \frac{U_0 x}{\nu} \tag{6-68}$$

式中,Re_x 为断面 x 处的当地雷诺数。

式(6-68)表明距板端距离越远,雷诺数越大。当雷诺数达到某一临界值时,流体即自层流转变为紊流。这个边界层由层流转变为紊流的过渡点,称为转折点。此时 $x = x_c$,其相应的雷诺数

$$Re_c = \frac{U_0 x_c}{\nu} \tag{6-69}$$

Re_c 称为临界雷诺数,而且其值大小与来流的脉动程度有关:脉动强,则 Re_c 小。光滑平板边界层临界雷诺数的范围是 $3 \times 10^5 < Re_c < 3 \times 10^6$。

实验表明,平板边界层厚度可用下式计算。

层流边界层

$$\delta = \frac{5x}{Re_x^{1/2}} \tag{6-70}$$

紊流边界层

$$\delta = \frac{0.377x}{Re_x^{1/5}} \tag{6-71}$$

在紊流边界层内,最靠近平板的地方尚有一薄层,流速梯度很大,黏性切应力仍起主要作用,而紊流附加切应力可以忽略,使得流动仍为层流,这一层就是前述的黏性底层。

推论:根据平板边界层理论,圆管进口段内流速分布是沿程变化的。

如图 6-25 所示,水由水箱经光滑圆形进口流入管道,其速度最初在整个过流断面上几乎是均匀的,但随着沿流动方向的边界层发展,流速在边壁附近渐减,在管中心区域渐增至最大,沿流程流速分布不再变化。从进口到管中心流速达到最大,即从进口到边界层厚度发展到圆管中心的断面之间的管道称为起始段。

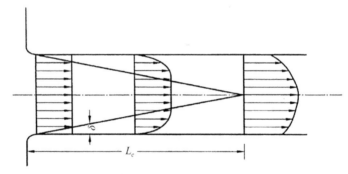

图 6-25　管道进口段边界层

6.8.2　边界层分离

流体沿壁面流动时将产生边界层,并顺流向厚度增大。在这一过程中,可能产生边界层(或边界流线)与过流壁面脱离的现象,称为边界层分离。

边界层内部流体的运动主要受三种力的作用:

① 边界层外边界的拉力,在层流边界层中通过黏性切应力作用,在紊流边界层中通过动量交换作用;

② 固体表面的黏滞阻力,其作用是保持贴近固体表面的流体层的稳定;

③ 沿边界层表面的压力梯度,在流动方向上随着压强降低(顺压梯度 $\mathrm{d}p/\mathrm{d}x < 0$),流速增大;反之(逆压梯度 $\mathrm{d}p/\mathrm{d}x > 0$),流速减小。

对于平板绕流，当压强梯度保持为零，即 $dp/dx = 0$ 时，无论平板有多长，均不会发生分离，这时边界层只会沿流向连续增厚。然而，当边界沿流向扩散时，如图 6-26 所示，压强梯度为正，即 $dp/dx > 0$ 时，边界层迅速增厚，便会发生边界层分离。边界层内流体的动能，一方面要转换为逐渐增大的压强势能，另一方面还要消耗沿程的能量损失，从而导致边界层内流体流动停滞下来，速度变为零（S 点处）。S 点后速度不可能继续降低，而压力继续增大的趋势不变，因此靠近物体表面的质点反向逆流，在 S 点出现回流，上游来流被迫脱离固体边壁前进，分离便由此产生。在分离点 S 处，有：

$$\tau_0 = \mu \left(\frac{\partial u}{\partial y} \right)_{y=0} = 0 \tag{6-71}$$

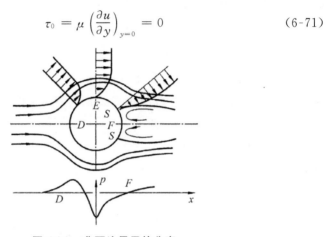

图 6-26　曲面边界层的分离

自分离点 S 起，在下游近壁处形成回流（或漩涡）。通常将分离流线与物体边界所围的下游区域称为尾流。这种不断积聚的、不规则的漩涡流动一般向下游延伸很远，直到漩涡在黏滞阻力作用下耗尽。尾流将使流动有效能损失（局部损失）增大，压强降低，从而使绕流体前后形成较大的压差阻力。此外，回流还会引起基础淘刷，泥沙淤积。漩涡的强烈紊动还可能诱发随机振动，使绕流结构破坏，并且尾流越大，后果越严重。

尽管层流、紊流边界层从本质上说同样存在分离点，但是绕流曲面物体边界层的分离点位置在这两种情况下是不同的。层流边界层中外边界处流动速度大，由于黏性切应力作用，接近壁面处流体速度变小，动能几乎消失，因此层流边界层不稳定，不足以抵抗逆压梯度，致使边界层分离点较早产生。而紊流边界层中外边界速度较快的流体与内部速度较慢的流体之间的剧烈掺混，导致靠近边界的流体平均速度增加较快，这种能量增大使边界层抗逆压梯度的能力增加,从而使紊流边界层分离点顺流推移到高压区。

边界层概念是普朗特于 1904 年首先提出来的。边界层理论在现代流体力学的发展史上有重要意义,尤其是在航空、船舶和流体机械等方面的研究中有着极其重要的作用。水利工程中经常遇见的管渠流动,除进口部分外,几乎全部流动区域都属于边界层流动,因而也不再划分边界层内部与外部区域。但在分析脱离现象和深入研究过坝水流及其阻力损失等问题时,仍需要应用边界层概念。

6.8.3　绕流阻力

当流体与淹没在流体中的物体做相对运动时,物体所受的流体作用力,按其方向可分为两个分力(图 6-27)。

①平行于流动方向作用在物体上的分力 F_D,称为绕流阻力,包括由边界层内的黏性造成的摩擦阻力和由边界层分离(漩涡)造成的压差阻力两部分;

②垂直于流动方向作用于物体上的分力 F_L,称为升力。该力只可能发生在非对称(或斜置对称)的绕流体上。

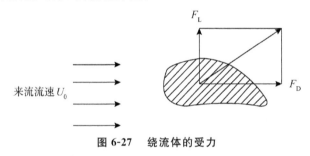

图 6-27　绕流体的受力

图 6-27 为流线型绕流体,其绕流阻力主要是摩擦阻力。图 6-26 为圆柱形绕流体,其绕流阻力主要是压差阻力。对于相同迎流面积的绕流体,流线型绕流阻力是圆柱形的 1/10。压差阻力主要取决于物体的形状,因此也称为形状阻力。

本章小结

(1) 水头损失分为沿程水头损失和局部水头损失。

沿程水头损失发生在长直流道的均匀流段,局部水头损失发生在断面变化处的非均匀流段。

(2)均匀流基本方程:$\tau_0 = \rho g R J$。

(3)流体的两种流态:层流和紊流。用雷诺数进行判别。

(4)圆管层流的流速呈抛物线分布,最大流速出现在管轴处,断面平均流速是最大流速的一半。

(5)紊流由于脉动的特性,对其采用时均化的概念。紊流中都存在着一个黏性底层,黏性底层的存在影响着紊流中流动阻力的分布规律。

(6)紊流的沿程水头损失。根据尼古拉兹实验,将 λ 分为五个阻力区:层流、层流到紊流的过渡区、紊流光滑区、紊流过渡区、紊流粗糙区。各区中沿程水头损失的影响因素。

(7)当量粗糙度。

(8)绕流阻力分为摩擦阻力和压差阻力(形状阻力)。

 思考题

(1)水头损失的物理意义是什么?水头损失是怎样产生及如何分类的?

(2)均匀流基本方程是怎样导出的?

(3)雷诺数的物理意义是什么?如何判别流态?

(4)层流和紊流有什么不同?管道试验中,它们的水头损失特性有什么规律性的结果?

(5)两个不同管径的管道,通过不同黏性的流体,两者的临界雷诺数和临界流速是否相同?

(6)扩散管中通过一定流量流体,雷诺数沿程有何变化?在等径直管中,若流量逐渐增大,雷诺数随时间如何变化?

(7)在圆管均匀流中,过流断面上管轴处切应力较小,但该处的流股与其他流股却有相同的水头损失,为什么?

(8)紊流中为什么存在黏性底层?其厚度对紊流分析有何意义?

(9)局部水头损失系数与哪些因素有关?选用时应注意什么?如何减小局部水头损失?

(10)边界层内是否一定是层流?影响边界层内流态的主要因素有哪些?

边界层分离是如何形成的?在平行于平板流动的平板上能否出现边界层分离?如何减小尾流的区域?

练习题

6-1 水在垂直管内由上向下流动,相距 l 的两断面间,测压管水头差 h,两断面间沿程水头损失 h_f,则:( )

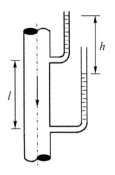

A. $h_f = h$

B. $h_f = h + l$

C. $h_f = l - h$

D. $h_f = l$

题 6-1 图

6-2 圆管流动过流断面上的切应力分布为:( )

A. 在过流断面上是常数

B. 管轴处是零,且与半径成正比

C. 管壁处是零,向管轴线性增大

D. 按抛物线分布

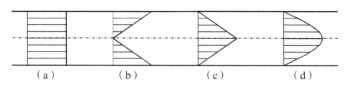

（a） （b） （c） （d）

题 6-2 图

6-3 变直径管流,小管直径 d_1,大管直径 $d_2 = 2d_1$,两断面雷诺数的关系是:( )

A. $Re_1 = 0.5Re_2$ B. $Re_1 = Re_2$

C. $Re_1 = 1.5Re_2$ D. $Re_1 = 2Re_2$

6-4 圆管层流,实测管轴上流速为 0.4m/s,则断面平均流速为:( )

A. 0.4m/s B. 0.32m/s C. 0.2m/s D. 0.1m/s

6-5 圆管紊流过渡区的沿程摩阻因数 λ:( )

A. 与雷诺数 Re 有关   B. 与管壁相对粗糙 Δ/d 有关

C. 与 Re 及 Δ/d 有关   D. 与 Re 及管长 l 有关

6-6　圆管紊流粗糙区的沿程摩阻因数 λ：（　　）

A. 与雷诺数 Re 有关　　　　　B. 与管壁相对粗糙 Δ/d 有关

C. 与 Re 及 Δ/d 有关　　　　D. 与 Re 及管长 l 有关

6-7　水管直径为 $d = 50\mathrm{mm}$，两断面 1、2 相距 $l = 15\mathrm{m}$，高差 $h = 3\mathrm{m}$，通过流量 $Q = 6\mathrm{L/s}$，水银压差计读值为 $\Delta h = 250\mathrm{mm}$，试求管道的沿程阻力系数。

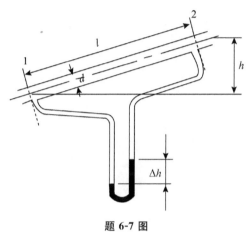

题 6-7 图

6-8　应用细管式黏度计测定油的黏性系数。已知细管直径 $d = 8\mathrm{mm}$，测量段长 $l_{AB} = 2\mathrm{m}$，实测油的流量 $Q = 70\mathrm{cm}^3/\mathrm{s}$，水银压差计读值 $h = 30\mathrm{cm}$，油的密度 $\rho = 901\mathrm{kg/m}^3$。试求油的运动黏度 ν 和动力黏度 μ。

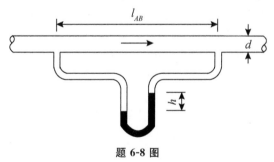

题 6-8 图

第 7 章　孔口、管嘴出流和有压管流

💧 **内容提要**

　　本章在流体运动基本规律的基础上,分析孔口出流、管嘴出流和有压管流的水力特征,研究其水力计算的基本问题及工程应用,同时对水击现象作了简要分析。本章教学重点为孔口出流、管嘴出流、短管及长管的水力计算;教学难点为复杂长管的水力计算。

💧 **学习目标**

　　通过本章内容的学习,应掌握孔口、管嘴出流的水力计算,掌握短管、简单长管、串联和并联长管的水力计算,了解沿程泄流的水力计算,了解水击现象的发生过程及水击压强的计算方法。

　　前面章节已经阐述了流体动力学基本方程和水头损失计算方法。本章将在前述理论基础上,分类研究具体的流动现象。孔口、管嘴出流和有压管流就是工程中常见的一类流动现象。

7.1　孔口恒定出流

　　容器壁上开孔,流体经孔口流出的水力现象称为孔口出流。容器壁上开出的泄流孔,水利和市政工程中的取水设备、泄水闸孔,以及某些量测流量的设备,均属孔口。由于孔口沿流动方向的边界长度很小,故水头损失只计算局部损失,而忽略沿程水头损失。

7.1.1　薄壁小孔口恒定出流

　　孔口出流时,水流与孔壁仅在孔口周线上接触,壁厚对出流没有影响,

这样的孔口称为薄壁孔口。

如图7-1所示,根据孔口直径 d 与孔口形心在水面下的深度 H 比值的大小,将孔口分为大孔口与小孔口两类:

① 当 $\dfrac{d}{H} \leqslant \dfrac{1}{10}$ 时,这样的孔口是小孔口,孔口断面上各点的作用水头相等;

② 当 $\dfrac{d}{H} > \dfrac{1}{10}$ 时,这样的孔口是大孔口,不同高度上的水头不等。

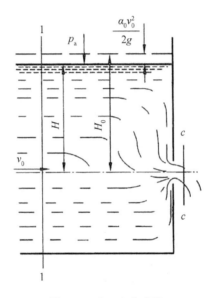

图 7-1　孔口自由出流

7.1.1.1　薄壁小孔口恒定自由出流

保持容器水位不变, $\dfrac{d}{H} \leqslant \dfrac{1}{10}$,水经由孔口流入空气,容器壁厚对水流无影响,这种出流现象称为薄壁小孔口恒定自由出流,如图 7-1 所示。容器内水流的流线自上游向孔口汇集,由于流线不能相交,不能有折角,故流线改变方向是一个连续变化的过程。因此,在孔口断面出现流线不平行,流束继续收缩,直至距孔口约 $\dfrac{d}{2}$ 处收缩完毕,流线趋于平行,此断面称为收缩断面,如图 7-1 中的 c-c 断面。

假设孔口断面面积为 A ,收缩断面面积为 A_c ,则

$$\varepsilon = \frac{A_c}{A} \tag{7-1}$$

式中，ε 称为收缩系数。

下面推导薄壁小孔口恒定自由出流的基本公式。

如图 7-1 所示，选取孔口形心所在的水平面作为基准面，取容器内符合渐变流条件的过流断面 1-1，收缩断面 c-c，并列伯努利方程

$$H + \frac{p_1}{\rho g} + \frac{\alpha_1 v_1^2}{2g} = 0 + \frac{p_c}{\rho g} + \frac{\alpha_c v_c^2}{2g} + \zeta \frac{v_c^2}{2g}$$

式中，$p_1 = p_c = p_a$。化简上式得

$$H + \frac{\alpha_1 v_1^2}{2g} = (\alpha_c + \zeta) \frac{v_c^2}{2g}$$

令 $H_0 = H + \frac{\alpha_1 v_1^2}{2g}$，代入上式，计算得

① 收缩断面流速

$$v_c = \frac{1}{\sqrt{\alpha_c + \zeta}} \sqrt{2gH_0} = \phi \sqrt{2gH_0} \tag{7-2}$$

② 孔口的流量

$$Q = v_c A_c = \phi \varepsilon A \sqrt{2gH_0} = \mu A \sqrt{2gH_0} \tag{7-3}$$

式中，H_0 为作用水头，若 $v_1 \approx 0$，则 $H_0 = H$；ζ 为孔口的局部水头损失系数；ϕ 为孔口的流速系数，$\phi = \frac{1}{\sqrt{\alpha_c + \zeta}} \approx \frac{1}{\sqrt{1 + \zeta}}$；$\mu$ 为孔口的流量系数，$\mu = \varepsilon \phi$。

7.1.1.2　薄壁小孔口恒定淹没出流

如图 7-2 所示，保持容器水位不变，水经由孔口直接流入另一部分水体中，这种出流现象称为薄壁小孔口恒定淹没出流。

与孔口恒定自由出流一样，由于惯性作用，水流经由孔口流束形成收缩断面 c-c，然后扩大。选取孔口形心所在的水平面作为基准面，取上下游符合渐变流条件的过流断面 1-1、2-2 列伯努利方程，式中水头损失项 h_w 包括孔口的局部水头损失和收缩断面 c-c 至断面 2-2 流束突然扩大的局部水头损失。

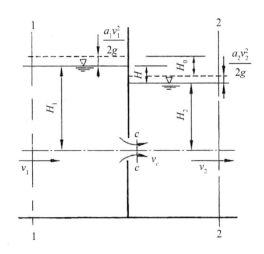

图 7-2 孔口淹没出流

$$H_1 + \frac{p_1}{\rho g} + \frac{\alpha_1 v_1^2}{2g} = H_2 + \frac{p_2}{\rho g} + \frac{\alpha_2 v_2^2}{2g} + \zeta \frac{v_c^2}{2g} + \zeta_{\bar{s}} \frac{v_c^2}{2g}$$

式中，$p_1 = p_2 = p_a$。化简上式得

$$H_1 + \frac{\alpha_1 v_1^2}{2g} = H_2 + \frac{\alpha_2 v_2^2}{2g} + \zeta \frac{v_c^2}{2g} + \zeta_{\bar{s}} \frac{v_c^2}{2g}$$

令 $H_0 = H_1 + \frac{\alpha_1 v_1^2}{2g} - H_2$，又 $v_2 \approx 0$，代入上式，计算得

① 收缩断面流速

$$v_c = \frac{1}{\sqrt{\zeta + \zeta_{\bar{s}}}} \sqrt{2gH_0} = \phi \sqrt{2gH_0} \qquad (7\text{-}4)$$

② 孔口的流量

$$Q = v_c A_c = \phi \varepsilon A \sqrt{2gH_0} = \mu A \sqrt{2gH_0} \qquad (7\text{-}5)$$

式中，H_0 为作用水头，若 $v_1 \approx 0$，则 $H_0 = H_1 - H_2 = H$；ζ 为孔口的局部水头损失系数，与自由出流相同；$\zeta_{\bar{s}}$ 为水流自收缩断面突然扩大的局部水头损失系数，根据式(6-64)可知，当 $A_2 \gg A_c$ 时，$\zeta_{\bar{s}} \approx 1$；$\phi$ 为淹没出流孔口的流速系数，$\phi = \frac{1}{\sqrt{\zeta + \zeta_{\bar{s}}}} \approx \frac{1}{\sqrt{1 + \zeta}}$；$\mu$ 为孔口的流量系数，$\mu = \varepsilon \phi$。

比较自由出流和淹没出流的基本公式(7-3)和(7-5)，它们的形式相同，各项系数值也相同，但值得注意的是，自由出流的作用水头 H_0 是水面至孔口形心处的深度，而淹没出流的作用水头 H_0 是上下游水面高差。

7.1.1.3 孔口流量系数的影响因素

孔口出流的流速系数 ϕ 和流量系数 μ,由孔口的局部水头损失系数 ζ 和收缩系数 ε 决定。当孔口周边距离邻近壁面较远($l>3a$,$l>3b$)时,出流流束各方向能全部完善收缩的小孔口称为完善收缩孔口(图 7-3 中孔口 1);当孔口周边与邻近壁面不满足上述条件时,称为不完善收缩孔口(图 7-3 中孔口 2);当孔口与相邻壁面重合时,称为部分收缩孔口(图 7-3 中孔口 3)。

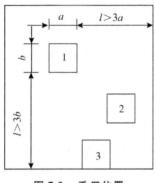

图 7-3 孔口位置

完善收缩孔口实测各项系数数值如表 7-1 所示。不完善收缩孔口与部分收缩孔口的流量系数要大于完善收缩孔口的流量系数,具体数据可查《水力计算手册》或按经验公式估算。

表 7-1 完善收缩孔口实测各项系数

收缩系数	损失系数	流速系数	流量系数
0.64	0.06	0.97	0.62

需要注意的是:小孔口出流的基本公式同样也适用于大孔口。由于大孔口的收缩系数 ε 值较大,因而流量系数 μ 也较大,如表 7-2 所示。

表 7-2 大孔口的流量系数

收缩情况	流量系数
全部不完善收缩	0.70
底部无收缩,侧向有适度小收缩	0.66 ~ 0.70
底部无收缩,侧向很小收缩	0.70 ~ 0.75
底部无收缩,侧向极小收缩	0.80 ~ 0.90

7.1.2 孔口的变水头出流

孔口出流时,如果容器中水位随时间变化(升高或降低),导致孔口的流量发生相应变化,这种出流现象称为变水头出流。变水头出流属于非恒定流。

实际工程中,水体体量一般很大,水位变化相对缓慢,在计算过程中,可将整个出流过程划分为有限个微小的时段,并认为在每一个微小的时段内水位恒定,即作为恒定流处理,故可用孔口出流的基本公式计算流量,这样就把非恒定流问题转化为恒定流问题来处理。比如容器泄流、船坞船闸灌泄水、水库流量调节等问题,均可按变水头出流进行计算。

下面讨论如图 7-4 所示的柱形水箱中的水经由孔口变水头自由出流的问题。假设水箱水面表面积为 Ω,孔口断面面积为 A,初始时刻孔口形心处淹没深度为 H_1,求解水位降至孔口形心处淹没深度为 H_2 时以及水箱放空所需的时间。

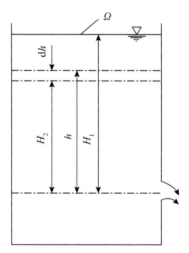

图 7-4　变水头孔口出流

如图 7-4,t 时刻孔口的水头为 h,经过 $\mathrm{d}t$ 时段,经孔口流出的水体体积为

$$Q\mathrm{d}t = \mu A\sqrt{2gh}\,\mathrm{d}t$$

水箱内水面下降高度为 $\mathrm{d}h$,故水箱内水体体积变化为

$$\mathrm{d}V = -\Omega\mathrm{d}h$$

水箱内流出的水体与水箱内水体减少的体积相等,所以

$$-\Omega \mathrm{d}h = \mu A \sqrt{2gh}\, \mathrm{d}t$$

则

$$\mathrm{d}t = \frac{\Omega}{\mu A \sqrt{2g}} \frac{\mathrm{d}h}{\sqrt{h}}$$

对上式积分，可得出水面从 H_1 降至 H_2 水位所需时间为

$$t = -\int_{H_1}^{H_2} \frac{\Omega}{\mu A \sqrt{2g}} \frac{\mathrm{d}h}{\sqrt{h}} = \frac{2\Omega}{\mu A \sqrt{2g}}\left(\sqrt{H_1} - \sqrt{H_2}\right) \qquad (7\text{-}6)$$

若水箱泄空时，$H_2 = 0$，故泄空时间为

$$t = \frac{2\Omega\sqrt{H_1}}{\mu A \sqrt{2g}} = \frac{2\Omega H_1}{\mu A \sqrt{2g H_1}} = \frac{2V}{Q_{\max}} \qquad (7\text{-}7)$$

式中，V 为水箱泄空时排出的水体体积；$Q_{\max}$ 为孔口初始流量。

上式表明，水箱泄空所需时间是在水位为 H_1 恒定流情况下流出相同水体所需时间的 2 倍。

7.2　管嘴恒定出流

在孔口上外接长度 3 ～ 4 倍孔径的短管，水通过短管并在出口断面满管流出的水力现象称为管嘴出流。水力机械化用水枪及消防水枪均是管嘴出流的应用。管嘴出流流程很短，虽有沿程水头损失，但与局部水头损失相比，可忽略不计，所以管嘴出流时，水头损失仅考虑局部水头损失。

7.2.1　圆柱形外管嘴恒定出流

如图 7-5 所示，在孔口上外接长度 l 为 $(3 \sim 4)d$ 的短管，即圆柱形外管嘴。水流流入管嘴后，在距离进口不远处形成收缩断面 c-c。在收缩断面处，主流与壁面发生分离并形成漩涡区，其后水流逐渐扩大，在管嘴出口断面满管流出。这种水力现象即为圆柱外管嘴出流。

假设如图 7-5 的开口容器，水经由圆柱外管嘴发生自由出流，选取管轴线所在的水平面作为基准面，取符合渐变流条件的过流断面 1-1，管嘴出口断面 b-b，并列伯努利方程

$$H + \frac{\alpha_1 v_1^2}{2g} = \frac{\alpha v^2}{2g} + \zeta_n \frac{v^2}{2g}$$

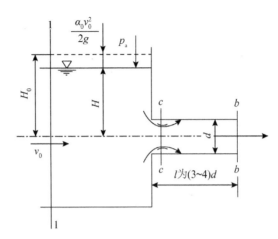

图 7-5 管嘴恒定出流

令 $H_0 = H + \dfrac{\alpha_1 v_1^2}{2g}$,代入上式,计算得

① 管嘴出流流速

$$v = \frac{1}{\sqrt{\alpha + \zeta_n}} \sqrt{2gH_0} = \phi_n \sqrt{2gH_0} \qquad (7\text{-}8)$$

② 管嘴流量

$$Q = vA = \phi_n A \sqrt{2gH_0} = \mu_n A \sqrt{2gH_0} \qquad (7\text{-}9)$$

式中,H_0 为作用水头,若 $v_1 \approx 0$,则 $H_0 = H$;ζ_n 为管嘴的局部水头损失系数,对于直角进口,$\zeta_n = 0.5$;ϕ_n 为管嘴的流速系数,$\phi_n = \dfrac{1}{\sqrt{\alpha + \zeta_n}} = \dfrac{1}{\sqrt{1 + 0.5}} = 0.82$;$\mu_n$ 为管嘴的流量系数,因出口断面无收缩,$\mu_n = \phi_n = 0.82$。

式(7-3)与式(7-9)形式上完全相同,孔口出流按完善收缩孔口计算,$\mu = 0.62$(表 7-1),而 $\mu_n = 0.82$,故流量系数 $\mu_n = 1.32\mu$,可见在相同的作用水头下,同样面积时,管嘴的过流能力是孔口过流能力的 1.32 倍,所以管嘴常用作泄水设施。

7.2.2 收缩断面的真空

相比孔口出流,管嘴出流时增大了流动的局部阻力,但流量不减反增,这主要是因为收缩断面处的真空作用,实际上提高了管嘴出流作用水头。

选取管轴线所在的水平面作为基准面,取符合渐变流条件的管嘴收缩断面 c-c 和出口断面 b-b,并列出伯努利方程

$$\frac{p_c}{\rho g} + \frac{\alpha_c v_c^2}{2g} = \frac{p_a}{\rho g} + \frac{\alpha v^2}{2g} + \zeta_{se} \frac{v^2}{2g}$$

则

$$\frac{p_a}{\rho g} - \frac{p_c}{\rho g} = \frac{\alpha_c v_c^2}{2g} - \frac{\alpha v^2}{2g} - \zeta_{se} \frac{v^2}{2g}$$

式中，$v_c = \dfrac{Av}{A_c} = \dfrac{v}{\varepsilon}$。

局部水头损失主要发生在主流扩大上，由式(6-65)可知

$$\zeta_{se} = \left(\frac{A}{A_c} - 1\right)^2 = \left(\frac{1}{\varepsilon} - 1\right)^2$$

代入上式，得到

$$\frac{p_v}{\rho g} = \frac{p_a}{\rho g} - \frac{p_c}{\rho g} = \left[\frac{\alpha_c}{\varepsilon^2} - \alpha - \left(\frac{1}{\varepsilon} - 1\right)^2\right]\frac{v^2}{2g} = \left[\frac{\alpha_c}{\varepsilon^2} - \alpha - \left(\frac{1}{\varepsilon} - 1\right)^2\right]\phi_n^2 H_0$$

将各项系数 $\alpha_c = \alpha = 1$，$\varepsilon = 0.64$，$\phi_n = 0.82$，代入上式，计算收缩断面的真空高度

$$\frac{p_v}{\rho g} = 0.75 H_0 \tag{7-10}$$

比较孔口自由出流和管嘴自由出流，前者收缩断面在大气中，而后者的收缩断面为真空区，真空高度为 0.75 倍的作用水头，相当于把孔口自由出流的作用水头增大了 75%，这正是圆柱形外管嘴自由出流流量大于孔口自由出流流量的原因。

7.2.3　圆柱形外管嘴的正常工作条件

首先，根据式(7-10)，作用水头 H_0 越大，管嘴内收缩断面的真空高度越大。但实际上，当收缩断面的真空高度超过 7m 水柱，空气将会由管嘴出口断面"吸入"，从而破坏收缩断面的真空状态，导致管嘴无法保持满管出流。故为了保持收缩断面的真空状态，必须使收缩断面的真空高度 $\dfrac{p_v}{\rho g} \leqslant 7\text{m}$，即限制管嘴作用水头的高度 $H_0 \leqslant \dfrac{7}{0.75} = 9\,(\text{m})$。

其次，管嘴长度也影响管嘴内收缩断面能否维持真空状态。若管嘴长度过短，流束在管嘴内收缩后还来不及扩大到整个出口断面，无法阻断空气进入，收缩断面无法形成真空，管嘴发挥不了作用；而管嘴如果长度过长，沿程

流体力学

水头损失与局部水头损失相当,不能忽略,此时的管嘴出流应当作短管出流来处理。

综上所述,圆柱形外管嘴的正常工作条件是:

① 作用水头 $H_0 \leqslant 9\text{m}$;

② 管嘴长度 $l = (3 \sim 4)d$。

7.3 短管的水力计算

7.3.1 基本概念

有压管流是工程中输送流体的主要方式。由于有压管流沿程具有一定的长度,所以其水头损失包括沿程水头损失和局部水头损失。为简化水力计算,根据两类水头损失在总水头损失中所占比例的不同,将管路分为短管和长管。

水头损失中,沿程水头损失和局部水头损失所占比例相当,均不可忽略的管道,称为短管,比如水泵吸水管、虹吸管、铁路涵管以及工业送(排)风管等。水头损失以沿程水头损失为主,局部水头损失与流速水头的总和较沿程水头损失很小,可忽略不计,或根据沿程水头损失的百分数估算,仍能满足工程要求的管道,称为长管,如城市给水管道。本节首先介绍短管的相关水力计算问题。

7.3.2 基本计算公式

7.3.2.1 短管自由出流

如图 7-6 所示的短管自由出流,假设水箱水位恒定,管长为 l,管径为 d。选取短管出口断面形心所在的水平面作为基准面,取符合渐变流条件的过流断面 1-1、管道出口断面 2-2 列伯努利方程

$$H + \frac{p_a}{\rho g} + \frac{\alpha_1 v_1^2}{2g} = \frac{p_a}{\rho g} + \frac{\alpha_2 v_2^2}{2g} + h_w$$

考虑到断面 1-1 面积远大于短管断面面积,可认为 $v_1 \approx 0$。设 $v_2 = v$,$\alpha_2 = \alpha$,则有

$$H = \frac{\alpha v^2}{2g} + h_w \tag{7-11}$$

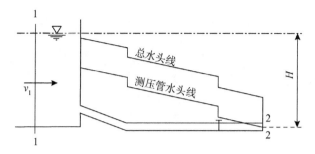

图 7-6 短管自由出流

水头损失

$$h_w = h_f + \sum h_j = \left(\lambda \frac{l}{d} + \sum \zeta \right) \frac{v^2}{2g} \qquad (7\text{-}12)$$

式中，h_f 为沿程水头损失；$\sum h_j$ 为局部水头损失总和；λ 为沿程水头损失系数；$\sum \zeta$ 为局部水头损失系数总和，本例中包括的局部水头损失系数有 ζ_1（进口）、ζ_2（弯头）及 ζ_3（闸阀）。

将式（7-12）代入式（7-11），计算得

① 流速

$$v = \frac{1}{\sqrt{\alpha + \lambda \dfrac{l}{d} + \sum \zeta}} \sqrt{2gH} \qquad (7\text{-}13)$$

② 流量

$$Q = vA = \mu A \sqrt{2gH} \qquad (7\text{-}14)$$

式（7-14）即为短管自由出流的基本公式，其中流量系数 $\mu = \dfrac{1}{\sqrt{\alpha + \lambda \dfrac{l}{d} + \sum \zeta}}$。

7.3.2.2 短管淹没出流

如图 7-7 所示的短管淹没出流。

选取下游水箱水面作为基准面，取上、下游水箱内符合渐变流条件的过流断面 1-1、2-2 列伯努利方程

$$H + \frac{p_a}{\rho g} + \frac{\alpha_1 v_1^2}{2g} = \frac{p_a}{\rho g} + \frac{\alpha_2 v_2^2}{2g} + h_w$$

考虑到断面 1-1 和 2-2 面积均远大于短管断面面积，可认为 $v_1 \approx v_2 \approx 0$，则有

$$H = h_w = h_f + \sum h_j = \left(\lambda \frac{l}{d} + \sum \zeta\right)\frac{v^2}{2g}$$

解得

① 流速

$$v = \frac{1}{\sqrt{\lambda \dfrac{l}{d} + \sum \zeta}}\ \sqrt{2gH} \qquad (7\text{-}15)$$

② 流量

$$Q = vA = \mu A\ \sqrt{2gH} \qquad (7\text{-}16)$$

式(7-16)即为短管淹没出流的基本公式,式中流量系数 $\mu = \dfrac{1}{\sqrt{\lambda \dfrac{l}{d} + \sum \zeta}}$,其中

$\sum \zeta$ 含管道出口的局部阻力系数 $\zeta = 1$。

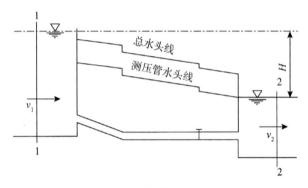

图 7-7   短管淹没出流

比较短管自由出流和淹没出流的基本公式,发现两者形式完全相同,但作用水头的含义及流量系数的形式有差异。自由出流的作用水头为上游水箱水面与管道出口中心点的高差,而淹没出流的作用水头为上下游水箱水面的高差。

短管相同的自由出流和淹没出流,尽管两者的流量系数形式不同,但数值是一致的。这是因为短管自由出流的流量系数比淹没出流多了一个动能修正系数 $\alpha = 1$,但少了一个短管出口局部阻力系数 $\zeta = 1$。

7.3.3   水力计算问题

实际工程中,短管水力计算包括三类基本问题:

【第 Ⅰ 类问题】已知作用水头、管长、管径、管材（管壁粗糙状况）及管路布置（局部阻力），求流量。

【第 Ⅱ 类问题】已知流量、管长、管径、管材及管路布置，求作用水头。

【第 Ⅲ 类问题】已知流量、作用水头、管长、管材及管路布置，求管径。

以上三类问题均可通过建立伯努利方程进行求解，也可直接用前面推导的公式来求解，下面结合实际问题作进一步说明。

7.3.3.1　虹吸管的水力计算

如图 7-8 所示，管道轴线的一部分高出无压的上游供水水面，这样的管道称为虹吸管。虹吸管输水因具有跨越高地、减少挖方、便于自动操作等优点，在工程中应用广泛。

由于虹吸管的一部分高出无压的供水水面，管内必存在真空区段。随着真空高度的增大，溶解在水中的空气分离出来，并在虹吸管顶部聚集，挤压过流断面，阻碍水流运动，直至造成断流。为保证虹吸管正常过流，工程上限制管内最大真空高度不超过允许值 $[h_v] = 7.0 \sim 8.5 \mathrm{m}$ 水柱。可见，有真空区段是虹吸管的水力特点，其最大真空高度不超过允许值则是虹吸管正常过流的工作条件。

虹吸管各部分尺寸及管路布置如图 7-8 所示。

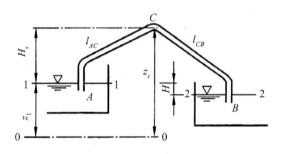

图 7-8　虹吸管

虹吸管的流速

$$v = \frac{1}{\sqrt{\lambda \dfrac{l_{AB}}{d} + \sum_{1-2} \zeta}} \sqrt{2gH}$$

式中，$\sum\limits_{1-2} \zeta$ 表示断面 1-1、2-2 之间各项局部水头损失系数，包括管道入口 ζ_e、转弯 ζ_{b1}、ζ_{b2}、ζ_{b3}，管道出口 $\zeta_c = 1$ 的和，即

$$\sum_{1-2} \zeta = \zeta_e + \zeta_{b1} + \zeta_{b2} + \zeta_{b3} + 1$$

流量

$$Q = \frac{\pi d^2}{4} v$$

选取上游水面作为基准面,取符合渐变流条件的过流断面 1-1、c-c 列伯努利方程

$$z_1 + \frac{p_a}{\rho g} + \frac{\alpha_1 v_1^2}{2g} = z_c + \frac{p_c}{\rho g} + \frac{\alpha v^2}{2g} + h_w$$

其中,$v_1 \approx 0$,$h_w = \left(\alpha + \lambda \dfrac{l_{AC}}{d} + \displaystyle\sum_{1-c} \zeta \right) \dfrac{v^2}{2g}$。

化简有

$$h_{v\max} = \frac{p_a}{\rho g} - \frac{p_c}{\rho g} = H_s + \left(\alpha + \lambda \frac{l_{AC}}{d} + \sum_{1-c} \zeta \right) \frac{v^2}{2g} < [h_v]$$

或

$$h_{v\max} = H_s + \frac{\left(\alpha + \lambda \dfrac{l_{AC}}{d} + \displaystyle\sum_{1-c} \zeta \right)}{\lambda \dfrac{l_{AB}}{d} + \displaystyle\sum_{1-2} \zeta} H < [h_v] \qquad (7\text{-}17)$$

其中,

$$\sum_{1-c} \zeta = \zeta_e + \zeta_{b1} + \zeta_{b2}$$

式中,H_s 为虹吸管最高点至上游液面的高度,简称最大超高,又称安装高度。

为保证虹吸管正常工作,必须满足 $h_{v\max} < [h_v]$。由式(7-17)可知,虹吸管的安装高度 H_s 和作用水头 H 都受 $[h_v]$ 的制约。

【例题 7-1】 如图 7-8 所示的虹吸管,上下游水池的水位差 $H = 2.5\text{m}$,管长 $l = l_{AC} + l_{CB} = 15 + 25 = 40\text{m}$,管径 $d = 200\text{mm}$,沿程水头损失系数 $\lambda = 0.025$,入口局部水头损失系数 $\zeta_e = 1.0$,各转弯的局部水头损失系数 $\zeta_b = 0.2$,管顶允许真空高度 $h_v = 7\text{m}$。试求:① 通过流量;② 若安装高度 $H_s = 5\text{m}$,校核其真空高度。

【解】 ① 计算虹吸管流量

流速

$$v = \frac{1}{\sqrt{\lambda \dfrac{l_{AB}}{d} + \displaystyle\sum_{1-2} \zeta}} \sqrt{2gH} = \frac{1}{\sqrt{\lambda \dfrac{l_{AB}}{d} + \zeta_e + 3\zeta_b + 1}} \sqrt{2gH}$$

$$= \frac{1}{\sqrt{0.025 \times \dfrac{40}{0.2} + 1.0 + 3 \times 0.2 + 1}} \sqrt{2 \times 9.8 \times 2.5} = 2.54 (\mathrm{m/s})$$

流量

$$Q = \frac{\pi d^2}{4} v = \frac{3.14 \times 0.2^2}{4} \times 2.54 = 0.08 (\mathrm{m}^3/\mathrm{s})$$

② 校核其真空高度

取过流断面 1-1 和 c-c，以水平面 0-0 为基准面列伯努利方程

$$z_1 + \frac{p_a}{\rho g} + \frac{\alpha_1 v_1^2}{2g} = z_c + \frac{p_c}{\rho g} + \frac{\alpha v^2}{2g} + h_w$$

流速 $v_1 \approx 0$，则

$$\frac{p_a - p_c}{\rho g} = (z_c - z_1) + \frac{\alpha v^2}{2g} + h_w$$

$$= (z_c - z_1) + \left(\alpha + \lambda \frac{l_{AB}}{d} + \sum_{1-2} \zeta \right) \frac{v^2}{2g}$$

而

$$h_{\mathrm{v\,max}} = H_s + \left(\alpha + \lambda \frac{l_{AC}}{d} + \sum_{1-c} \zeta \right) \frac{v^2}{2g}$$

其中

$$\sum_{1-c} \zeta = \zeta_e + 2\zeta_b$$

故有

$$h_{\mathrm{v\,max}} = 5 + \left(1 + 0.025 \times \frac{15}{0.2} + 1.0 + 2 \times 0.2 \right) \times \frac{2.54^2}{2 \times 9.8}$$

$$= 6.41 \mathrm{m} < [h_\mathrm{v}] = 7 (\mathrm{m})$$

因此满足要求。

7.3.3.2　水泵吸水管的水力计算

离心泵吸水管的水力计算，主要是确定离心泵的安装高度，即泵轴线在吸水池水面以上的高度 H_s，如图 7-9 所示。

选取水池水面 1-1 作为基准面，取吸水池水面 1-1 和水泵进口断面 2-2 列伯努利方程，忽略吸水池水面流速，得

$$\frac{p_a}{\rho g} = H_s + \frac{p_2}{\rho g} + \frac{\alpha v^2}{2g} + h_w$$

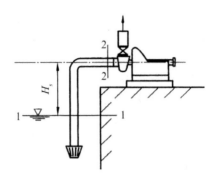

图 7-9　离心泵吸水管

$$H_s = \frac{p_a - p_2}{\rho g} - \frac{\alpha v^2}{2g} - h_w = h_v - \left(\alpha + \lambda \frac{l}{d} + \sum \zeta\right)\frac{v^2}{2g}$$

式中，H_s 为水泵安装高度；h_v 为水泵进口断面真空高度，$h_v = \dfrac{p_a - p_2}{\rho g}$；$\lambda$ 为吸水管沿程摩阻系数；$\sum \zeta$ 为吸水管各项局部水头损失系数之和。

　　上式表明，水泵的安装高度与进口的真空高度有关，而进口断面的真空高度是有限制的。当断面绝对压强降至蒸气压时，水气化而生成大量气泡，气泡随水流进入泵内，受压而突然溃灭，引起周围的水以极大的速度向溃灭点冲击，在该点造成高达数百倍的大气压强。如果这个过程发生在水泵部件的表面，就会很快损坏部件，这种现象称为气蚀。为防止气蚀，通常水泵厂由实验给出允许吸水真空高度 $[h_v]$，作为水泵的性能指标之一。

　　按照水泵泵轴是否在水面以下，水泵的安装方式可分为两种，一种为"自灌式"，另一种为"吸入式"（图 7-9）。水泵叶轮旋转，使泵内的水由压水管输出，造成水泵进口处形成真空，水池中的水在大气压强的作用下压入水泵进水管。这就说明水泵的安装高度（吸水高度）主要取决于水泵进口处的真空高度。

　　【例题 7-2】　如图 7-9 所示的离心泵，抽水流量 $Q = 8.11\text{L/s}$，吸水管长度 $l = 0.9\text{m}$，直径 $d = 100\text{mm}$，沿程水头损失系数 $\lambda = 0.35$，局部水头损失系数为：有滤网的底阀 $\zeta = 7.0$、弯管 $\zeta_b = 0.3$，泵的允许吸水真空高度 $[h_v] = 5.7\text{m}$，试确定水泵的最大安装高度。

　　【解】　选取水池水面 1-1 作为基准面，取吸水池水面 1-1 和水泵进口断面 2-2 列伯努利方程，忽略吸水池水面流速，得

$$\frac{p_a}{\rho g} = H_s + \frac{p_2}{\rho g} + \frac{\alpha v^2}{2g} + h_w$$

$$H_s = \frac{p_a - p_2}{\rho g} - \frac{\alpha v^2}{2g} - h_w = h_v - \left(\alpha + \lambda \frac{l}{d} + \sum \zeta\right)\frac{v^2}{2g}$$

其中,流速

$$v = \frac{4Q}{\pi d^2} = \frac{4 \times 8.11 \times 10^{-3}}{3.14 \times 0.1^2} = 1.03\,(\text{m/s})$$

h_v 以允许吸水真空高度 $[h_v] = 5.7\text{m}$ 代入,得最大安装高度

$$H_s = 5.7 - \left(1 + 0.35 \times \frac{0.9}{0.1} + 7.0 + 0.3\right) \times \frac{1.03^2}{2 \times 9.8} = 5.08\,(\text{m})$$

7.3.3.3　倒虹吸管水力计算

路基要跨越河道时,路基下要铺设过流管道,或输水管道横穿河道时,也要在河道下铺设管道,这种管道叫倒虹吸管。与虹吸管刚好相反,倒虹吸管一般低于上下游水面,依靠上下游水位差的作用进行输水。倒虹吸管的管道一般不太长,按短管计算。

7.4　长管的水力计算

长管的管路布置一般比较复杂,为简化水力计算,实际工程中不计流速水头和局部水头损失。按管路系统的特点不同,可分为:简单管道、串联管道、并联管道等。

7.4.1　简单管道

沿程管径、流量不变的管道称为简单管道,其水力计算是复杂管道水力计算的基础。如图 7-10 所示,由水箱引出一条长度为 l、直径为 d 的管道,管道出口距水面高差为 H。

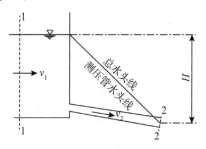

图 7-10　简单管道

选取管道出口断面形心点所在的水平面作为基准面,取符合渐变流要求的过流断面 1-1 和 2-2,并列出伯努利方程,化简可得

$$H = \frac{\alpha_2 v_2^2}{2g} + h_f + h_j$$

对于长管而言,$\frac{\alpha_2 v_2^2}{2g} + h_j \ll h_f$,可忽略不计,故上式变为

$$H = h_f \tag{7-18}$$

式(7-18)表明,进行长管水力计算时,作用水头全部消耗于沿程水头损失,总水头线(水面至管道出口连线)沿程是连续下降的,并且与测压管水头线重合。

式(7-18)可写为

$$H = h_f = \lambda \frac{l}{d} \frac{v^2}{2g}$$

根据连续性方程,$vA = Q$,而 $A = \frac{\pi}{4}d^2$,代入上式,有

$$H = \lambda \cdot \frac{l}{d} \cdot \left(\frac{Q}{\frac{\pi}{4}d^2}\right)^2 \cdot \frac{1}{2g} = \frac{8\lambda}{g\pi^2 d^5} l Q^2$$

令

$$S = \frac{8\lambda}{g\pi^2 d^5} \tag{7-19}$$

式(7-18)可写为

$$H = h_f = SlQ^2 \tag{7-20}$$

式(7-20)即为简单管道的计算公式。其中,S 称为比阻(单位为:s^2/m^6),表征管道单位长度上通过单位流量所需水头。根据式(7-19),比阻 S 取决于管径 d 及沿程水头损失系数 λ,所以比阻 S 与流体流态有关。

在流体力学中,计算沿程水头损失系数 λ 的方法很多,下面介绍几种土木工程中常用计算公式。

(1)通用公式

对于圆管,将水力半径公式 $R = \frac{d}{4}$、曼宁公式 $C = \frac{1}{n} R^{\frac{1}{6}}$,代入公式 $\lambda = \frac{8g}{C^2}$,得

$$\lambda = \frac{12.693 g n^2}{d^{1/3}}$$

将上式代入式(7-19),得

$$S = \frac{10.3 n^2}{d^{5.33}} \tag{7-21}$$

式(7-21)即圆管比阻的通用计算公式,式中 n 为管道粗糙系数。需要注意的是,式(7-21)仅限于流体流动处于紊流粗糙区时适用。

对于非圆管管道的水力计算,式(7-21)同样适用,只需将式中的直径 d 换成当量直径 d_e 即可。表 7-3 列出了根据式(7-21)计算的管道比阻值。

表 7-3　管道比阻

管径 d(mm)	S_0 值(Q 以 m^3/s 计)				
	曼宁公式			巴甫洛夫斯基公式	
	$n = 0.012$	$n = 0.013$	$n = 0.014$	$n = 0.012$	$n = 0.013$
100	319.00	375.0	434.0	319.20	387.0
150	36.70	43.0	49.9	36.72	44.40
200	7.92	9.30	10.8	7.92	9.55
250	2.41	2.83	3.28	2.41	2.90
300	0.911	1.07	1.24	0.911	1.093
350	0.401	0.471	0.545	0.400	0.481
400	0.196	0.230	0.267	0.196	0.235
450	0.105	0.123	0.143	0.1045	0.1253
500	0.0598	0.0702	0.0815	0.0597	0.0714
600	0.2260	0.0265	0.0307	0.0226	0.0270
700	0.00993	0.0117	0.0135	0.00993	0.0118
800	0.00487	0.00573	0.00663	0.00487	0.00581
900	0.00260	0.00305	0.00354	0.00260	0.00309
1000	0.00148	0.00174	0.00201	0.00148	0.00176

(2) 专用公式

对于旧钢管和铸铁管,λ 采用舍维列夫公式计算

$$\left. \begin{array}{ll} \lambda = \dfrac{0.021}{d^{0.3}}, & v \geqslant 1.2 \text{m/s} \\[3mm] \lambda = \dfrac{0.0179}{d^{0.3}} \left(1 + \dfrac{0.867}{v} \right)^{0.3}, & v < 1.2 \text{m/s} \end{array} \right\}$$

将上式代入式(7-19),得管道比阻值如下

$$S = \frac{0.001736}{d^{5.3}}, \qquad\qquad\qquad\qquad v \geqslant 1.2\text{m/s}$$
$$S' = kS = 0.852\left(1+\frac{0.867}{v}\right)^{0.3}\frac{0.001736}{d^{5.3}}, \quad v < 1.2\text{m/s} \qquad (7\text{-}22)$$

式中, k 为修正系数, $k = 0.852\left(1+\dfrac{0.867}{v}\right)^{0.3}$。

由式(7-22)看出, 紊流过渡区($v < 1.2$m/s)的比阻 S' 可以用紊流阻力平方区的比阻 S 乘以修正系数 k 计算, k 的大小取决于紊流流速大小。表 7-4 给出了水温在 10℃ 时, 不同流速下的修正系数 k 值。

表 7-4　旧钢管、铸铁管比阻的修正系数

v (m/s)	k	v (m/s)	k	v (m/s)	k
0.20	1.410	0.500	1.150	0.80	1.060
0.25	1.330	0.550	1.130	0.85	1.050
0.30	1.280	0.600	1.1150	0.90	1.040
0.35	1.240	0.650	1.100	1.00	1.030
0.40	1.200	0.700	1.085	1.10	1.015
0.45	1.175	0.750	1.070	$\geqslant 1.20$	1

7.4.2　串联管道

如图 7-11 所示, 由直径不同的不同管段顺序连接组成的管道称为串联管道, 相邻管段的连接点称为节点。串联管道常用于沿程向多处输水, 因此在节点处有流量分出, 流量随沿程而减少, 所采用的管径也相应减小。

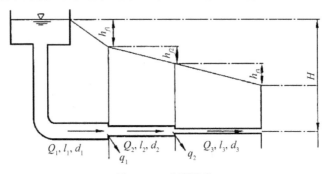

图 7-11　串联管道

如图 7-11，假设有串联管道，各管段的长度分别为 $l_1, l_2, \cdots$，管径分别为 $d_1, d_2, \cdots$，通过流量分别为 $Q_1, Q_2, \cdots$，节点处分出流量分别为 $q_1, q_2, \cdots$。

串联管道中，节点处满足连续性方程，即

$$Q_1 = q_1 + Q_2$$
$$Q_2 = q_2 + Q_3$$

一般式

$$Q_i = q_i + Q_{i+1}$$

每一段管均为简单管道，水头损失按照比阻进行计算

$$h_{fi} = S_i l_i Q_i^2$$

串联管道的总水头损失等于各管段水头损失之和，即

$$H = \sum_{i=1}^{n} h_{fi} = \sum_{i=1}^{n} S_i l_i Q_i^2$$

当节点无流量分出时，通过各管段的流量相等，即 $Q_1 = Q_2 = \cdots = Q$，则上式可变为

$$H = \sum_{i=1}^{n} h_{fi} = Q^2 \sum_{i=1}^{n} S_i l_i \qquad (7\text{-}23)$$

式(7-23)即为串联管道水力计算的基本公式，实际上反映了串联管道中流体的质量守恒和能量守恒关系。通过它们可解决串联管道的流量 Q、作用水头 H 和管径 d 的计算问题。串联管道的水头线是一条折线，因为各管段的水力坡度不等。

7.4.3　并联管道

在两个节点间并接两条以上的管道，称为并联管道。如图 7-12 所示，

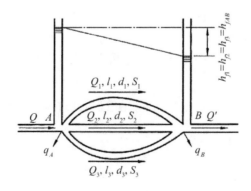

图 7-12　并联管道

节点 A、B 之间即为并接了三条管道的并联管道。并联管道旨在提高输送流体的可靠性。

如图 7-12，假设并联管道节点 A、B 间各管段分配流量为 Q_1、Q_2、Q_3，节点分出流量分别为 q_A、q_B，根据连续性方程，

节点 A：$Q = Q_1 + Q_2 + Q_3 + q_A$

节点 B：$Q_1 + Q_2 + Q_3 = Q' + q_B$

并联管道的水力特性在于节点之间的各并联管道的水头损失相等，即单位重量流体从点 A 流到点 B 沿程水头损失是相同的。因为各管段的首端 A 和末端 B 是共同的，则单位重量流体通过节点 A、B 间的任一根管的水头损失，均等于两节点 A、B 间的总水头差，故并联各管段的水头损失相等。

$$h_{fAB} = h_{f1} = h_{f2} = h_{f3}$$

以比阻和流量形式表示

$$S_1 l_1 Q_1^2 = S_2 l_2 Q_2^2 = S_3 l_3 Q_3^2 \qquad (7\text{-}24)$$

与串联管道一样，并联管道的水力计算也满足质量守恒和能量守恒关系，通过联立式(7-24)和连续性方程即可求解管道中的水力计算。

7.4.4　沿程均匀泄流管道

前面已经讨论了管道流量在管段范围内沿程不变，流量集中在管段端点流出，这种流量称为通过流量(传输流量)。在工程中经常遇到更为复杂的沿程泄流管道的水力计算问题，比如水处理构筑物的多孔配水管、冷却塔的均匀布水管、城市供水管道的沿途泄流等。这种在管路中除通过流量外，沿程还连续向外泄出的流量，称为途泄流量(沿线流量)，其中最简单的情况是单位长度上的流量相等，这种管道称为沿程均匀泄流管道。

沿程均匀泄流管道水力计算主要涉及水头损失及作用水头的计算。如图 7-13 所示，假设管路 AB 长度为 l，作用水头为 H，管路出口的通过流量为 Q，总途泄流量为 q。

距开始泄流断面 x 处，取长度 $\mathrm{d}x$ 的管段，此过流断面流量为 Q_x，根据连续性方程，有

$$Q_x = Q + q - \frac{q}{l}x$$

按管长计算 dx 段的沿程水头损失为

$$dh_f = S\left[Q + q - \frac{q}{l}x\right]^2 dx$$

沿管长积分,整个泄流管段的沿程水头损失为

$$H = h_{fAB} = \int_0^l dh_f = \int_0^l S\left[Q + q - \frac{q}{l}x\right]^2 dx \qquad (7\text{-}25)$$

当管段直径和粗糙度一定,且流动处于粗糙管区,比阻 S 是常量,上式积分得

$$H = h_{fAB} = Sl\left(Q^2 + Qq + \frac{1}{3}q^2\right) \qquad (7\text{-}26)$$

从式(7-26)可知,当通过流量 $Q = 0$ 时,沿程均匀泄流管道的水头损失为

$$H = h_{fAB} = \frac{1}{3}Slq^2 \qquad (7\text{-}27)$$

式(7-27)表明,在其他条件相同的情况下,沿程均匀泄流管道的沿程水头损失是通过相同水量的流量管道的 1/3。

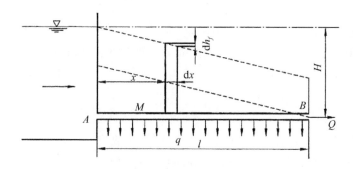

图 7-13　沿程均匀泄流管道

7.5　管网水力计算基础

在供水、供热及供气工程中,常将简单管道、串联管道及并联管道组合成为管网。如图 7-14 所示,管网按其布置图形可分为枝状及环状两种。管网的水力计算以简单管道和串、并联管道水力计算为基础。

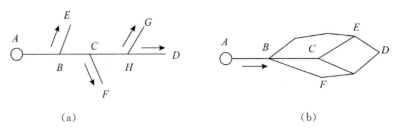

图 7-14　管网系统。(a) 枝状管网；(b) 环状管网

7.7.1　枝状管网的水力计算基础

枝状管网又称树状管网,是串联管道的延伸,一般在管网建设初期及城市管网末端采用。与环状管网相比,枝状管网便于安装、省费用,但可靠性较差。

在枝状管网设计中,通常先根据供水区域地形、用户位置,用水量进行管网布置,这样各管段长度、用水点流量等都是已知,同时用水点自由水头也可以按照用户要求确定。根据上述已知条件,再确定各管段管径及管网起点的作用水头(水塔高度或水泵扬程)。具体步骤如下:

① 根据管网布置图,按照用水点和管网分支点,给各管段编号。

② 根据连续性方程,由末端向起始端计算管网各管段流量。

③ 确定各管段管径。

$$d = \sqrt{\frac{4Q}{\pi v}} \tag{7-28}$$

由式(7-28)可知,在流量 Q 一定的条件下,流速 v 与管径 d 的平方成反比。如果流速大,则管径小,相应的管网造价低,但同时流速大,会导致水头损失大,又会增加水塔高度或水泵的运营费用;反之,如果流速小,则管径大,会减少管路的水头损失,从而减少了水泵运营费用,但管网造价高。

因此,在确定管径时,应考虑经济因素,采用一定的流速使得供水的总成本(包括铺设管网费用、水塔建设费用及水泵运营费用之总和)最低,这种流速称为经济流速。

根据给排水相关设计规范,对于中小直径的给水管道,经济流速按以下规定选用:当 $d = 100 \sim 400$mm 时,采用 $v = 0.6 \sim 1.0$m/s;当 $d > 400$mm 时,采用 $v = 1.0 \sim 1.4$m/s。经济流速选定之后,便可根据式(7-28)算出经济流速相应的管径,并采用标准规格管径。

④ 计算水头损失。根据标准管径计算流速和比阻,计算各管段水头损失。

⑤ 计算作用水头。找出管网的控制点,即管网起点(水塔或水泵站)至该点的水头损失、地形标高和自由水头(即供水末端压强水头的余量)三项之和最大的点,亦称为水头最不利点。按照串联管道,以管网起点至控制点作为整个管网系统的主干管,计算主干管的总水头损失。建立伯努利方程,计算管网起点的作用水头(水塔高度或水泵扬程)。

7.7.2　环状管网的水力计算基础

环状管网是并联管道的扩展,在给水工程系统中被广泛采用。与枝状管网相比,环状管网的供水可靠性显著提高,任一管段出现局部损坏都可由其他管路补给,以保证用户的使用需求。环状网管一般布局较复杂、管段多,因而投资成本比枝状管网高。

环状管网的水力计算主要是在管网布置、管段长度以及各节点流出流量已知的情况下,确定各管段的流量和选择适当的管径。同串联管道一样,环状管网的水力计算也是建立在连续性方程和伯努利方程的理论基础上的。

由连续性方程的适用条件,节点处满足流量平衡,如以流入节点的流量为正,流出为负,则有 $\sum q_i = 0$。由并联管路的水力计算特点可知,两节点之间各管路的水头损失相等。扩展到环状管网,在任何一封闭环路中,假设沿环路顺方向流动的水头损失为正,逆方向为负,则应有水头损失闭合差 $\sum h_{fi} = 0$。

与枝状管网相比,环状管网的水力计算涉及方程众多,并且这些方程是非线性方程,需用数值方法求解。通常我们采用迭代法,逐次逼近求解,以求得满足精度要求的结果。其步骤通常为:

① 根据管网节点用水情况和供水点位置,依据节点流量平衡条件,凭经验分配各管段流量 q_{ij} 和流向;

② 依据各管段流量和经济流速,由式(7-28)确定各管段直径 d;

③ 计算各管段的比阻,计算各管段水头损失 h_{fij};

④ 计算各环路的闭合差 $\sum h_{fij}$,若 $\sum h_{fij}$ 满足精度要求,计算结束,否则,按步骤 ⑤ 继续计算;

⑤ 对各管段流量进行修正后,按步骤 ② 继续计算。流量修正具体公式如下:

$$
\left.\begin{array}{l}
q_{ij+1} = q_{ij} + \Delta q_{ij} \\
\Delta q_{ij} = -\dfrac{\sum h_{fij}}{2\sum \dfrac{h_{fij}}{q_{ij}}}
\end{array}\right\}
\tag{7-29}
$$

式中,q_{ij} 为修正前各管段流量;q_{ij+1} 为修正后各管段流量;Δq_{ij} 为修正流量;$\sum h_{fij}$ 为环路水头损失闭合差;h_{fij} 为各管段水头损失。

注意,闭合环的修正会影响相邻环,因此,必须反复、多次修正,直到满足精度要求为止。修正流量的同时,还需相应地调整管径。

7.6　有压管道中的水击

在前面各章中讨论的有压管流,均把流体流动看作是不可压缩的恒定流动,本节将要讨论有压管中一种重要的非恒定流现象 —— 水击(水锤)。

7.6.1　水击现象

在有压管路中,因外界原因(如阀门突然关闭、水泵机组突然停机等) 导致管中的水流流速发生变化,从而引起压强急剧升高和降低的交替变化的现象,这种现象称为水击,又称为水锤。当压强升高时,可使管道的压强高达正常工作压强的几十甚至几百倍。压强的大幅度波动具有很大的破坏性,使得管壁像受到锤击一样,可导致管道系统强烈振动、产生噪声,造成阀门破坏,管件接头断开,甚至发生爆裂等重大事故。

7.6.1.1　水击产生的原因

如图 7-15 所示的管道系统,管长为 l,管径与壁厚沿程不变。管道上游点 M 与水池相接,下游点 N 为阀门。

假设水击发生前,管流为恒定流动,断面平均流速为 v_0,为便于分析水击现象,忽略沿程水头损失及流速水头,则管道沿程各过流断面的压强相等。设管中压强为 p_0,各过流断面的压强水头均为 $\dfrac{p_0}{\rho g} = H$。

当阀门突然关闭时,紧靠阀门处的水(虚线部分)会突然停止流动,流速由 v_0 立刻变为零。根据质点系的动量定理,该部分水的动量变化,等于合外力的冲量,而这个合外力作用于阀门处。因合外力作用,水的应力(即压强)迅速增至 $p_0 + \Delta p$,增加的压强 Δp 称为水击压强。

由于水具有可压缩性,在水击压强的作用下,流动的水段突然停止受压,管壁膨胀。虚线部分停止后,后续的水层进入其中的水体因体积压缩、管壁膨胀而余出的空间后才停止流动,同时压强增高,体积压缩,管壁继续膨胀,如此持续向管道进口传播。因此,阀门突然关闭,管道中的水不是在同一时刻全部停止流动,压强也不是在同一时刻增高 Δp,而是以波的形式由阀门传递至管道进口。

由此可见,管道内水流速度突然变化的因素(如阀门突然关闭)是引发水击的外部条件,而水流本身具有惯性和压缩性则是引发水击的内在原因。

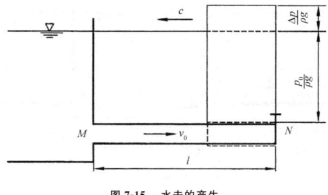

图 7-15　水击的产生

7.6.1.2　水击波的传播过程

水击以波的形式传播,称为水击波。其传播过程如图 7-16 所示。

第 Ⅰ 阶段:增压波从阀门向管道进口传播。假设在 $t = 0$ 时突然关闭阀门,增压波从阀门向管道进口传播,传播方向与水流方向相反;波到之处水停止流动,压强增至 $p_0 + \Delta p$;未传到之处,水仍以 v_0 流动,压强为 p_0。用 c 表示水击波的传播速度,在 $t = l/c$,水击波传到管道进口,全管压强均为 $p_0 + \Delta p$,处于增压状态。

第 Ⅱ 阶段:减压波从管道进口向阀门传播。在 $t = l/c$ 时,管内压强 $p_0 + \Delta p$,大于进口外侧静水压强 p_0,在压强差 Δp 作用下,管道内紧靠进口的水以流速 $-v_0$(负号表示与原流速 v_0 的方向相反)向水池倒流。$l/c < t < 2l/c$ 时,管内压强降低,水击波传播方向与恒定流方向一致。$t = 2l/c$ 时,减压波

传至阀门断面,全管压强为 p_0,恢复原来状态。

第 Ⅲ 阶段:减压波从阀门向管道进口传播。$t = 2l/c$ 时,在惯性作用下,水继续向水池倒流,因阀门关闭而无水补充,紧靠阀门处的水停止流动,流速由 $-v_0$ 变为零,同时压强降低 Δp,随之后续各层相继停止流动,流速由 $-v_0$ 变为零,压强降低 Δp。$t = 3l/c$ 时,减压波传至管道进口,全管压强为 $p_0 - \Delta p$,处于减压状态。

第 Ⅳ 阶段:增压波从管道进口向阀门传播。$t = 3l/c$ 时,管道进口外侧静水压强 p_0,大于管内压强 $p_0 - \Delta p$,在压强差 Δp 作用下,水以速度 v_0 向管内流动,压强自进口起逐层恢复为 p_0。$t = 4l/c$ 时,增压波传至阀门处,全管压强为 p_0,恢复为阀门关闭前的状态。

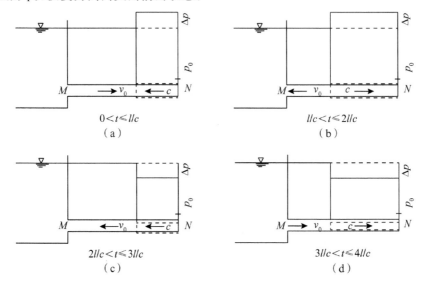

图 7-16 水击波传播过程

水击过程的运动特征如表 7-5 所示。

表 7-5 水击过程的运动特征

过程	时段	流速变化	水流方向	压强变化	水击波传播方向	运动特征	流体状态
增压逆波	$(0, l/c]$	$v_0 \to 0$	$M \to N$	Δp	$N \to M$	减速增压	压缩
减压顺波	$(l/c, 2l/c]$	$0 \to -v_0$	$N \to M$	0	$M \to N$	增速减压	恢复
减压逆波	$(2l/c, 3l/c]$	$-v_0 \to 0$	$N \to M$	$-\Delta p$	$N \to M$	减速减压	膨胀
增压顺波	$(3l/c, 4l/c]$	$0 \to v_0$	$M \to N$	0	$M \to N$	增速增压	恢复

至此,水击波的传播完成了一个周期。在一个周期内,水击波由阀门传到进口,再由进口传至阀门,共往返两次。往返一次所需时间 $t = 2l/c$ 称为相或相长。实际上水击波传播速度很快,前述各阶段是在极短时间内连续进行的。

在 $t = 4l/c$ 以后,由于惯性作用,水继续以流速 v_0 流动,受到阀门阻止,于是与第 Ⅰ 阶段开始时,阀门瞬时关闭的情况相同,发生增压波从阀门向管道进口传播,重复上述四个阶段,周期性循环下去。如果水击在传播过程中没有能量损失,水击会一直传播下去,但实际上,由于流动阻力存在,Δp 每经过一个周期都是逐渐减小的,水击波是逐渐衰减的,如图 7-17 所示。

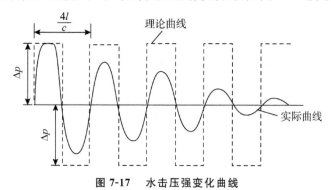

图 7-17 水击压强变化曲线

7.6.2 水击压强的计算

认识了水击的传播过程后,下面讨论一下水击压强 Δp 的计算,为压力管道设计及控制运行提供依据。

7.6.2.1 直接水击

水击产生是由于阀门瞬时关闭而产生的,但实际上阀门关闭总是有一个过程的,如关闭时间小于一个相长($T_z < 2l/c$),那么最早发出的水击波的反射波回到阀门以前,阀门已全关闭,此时阀门处的水击压强和阀门瞬时关闭时相同,这种水击称为直接水击。下面利用质点系动量原理推导直接水击压强的公式。

如图 7-18 所示,假设有压管流因阀门突然关小、流速突然变化而发生水击,水击波的传播速度为 c,在微小时段 Δt,水击波由断面 2-2 传到断面 1-1。分析 1-2 段水体:水击波通过前,原流速 v_0,压强 p_0,密度 ρ,过流断面面积 A;

水击波通过后,流速降至 v,压强、密度、过流断面面积分别增至 $p_0 + \Delta p$,$\rho + \Delta \rho$,$A + \Delta A$。

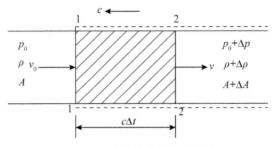

图 7-18　直接水击压强的计算

根据质点系动量定理,得

$$[p_0 A - (p_0 + \Delta p)(A + \Delta A)]\Delta t = (\rho + \Delta \rho)(A + \Delta A)c\,\Delta t v - \rho A c\,\Delta t v_0$$

由于 $\Delta \rho \ll \rho$,$\Delta A \ll A$,上式可化简为

$$\Delta p = \rho c (v_0 - v) \qquad (7\text{-}30)$$

阀门瞬时完全关闭,$v = 0$,得最大水击压强

$$\Delta p = \rho c v_0 \qquad (7\text{-}31)$$

或以压强水头表示

$$\frac{\Delta p}{\rho g} = \frac{c v_0}{g} \qquad (7\text{-}32)$$

直接水击压强的计算公式是由俄国流体力学家尼古拉·叶戈罗维奇·茹科夫斯基(Николай Егорович Жуковский)在 1898 年导出的,又称为茹科夫斯基公式。

7.6.2.2　间接水击

如阀门关闭时间 $T_z > 2l/c$,则开始关闭时发出的水击波的反射波,在阀门尚未完全关闭前,已返回阀门断面,随即变为负的水击波向管道进口传播。由于正、负水击波相叠加,阀门处水击压强小于直接水击压强,这种情况的水击称为间接水击。

由于正、负水击相互作用,间接水击的计算更为复杂。一般情况下,间接水击压强可用下式估算

$$\Delta p = \rho c v_0 \frac{T}{T_z} \qquad (7\text{-}33)$$

或

$$\frac{\Delta p}{\rho g} = \frac{c v_0}{g} \frac{T}{T_z} = \frac{v_0}{g} \frac{2l}{T_z} \qquad (7\text{-}34)$$

式中，v_0 为水击发生前断面平均流速；T 为水击波相长，$T = 2l/c$；T_z 为阀门关闭时间。

7.6.3　防止水击危害的措施

通过对水击发生的原因、传播过程及影响因素的分析，可以得知水击对管理系统十分有害，必须采取相应措施削弱水击的危害，具体可从以下几个方面采取措施：

① 限制流速。式(7-31)、式(7-33)都表明，水击压强与管道中流速 v_0 呈正比，减小流速便可减小水击压强 Δp，因此一般给水管网中，限制 $v_0 < 3\text{m/s}$。

② 控制阀门关闭或开启时间。该措施可以避免直接水击，也可减小间接水击压强。

③ 缩短管道长度、采用弹性模量较小材质的管道。缩短管长，即缩短了水击波相长，可使直接水击变为间接水击，也可降低间接水击压强；采用弹性模量较小的管材，使水击波传播速度减缓，从而降低直接水击压强。

④ 设置安全阀，进行水击过载保护。

7.7　离心泵的原理及选用*

离心泵是一种最常用的抽水机械，由泵壳、叶轮以及泵轴等部件构成。泵壳与压水管相连，在叶轮入口处与吸水管连接，构成离心泵，如图 7-19 所示。

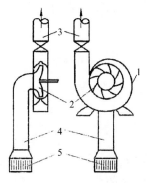

1— 泵壳；2— 叶轮；3— 压水管；4— 吸水管；5— 进水阀

图 7-19　离心泵

7.7.1 离心泵的工作原理

离心泵启动前,先将泵体和吸水管内注满水;启动后,叶轮高速转动,水在叶轮的作用下获得离心力,沿离心方向流出叶轮,进入泵壳。在泵壳内,水的部分动能转化为压能,经压水管送出。另外,叶轮入口处形成真空,在大气压的作用下,吸水池中的水被压入水泵,使得压水、吸水过程连续进行。

7.7.2 离心泵性能参数

离心泵的工作特性可由以下特性参数表征。

(1)流量 Q:单位时间内输送液体的体积,常用单位有 L/s、m^3/s 或 m^3/h 等。

(2)扬程 H:泵供给单位重量液体的能量或单位重量液体通过泵所得到的能量,常用单位为 m。

如图 7-20 所示的水泵供水系统,取吸水池水面 1-1 和水塔水面 2-2,以水平面 0-0 为基准面,列有能量输入的伯努利方程

$$z_1 + \frac{p_1}{\rho g} + \frac{\alpha_1 v_1^2}{2g} + H = z_2 + \frac{p_2}{\rho g} + \frac{\alpha_2 v_2^2}{2g} + h_w$$

式中,H 为水泵扬程。

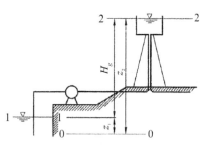

图 7-20 水泵供水系统

如图 7-20 所示,存在

$$v_1 \approx v_2 \approx 0, p_1 = p_2 = p_a$$

化简可得

$$H = z_2 - z_1 + h_w = H_g + h_w \tag{7-35}$$

式中,H_g 为水泵抽水的几何给水高度,$H_g = z_2 - z_1$。

式(7-35)表明,水泵扬程包括两部分:① 使水提升几何给水高度 H_g;

② 克服管路的水头损失 h_w。

（3）功率 N：泵的功率分为轴功率和有效功率，常用单位为 W 或 kW。轴功率 N 是电动机传递给泵的功率，即输入功率；有效功率 N_e 是单位时间内液体从泵实际获得的能量。

$$N_e = \rho g Q H \tag{7-36}$$

式中，ρ 为液体密度；Q 为抽水流量；H 为水泵扬程。

（4）效率 η：有效功率与轴功率之比，即

$$\mu = \frac{N_e}{N} \tag{7-37}$$

（5）转速 n：泵工作叶轮每分钟的转数，常用单位为 r/min。

（6）允许吸水真空高度 $[h_v]$：水泵的吸水真空度，是指为防止水泵内气蚀发生而由实验确定的水泵进口的允许真空高度，常用单位为 m。

7.7.3　水泵管路系统的水力特性

水泵是在管道系统中运行的，因此，水泵的实际工作情况要根据水泵的性能和管道的特性来确定。而水泵的性能和管道的特性分别由水泵性能曲线和管道特性曲线来表征，这两条曲线的交点称为水泵工况点，该点处水泵工作状态最佳。下面简单介绍一下水泵性能曲线和管道特性曲线。

在转速一定的情况下，通常将表征扬程、轴功率、效率以及允许吸水真空高度与流量的关系曲线称为水泵的性能曲线。水泵的性能曲线通常是由实验获得的，如图 7-21 所示。水泵铭牌上所列的流量和扬程为最高效率段的值。通常，水泵生产厂家会对每台水泵规定一个许可工作范围，水泵需在此范围内工作，以保持高效率。

$$h_w = \left(\sum \lambda \frac{l}{d} + \sum \zeta \right) \frac{v^2}{2g} = \left(\sum \lambda \frac{l}{d} + \sum \zeta \right) \frac{Q^2}{2gA^2}$$

令

$$S = \left(\sum \lambda \frac{l}{d} + \sum \zeta \right) \frac{1}{2gA^2} \tag{7-38}$$

则

$$H = H_g + SQ^2 \tag{7-39}$$

式中，S 为水泵管道系统的总阻抗，单位 s^2/m^5。

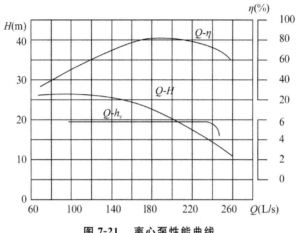

图 7-21　离心泵性能曲线

根据式(7-39)，可绘制出某一管道系统的 H-Q 关系曲线，即为管道特性曲线，如图 7-22 所示。管道特性曲线表征了该管道系统通过不同流量液体时，单位重量液体所需要的能量。

结合水泵性能曲线和管道特性曲线，即可通过图解法来确定水泵的工作点。如图 7-23 所示，将水泵性能曲线和管道特性曲线按比例绘于同一图上，两曲线的交点即是水泵的工作点。在工作点处，水泵的抽水流量等于管道流量，泵的扬程等于液体在管道内流动所需的能量。

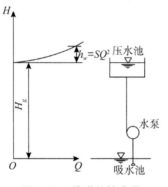

图 7-22　管道特性曲线

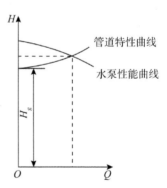

图 7-23　水泵的工作点

本章小结

（1）根据孔口大小与作用水头的关系，将孔口分为小孔口和大孔口。

（2）薄壁小孔口恒定出流，流量 $Q = \mu A \sqrt{2gH_0}$。

对于自由出流和淹没出流，H_0 含义有差异。

（3）管嘴恒定出流的流量计算公式 $Q = \mu A \sqrt{2gH_0}$。

该出流流量比相同尺寸的孔口在同样条件下出流量大 1.32 倍，这是由于收缩断面存在真空的缘故，收缩断面的真空高度 $\dfrac{p_v}{\rho g} = 0.75H_0$。

管嘴出流正常工作的条件：

① 作用水头 $H_0 \leqslant 9\mathrm{m}$；

② 管嘴长度 $l = (3 \sim 4)d$。

（4）根据两种水头损失所占比重不同，将管路分为短管和长管。短管是沿程水头损失和局部水头损失都占相当比重、两者都不可忽略的管道。水头损失以沿程水头损失为主的（局部水头损失与流速水头的总和同沿程水头损失相比很小，可忽略不计），或按沿程水头损失的百分数估算的是长管。长管可进一步分为简单管道、串联管道和并联管道。

（5）短管出流 $Q = \mu A \sqrt{2gH_0}$。

短管具有相同的自由出流和淹没出流，尽管两者的流量系数形式不同，但数值是一致的。这是因为短管自由出流的流量系数比淹没出流多了一个动能修正系数 $\alpha = 1$，但少了一个短管出口局部阻力系数 $\zeta = 1$。

（6）简单管道 $H = h_f = SlQ^2$。其中，S 称为比阻（单位为：$\mathrm{s^2/m^6}$），表征管道单位长度上通过单位流量所需水头。

由管径不同的几条管段依次连接组成的管道叫作串联管道，总的水头损失为各管段水头损失之和。在两个节点处并设几条管道，称为并联管道，节点之间的各并联管道的水头损失相等。

（7）水击：在有压管路中，因外界原因（如阀门突然关闭、水泵机组突然停机等）导致管中的水流受阻，流速突然变小，从而引起压强急剧升高或降低的交替变化，这种现象称为水击。

思考题

（1）在小孔上安装一段圆柱形管嘴后，流动阻力增加了，为什么流量反而增大？是否管嘴越长，流量越大？

（2）何谓串联管路？何谓并联管路？两者的水力计算有何不同？

（3）如图所示的两串联长管，(a) 和 (b) 的区别是粗、细管位置不同。设两种情况下作用水头 H 相同，试分析：

① 在不计水头损失时，哪种情况流量大？为什么？

② 在只计沿程水头损失时，两种情况流量是否相等？为什么？

③ 当同时计沿程水头损失和局部水头损失时，哪种情况流量大？为什么？

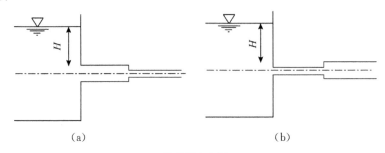

（a） （b）

思考题(3)图

（4）如图所示的等厚隔墙上设两条管材、管径相同的短管，上游水位不变。试比较：当下游水位为 A、B、C 时，两管流量的大小。

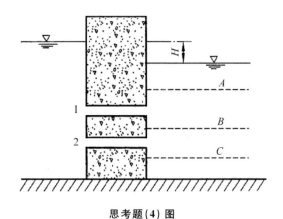

思考题(4)图

（5）什么是管网的控制点？

（6）何谓水击（亦称水锤）？产生水击的原因是什么？

📖 **练习题**

7-1　在正常工作条件下，作用水头 H、直径 d 相等时，比较小孔口的流量 Q 和圆柱形外管嘴的流量 Q_n：（　　）

A. $Q > Q_n$　　　　B. $Q < Q_n$　　　　C. $Q = Q_n$　　　　D. 不定

7-2　圆柱形外管嘴的正常工作条件是：（　　）

A. $l = (3 \sim 4)d, H_0 > 9\mathrm{m}$　　　　B. $l = (3 \sim 4)d, H_0 < 9\mathrm{m}$

C. $l > (3 \sim 4)d, H_0 > 9\mathrm{m}$　　　　D. $l < (3 \sim 4)d, H_0 < 9\mathrm{m}$

7-3　图示两根完全相同的长管道，只是安装高度不同，两管的流量关系是：（　　）

A. $Q_1 < Q_2$　　　　　　　　　　B. $Q_1 > Q_2$

C. $Q_1 = Q_2$　　　　　　　　　　D. 不定

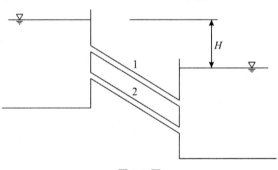

题 7-3 图

7-4　并联管道 1、2，两管的直径相同，沿程阻力系数相同，长度 $l_2 = 3l_1$，通过的流量为：（　　）

A. $Q_1 = Q_2$

B. $Q_1 = 1.5Q_2$

C. $Q_1 = 1.73Q_2$

D. $Q_1 = 3Q_2$

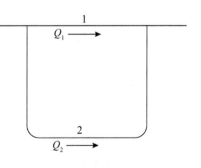

题 7-4 图

7-5 并联管道 1、2、3、A、B 之间的水头损失是:(   )

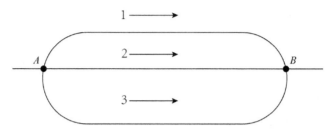

题 7-5 图

A. $h_{fAB} = h_{f1} + h_{f2} + h_{f3}$ B. $h_{fAB} = h_{f1} + h_{f2}$

C. $h_{fAB} = h_{f2} + h_{f3}$ D. $h_{fAB} = h_{f1} = h_{f2} = h_{f3}$

7-6 长管并联管道各并联管段的:(   )

A. 水头损失相等   B. 水力坡度相等

C. 总能量损失相等   D. 通过的流量相等

7-7 并联管道阀门 K 全开时,各段流量为 Q_1、Q_2、Q_3。现关小阀门 K,其他条件不变,流量的变化为:(   )

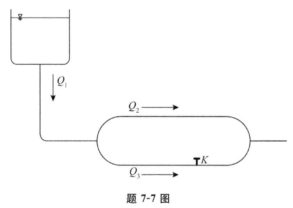

题 7-7 图

A. Q_1、Q_2、Q_3 都减小

B. Q_1 减小,Q_2 不变,Q_3 减小

C. Q_1 减小,Q_2 增加,Q_3 减小

D. Q_1 不变,Q_2 增加,Q_3 减小

7-8 薄壁孔口出流,直径 $d = 2\text{cm}$,水箱水位恒定 $H = 2\text{m}$,试求:(1)孔口流量 Q_c;(2)此孔口外接圆柱形管嘴的流量 Q_n;(3)管嘴收缩断面的真空高度。

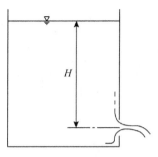

题 7-8 图

7-9　虹吸管将 A 池中的水输入 B 池,已知长度 $l_1 = 3\text{m}, l_2 = 5\text{m}$,直径 $d = 75\text{mm}$,两池水面高差 $H = 2\text{m}$,最大超高 $h = 1.8\text{m}$,沿程摩阻系数 $\lambda = 0.02$,局部损失系数:进口 $\zeta_a = 0.5$,转弯 $\zeta_b = 0.2$,出口 $\zeta_c = 1$,试求流量及管道最大超高断面的真空高度。

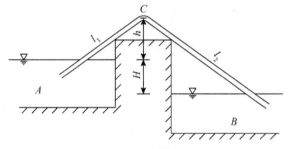

题 7-9 图

7-10　水从密闭容器 A,沿直径 $d = 25\text{mm}$、长 $l = 10\text{m}$ 的管道流入容器 B,已知容器 A 水面的相对压强 $p_1 = 2\text{at}$,水面高 $H_1 = 1\text{m}, H_2 = 5\text{m}$,沿程摩阻系数 $\lambda = 0.025$,局部损失系数:阀门 $\zeta_v = 4.0$,弯头 $\zeta_b = 0.3$,试求流量。

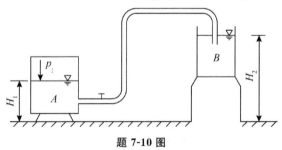

题 7-10 图

第8章 明渠流动

⬤ **内容提要**

　　本章主要介绍明渠恒定均匀流的形成条件和特征,以及明渠均匀流的水力计算、渠道底坡、允许流速、水力最优断面、水力最优断面条件、明渠均匀流基本公式;无压圆管均匀流水力特征、水力要素、充满度及无压圆管均匀流水力计算。而后讨论明渠恒定非均匀流的三种流态:缓流、临界流和急流,以及三种流态的判别;水跃和水跌的概念以及棱柱形渠道非均匀渐变流水面曲线的分析。教学重点在于明渠恒定均匀流的基本概念和水力计算,明渠恒定非均匀流的三种流态的概念;教学难点在于棱柱形渠道非均匀渐变流。

⬤ **学习目标**

　　通过本章内容的学习,应掌握明渠均匀流的特点、产生条件及影响因素,能正确使用明渠均匀流的基本公式求解各类水力计算问题和无压圆管的水力计算;了解明渠恒定非均匀流的三种流态及其判别方法。

8.1 概　　述

　　前面讨论了管道中的有压流动,本章讨论另一种典型流动现象 —— 明渠流动。

　　明渠是一种具有自由液面(液面各点受大气压强的作用)水流的渠道。这种水流的部分周界与大气接触,具有自由表面的流动,称为明渠流动。由于自由表面直接与大气接触,相对压强为零,故也称为无压流动。

　　水在渠道、无压管道以及江河中的流动都是明渠流动(图8-1),明渠流动理论为设计和运行控制给排水、灌溉渠道提供了科学依据。

明渠种类很多,比如:天然河道[图 8-1(a)]、人工输水渠道[图 8-1(b)]及未充满水流的管道[图 8-1(c)]等。

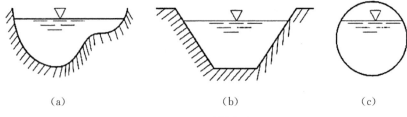

(a)   (b)   (c)

图 8-1 明渠流动

根据形成原因不同,明渠可分为天然明渠和人工明渠。根据水流的运动要素是否随时间变化,分为明渠恒定流与明渠非恒定流;根据水流运动要素是否沿流程变化,分为明渠均匀流与明渠非均匀流。根据流线的形态,明渠非均匀流又分为渐变流和急变流。

对于明渠流动来说,边界条件(如明渠的横断面尺寸、形状和底坡等)对明渠流动运动有十分重要的影响,因此,在研究明渠流动运动规律之前,首先介绍明渠的边界性质。

8.1.1 棱柱形渠道与非棱柱形渠道

根据渠道断面形状、尺寸是否沿程变化,分为棱柱形渠道和非棱柱形渠道。

凡是断面形状及尺寸沿程不变的长直渠道,称为棱柱形渠道。其过流断面面积仅随水深改变,即

$$A = f(h)$$

断面形状及尺寸沿程有变化的渠道称为非棱柱形渠道。其过流断面面积不仅随水深改变,而且还随各断面的沿程位置变化,即

$$A = f(h,s)$$

如图 8-2 所示,梯形渠道与矩形渡槽及其之间的衔接就是棱柱形渠道与非棱柱形渠道相结合的常见例子。

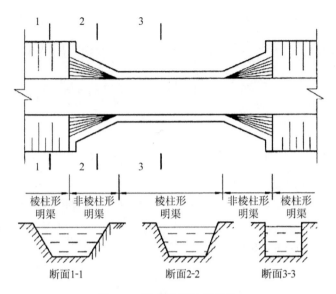

断面1-1　　　　断面2-2　　　　断面3-3

图 8-2　渠道平面及断面图

8.1.2　底坡

如图 8-3 所示,将明渠渠道与纵剖面的交线称为底线,该纵剖面与水面的交线则称为水面线,底线沿流程单位长度的降低值称为明渠底坡,以符号 i 表示。

$$i = \frac{z_1 - z_2}{l} = \frac{\Delta z}{l} = \sin\theta \tag{8-1}$$

式中,z_1 为断面 1-1 的底面高程;z_2 为断面 2-2 的底面高程;l 为断面 1-1 与断面 2-2 之间的流程长度;Δz 为断面 1-1 与断面 2-2 之间的高程差;θ 为渠底坡线与水平面的夹角。

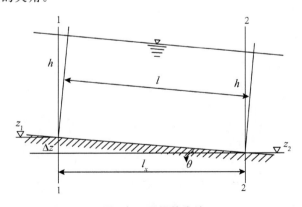

图 8-3　明渠的底坡

一般说来,渠道底坡 i 很小,即 θ 很小,为便于测量和计算,常以水平距离 l_x 代替流程长度 l,同时以铅垂断面作为过流断面,以铅垂深度 h 作为过流断面的水深,即

$$i = \frac{z_1 - z_2}{l_x} = \tan\theta \tag{8-2}$$

底坡分为三种类型:

① 渠底高程沿程降低($z_1 > z_2$),即 $i > 0$ 时,这样的渠道称为顺坡渠道[图 8-4(a)];

② 渠底高程沿程不变($z_1 = z_2$),即 $i = 0$ 时,这样的渠道称为平坡渠道[图 8-4(b)];

③ 渠底高程沿程升高($z_1 < z_2$),即 $i < 0$ 时,这样的渠道称为逆坡渠道[图 8-4(c)]。

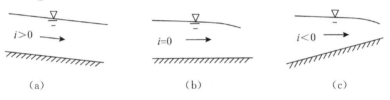

图 8-4 底坡类型。(a) 顺坡渠道;(b) 平坡渠道;(c) 逆坡渠道

8.1.3 明渠流动的特点

相比有压管流,明渠流动具有以下特点:

(1) 明渠流动具有自由表面,沿程各断面的表面压强均为大气压强,重力对流动起主导作用。

(2) 明渠底坡的改变对流速和水深有直接影响,如图 8-5 所示。底坡 $i_1 \neq i_2$,则流速 $v_1 \neq v_2$,水深 $h_1 \neq h_2$。而有压管流,只要管道的形状、尺寸一定,管线坡度变化对流速和过流断面面积无影响。

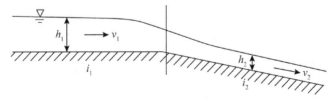

图 8-5 底坡的影响

(3) 明渠局部边界的变化,如设置控制设备、渠道形状和尺寸的变化、改

变底坡等,都会造成水深在很长的流程上发生变化,因此,明渠流动存在均匀流和非均匀流(图 8-6)。而在有压管流中,局部边界变化影响的范围很短,只需计入局部水头损失,仍按均匀流计算(图 8-7)。

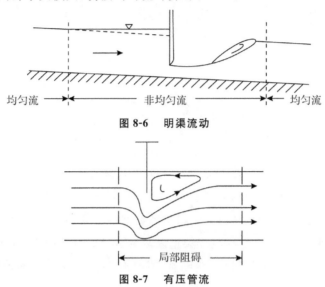

图 8-6　明渠流动

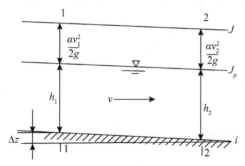

图 8-7　有压管流

8.2　明渠均匀流

明渠均匀流是流线为平行直线的明渠流动,也就是具有自由表面的等深、等速流(图 8-8)。明渠均匀流是明渠流动最简单的形式。

图 8-8　明渠均匀流

8.2.1　明渠均匀流形成的条件与特征

在明渠中实现等深、等速流动是有条件的。如图 8-8 所示,在均匀流中取

过流断面 1-1、2-2，列伯努利方程

$$(h_1 + \Delta z) + \frac{p_1}{\rho g} + \frac{\alpha_1 v_1^2}{2g} = h_2 + \frac{p_2}{\rho g} + \frac{\alpha_2 v_2^2}{2g} + h_w$$

对于明渠均匀流，

$$p_1 = p_2 = 0, h_1 = h_2 = h_0$$
$$v_1 = v_2 \approx 0, \alpha_1 = \alpha_2 = 1, h_w = h_f$$

故可化简为

$$\Delta z = h_f$$

除以流程长度，得

$$i = J$$

上式表明，明渠均匀流的条件是水流高程降低提供的重力势能与沿程水头损失相平衡，而水流的动能保持不变。按这个条件，明渠均匀流只能出现在底坡不变，且断面形状、尺寸、粗糙系数都不变的顺坡($i > 0$)长直渠道中。在平坡和逆坡渠道、非棱柱形渠道以及天然河道中，都不能形成均匀流。

人工渠道一般都尽量使渠线顺直，并在长距离上保持断面形状、尺寸、底坡、壁面粗糙不变，这样的渠道基本上符合均匀流形成的条件，可按明渠均匀流计算。

因为明渠均匀流是等深流，水面线（即测压管水头线）与渠底线平行，坡度相等

$$J_p = i$$

明渠均匀流又是等速流，总水头线与测压管水头线平行，坡度相等

$$J = J_p$$

故明渠均匀流的特征是各项坡度皆相等

$$J = J_p = i \tag{8-3}$$

8.2.2　过流断面的几何要素

如图 8-9 所示，明渠最具代表性的断面是梯形断面，其几何要素包括如下基本量

$$m = \frac{a}{h} = \cot\alpha \tag{8-4}$$

式中，b 为明渠底宽；h 为正常水深，均匀流的水深一般沿程不变；m 为边坡系数，是表示边坡倾斜程度的系数。

240

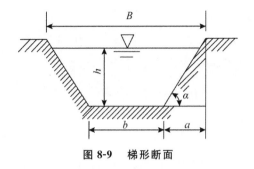

图 8-9　梯形断面

导出量

$$
\left.\begin{array}{l}
B = b + 2mh \\
A = (b + mh)h \\
\chi = b + 2h\sqrt{1 + m^2} \\
R = \dfrac{A}{\chi}
\end{array}\right\}
\tag{8-5}
$$

式中，B 为水面宽；A 为过流断面面积；χ 为湿周；R 为水力半径。

8.2.3　明渠均匀流的基本公式

第 7 章提到均匀流水头损失计算公式 —— 谢才公式

$$
v = C\sqrt{RJ}
$$

该公式是均匀流计算的通用公式，既适用于有压管道均匀流，也适用于明渠均匀流。

对于明渠均匀流而言，因为 $J = J_p = i$，代入谢才公式可得

$$
v = C\sqrt{Ri}
\tag{8-6}
$$

流量

$$
Q = Av = AC\sqrt{Ri} = K\sqrt{i}
\tag{8-7}
$$

式中，K 为流量模数，$K = AC\sqrt{R}$；C 为谢才系数，根据曼宁公式计算，$C = \dfrac{1}{n}R^{1/6}$。

式(8-6)和(8-7)式即为明渠均匀流的基本公式。

8.2.4　明渠均匀流的水力计算

明渠均匀流水力计算主要包括三类基本问题：① 验算渠道的输水能力；② 确定渠道底坡；③ 设计渠道断面尺寸。

（1）验算渠道的输水能力

已知明渠的断面形状与尺寸（b、h、m）、底坡 i 以及粗糙系数 n，求通过流量 Q。根据明渠均匀流的基本公式进行计算，可得

$$Q = AC\sqrt{Ri}$$

（2）确定渠道底坡

已知明渠的断面形状与尺寸（b、h、m）、粗糙系数 n 以及输水流量 Q，先计算出流量模数 $K = AC\sqrt{R}$，然后代入明渠均匀流的基本公式进行计算，即可求出底坡 i。

$$i = \frac{Q^2}{K^2} \tag{8-8}$$

（3）设计渠道断面尺寸

已知渠道的设计流量 Q、底坡 i、边坡系数 m 以及粗糙系数 n，求解渠道的断面尺寸渠底宽 b、水深 h。仅利用明渠均匀流的基本公式求解，将得到多组解答，此时应结合工程实际和技术经济要求先确定一个条件，再求解。

① 水深 h 已定，确定相应的渠底宽 b，如水深 h 另由通航或施工条件限定，渠底宽 b 有确定解。为避免直接由式（8-7）求解的困难，给渠底宽 b 以不同值，计算相应的流量模数 $K = AC\sqrt{R}$，作 $K = f(b)$ 曲线。再由已知 Q、i，算出应有的流量模数 $K_A = Q/\sqrt{i}$，并由 $K = f(b)$ 曲线找出 K_A 所对应的 b 值，即为所求。

② 底宽 b 已定，确定相应的水深 h。如底宽 b 另由施工机械的开挖作业宽度限定，采用与上面相同的方法，作 $K = f(h)$ 曲线，然后找出 $K_A = Q/\sqrt{i}$ 所对应的 h 值，即为所求。

③ 宽深比 $\beta = \frac{b}{h}$ 已定，确定相应的 b、h。小型渠道的宽深比 β 可按水力最优条件 $\beta = \beta_h = 2(\sqrt{1+m^2} - m)$ 给出。有关水力最优的概念将在后面说明。大型渠道的宽深比 β 由综合技术经济比较给出。

8.2.5　水力最优断面和允许流速

8.2.5.1　水力最优断面

将曼宁公式 $C = \frac{1}{n}R^{1/6}$ 代入明渠均匀流基本公式 $Q = AC\sqrt{Ri}$，计

算可得

$$Q = \frac{1}{n}AR^{2/3}i^{1/2} = \frac{i^{1/2}}{n}\frac{A^{5/3}}{\chi^{2/3}} \tag{8-9}$$

式(8-9) 表明：当 A、n 和 i 一定时，湿周 χ 越小(或水力半径 R 越大)，渠道输水能力 Q 越大；当流量 Q、n 和 i 一定时，湿周 χ 越小(或水力半径 R 越大)，所需的过流断面积 A 越小。

当渠道的过流断面面积 A、粗糙系数 n 和渠道底坡 i 一定的情况下，渠道输水能力 Q 最大的断面形状称为水力最优断面。

人工开挖的渠道一般为梯形断面，边坡系数 m 取决于土体稳定和施工条件，故渠道断面的形状仅由宽深比 $\beta = \dfrac{b}{h}$ 决定。下面讨论梯形渠道边坡系数 m 一定时的水力最优断面。

梯形过流断面面积

$$A = (b + mh)h$$

湿周

$$\chi = b + 2h\sqrt{1+m^2}$$

可求得渠底宽

$$b = \frac{A}{h} - mh \tag{8-10}$$

将式(8-10) 代入湿周公式，得

$$\chi = \frac{A}{h} - mh + 2h\sqrt{1+m^2} \tag{8-11}$$

根据水力最优断面定义，当 A 一定时，求湿周 χ 的最小值，即水力最优的条件。对式(8-11) 求导

$$\frac{\mathrm{d}\chi}{\mathrm{d}h} = -\frac{A}{h^2} - m + 2\sqrt{1+m^2} \tag{8-12}$$

求二阶导数得

$$\frac{\mathrm{d}^2\chi}{\mathrm{d}h^2} = 2\frac{A}{h^3} > 0$$

二阶导数大于零，表明 $\chi_{\min}$ 存在。

令 $\dfrac{\mathrm{d}\chi}{\mathrm{d}h} = 0$，并将 $A = (b+mh)h$ 代入式(8-12)，求解水力最优宽深比 β_h

$$\beta_h = \frac{b}{h} = 2(\sqrt{1+m^2} - m) \tag{8-13}$$

式(8-13)中,取边坡系数 $m=0$,即可得到水力最优矩形断面的宽深比

$$\beta_h = 2$$

上式表明,水力最优矩形断面的渠底宽为水深的 2 倍。

梯形断面的水力半径

$$R = \frac{A}{\chi} = \frac{(b+mh)h}{b+2h\sqrt{1+m^2}}$$

将水力最优宽深比 $\beta_h = 2$ 代入上式,得到

$$R_h = \frac{h}{2}$$

可得水力最优梯形断面的水力半径 R_h 为水深 h 的一半。

在实际工程中,还要对施工技术、维修养护和造价等因素综合考虑以确定宽深比。一般小型渠道可以采用水力最优断面,易于施工和维护,造价也不高;大型渠道则需要综合各方面因素确定出经济合理的断面,通常做成宽而浅的断面形式。

8.2.4.2　渠道的设计流速

为确保渠道能长期稳定地通水,设计流速应控制在既不冲刷渠槽,也不使水中悬浮的泥沙沉降淤积的不冲不淤的范围之内,即

$$[v]_{\min} < v < [v]_{\max} \tag{8-14}$$

式中,$[v]_{\min}$ 为渠道不被淤积的最小设计流速,即允许不淤流速;$[v]_{\max}$ 为渠道不被冲刷的最大设计流速,即允许不冲流速。

渠道的允许不冲流速 $[v]_{\max}$ 与渠床土质、渠道有无衬砌及衬砌的材料有关,设计时可查询有关水力手册。

渠道的允许不淤流速 $[v]_{\min}$ 与水流的挟沙能力有关,而水流的挟沙能力与平均流速有关。为防止水中悬浮的泥沙淤积和水草滋生,允许不淤流速可分别取 0.4m/s 和 0.6m/s。

8.3　无压圆管均匀流

所谓无压圆管,是指圆形断面不满流的长管道,管道内的流动具有自由

表面,且表面压强为大气压强.对于长直无压圆管,当流量 Q 恒定,底坡 i、粗糙系数 n 及管径 d 均沿程不变时,管中流动可按明渠均匀流处理。

8.3.1　无压圆管均匀流的特征

无压管流均匀流属于明渠均匀流的特殊断面形式,它的形成条件、基本计算公式与水力特征都和明渠均匀流相同。

$$J = J_p = i$$

$$Q = AC\sqrt{Ri}$$

8.3.2　无压圆管的几何要素

如图 8-10 所示,无压圆管过流断面的几何要素基本量包括:直径 d;水深 h;充满度 α,$\alpha = \dfrac{h}{d}$;充满角 θ,即水深 h 对应的圆心角。

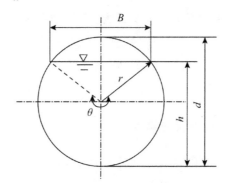

图 8-10　无压圆管过流断面

充满度与充满角的关系为

$$\alpha = \sin^2 \frac{\theta}{4} \tag{8-15}$$

导出量

$$\left.\begin{array}{l} A = \dfrac{d^2}{8}(\theta - \sin\theta) \\[2mm] \chi = \dfrac{d}{2}\theta \\[2mm] R = \dfrac{d}{4}\left(1 - \dfrac{\sin\theta}{\theta}\right) \end{array}\right\} \tag{8-16}$$

式中,A 为过流断面面积;χ 为湿周;R 为水力半径。

8.3.3　无压圆管的水力计算

无压圆管的水力计算也分为三类。

（1）验算输水能力

已知管径 d、粗糙系数 n 及管线坡度 i，根据室外排水设计规范确定充满度 α，再根据式（8-16）以及谢才公式，代入明渠均匀流基本公式计算

$$Q = AC\sqrt{Ri}$$

（2）确定管道底坡

已知充满度 α、管径 d、粗糙系数 n 及输水流量 Q，根据式（8-16）以及谢才公式，计算流量模数并代入基本公式计算

$$i = \frac{Q^2}{K^2}$$

（3）设计管道直径

已知输水流量 Q、粗糙系数 n 及管线坡度 i，根据室外排水设计规范确定充满度 α，再确定 A、R 与 d 之间的关系，代入基本公式计算

$$Q = AC\sqrt{Ri} = f(d)$$

即可求解管径 d。

8.3.4　输水性能最优充满度

对于一定的无压管道（d、n、i 一定），流量 Q 随水深 h 变化，由基本公式

$$Q = \frac{1}{n}AR^{2/3}i^{1/2} = \frac{i^{1/2}}{n}\frac{A^{5/3}}{\chi^{2/3}}$$

分析过流断面面积 A 和湿周 χ 随水深 h 的变化。

在水深 h 较小时，h 增加，过流断面面积 A 增加很快，接近管轴处增加最快。水深 h 超过半管后，h 增加，过流断面面积 A 增势减慢，在满流前增加最慢。湿周 χ 随水深 h 的增加则不同，接近管轴处增加最慢，在满流前增加最快。故满流前（$h < d$），输水能力达最大值，相应的充满度即为最优充满度。

将 $A = \frac{d^2}{8}(\theta - \sin\theta)$ 和 $\chi = \frac{d}{2}\theta$ 代入式（8-9），

$$Q = \frac{i^{1/2}}{n}\frac{\left[\frac{d^2}{8}(\theta - \sin\theta)\right]^{5/3}}{\left(\frac{d}{2}\theta\right)^{2/3}}$$

求导,并令 $\dfrac{\mathrm{d}Q}{\mathrm{d}\theta} = 0$,解得

水力最优充满角

$$\theta_h = 308°$$

水力最优充满度

$$\alpha_h = \sin^2\frac{\theta_h}{4} = 0.95$$

同理可求

$$v = \frac{1}{n}R^{2/3}i^{1/2} = \frac{i^{1/2}}{n}\left[\frac{d}{4}\left(1 - \frac{\sin\theta}{\theta}\right)\right]^{2/3}$$

求导,并令 $\dfrac{\mathrm{d}v}{\mathrm{d}\theta} = 0$,解得

水力最优充满角

$$\theta_h = 257.5°$$

水力最优充满度

$$\alpha_h = \sin^2\frac{\theta_h}{4} = 0.81$$

① 当 $\alpha = \dfrac{h}{d} = 0.95$ 时,$\dfrac{Q}{Q_0} = 1.08$,即 Q 达到最大值,此时管中通过的流量是满流的 1.08 倍;

② 当 $\alpha = \dfrac{h}{d} = 0.81$ 时,$\dfrac{v}{v_0} = 1.16$,即 v 达到最大值,此时管中流速是满流的 1.16 倍。

8.4　明渠恒定非均匀流

8.4.1　概述

明渠非均匀流是指通过明渠的流速和水深沿程变化的流动。天然明渠和人工明渠中的水流多为非均匀流。因为天然明渠不存在棱柱形渠道,即使是人工明渠,其断面形状、粗糙系数、尺寸和底坡均可能沿程改变,或在明渠中修建水工建筑物等,会使明渠流动呈非均匀流状态。

与明渠均匀流相比,明渠非均匀流的特征如下:

① 断面平均流速、水深沿程发生改变；

② 流线不是相互平行的直线，同一条流线上的流速大小和方向不同，即总水头线 J、水面线 J_p 和底坡 i 三者不相等，$J \neq J_p \neq i$。

8.4.2　明渠流动的三种流态及其判别

明渠流动的流态有三种：缓流、临界流和急流。下面用一组简单的水流现象实验来讨论明渠流动的流态。

（1）将石子投入平静湖水中，会产生微小的干扰波，干扰波以石子落点为中心，以一定的速度 c 向四周扩散，在湖面上形成了一连串的同心圆波形。通常将这种在静水中传播的微波速度称为相对波速，用 c 表示

$$c = \sqrt{gh} \tag{8-17}$$

式中，h 为平均水深。

（2）将石子投入明渠流动中，干扰波的传播因相对波速与水流流速的相对关系会存在三种不同形态：

① 当水流断面平均流速 v 小于相对波速 c 时，即 $v < c$，波形如图8-11(a) 所示，渠道中干扰波向下游传播的速度为 $c + v$，向上游传播速度为 $c - v > 0$，具有这种特征的水流称为缓流。

② 当水流断面平均流速 v 等于相对波速 c 时，即 $v = c$，波形如图8-11(b) 所示，渠道中干扰波向下游传播的速度为 $c + v$，干扰波不能向上游传播，即 $c - v = 0$，具有这种特征的水流称为临界流。

③ 当水流断面平均流速 v 大于相对波速 c 时，即 $v > c$，波形如图8-11(c) 所示，渠道中干扰波向下游传播的速度为 $c + v$，向上游传播速度为 $c - v < 0$，具有这种特征的水流称为急流。

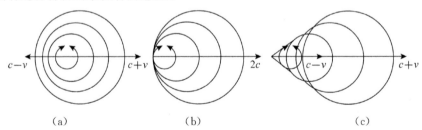

图8-11　明渠水流中干扰波的传播形态。(a) 缓流；(b) 临界流；(c) 急流

根据以上实验观察,可通过比较水流断面平均流速 v 和相对波速 c 来判别水流是属于哪一种流态。

当 $v < c$ 时,水流为缓流;

当 $v = c$ 时,水流为临界流;

当 $v > c$ 时,水流为急流。

除此之外,还可通过以下几种方法来判别水流的流态。

8.4.2.1　弗劳德数

通过比较明渠流速 v 和相对波速 c 可判别水流流态,而两者之比即为弗劳德数,用 Fr 表示,即

$$Fr = \frac{v}{c} = \frac{v}{\sqrt{gh}} \tag{8-18}$$

故弗劳德数可作为明渠水流流态的判别数。

当 $Fr < 1$ 时,水流为缓流;

当 $Fr = 1$ 时,水流为临界流;

当 $Fr > 1$ 时,水流为急流。

弗劳德数在流体力学中是一个重要的判别数,可变形为

$$Fr = \frac{v}{\sqrt{gh}} = \sqrt{2\frac{\frac{v^2}{2g}}{h}} \tag{8-19}$$

上式表明,弗劳德数表征了过流断面单位重量液体平均动能与平均势能之比的 2 倍开平方。当水流中的平均动能超过平均势能的 $\frac{1}{2}$ 时,$Fr > 1$,水流为急流;当水流中的平均动能等于平均势能的 $\frac{1}{2}$ 时,$Fr = 1$,水流为临界流;当水流中的平均动能小于平均势能的 $\frac{1}{2}$ 时,$Fr < 1$,水流为缓流。

8.4.2.2　断面比能法

明渠流动流态的判别还可以从能量的角度进行分析和判断。

如图 8-12 所示,明渠流动的过流断面上,断面单位重量流体的机械能可以表示为

$$E = z + \frac{p}{\rho g} + \frac{\alpha v^2}{2g} = z_0 + h + \frac{\alpha v^2}{2g}$$

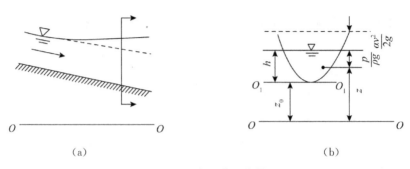

(a)	(b)

图 8-12　断面单位能量

若将基准面 O-O 平移到过流断面最低点的位置 O_1-O_1，单位重量流体相对于新的基准面 O_1-O_1 的机械能

$$E_s = E - z_0 = h + \frac{\alpha v^2}{2g} = h + \frac{\alpha Q^2}{2gA^2} \qquad (8\text{-}20)$$

式中，E_s 为断面单位能量，简称断面比能，是单位重量流体相对于通过该断面最低点的基准面的机械能。

因为 A、Q 和 v 都是水深 h 的函数，所以由式（8-20）可以看出 E_s 也是关于 h 的函数，即

$$E_s = f(h)$$

以水深 h 为纵坐标，断面比能 E_s 为横坐标，作 $E_s = f(h)$ 曲线，如图 8-13 所示。

当 $h \to 0$ 时，$A \to 0$，$v \to \infty$，则 $E_s \approx \dfrac{\alpha Q^2}{2gA^2} \to \infty$，曲线以横轴为渐近线；

当 $h \to \infty$ 时，$A \to \infty$，$v \to 0$，则 $E_s \approx h \to \infty$，曲线以通过坐标原点与横轴成 $45°$ 角的直线为渐近线。该曲线在点 C 处断面比能有最小值 $E_{s\,\min}$，该点将曲线 $E_s = f(h)$ 分为上、下两支。

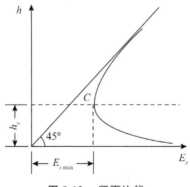

图 8-13　断面比能

将式(8-20)对 h 取导数,进一步分析比能曲线的变化规律

$$\frac{\mathrm{d}E_s}{\mathrm{d}h} = \frac{\mathrm{d}\left(h + \frac{\alpha Q^2}{2gA^2}\right)}{\mathrm{d}h} = 1 - \frac{\alpha Q^2}{gA^3}\frac{\mathrm{d}A}{\mathrm{d}h} \tag{8-21}$$

式中,$\frac{\mathrm{d}A}{\mathrm{d}h} = B$,$B$ 为过流断面的水面宽度。取 $\alpha = 1.0$,代入式(8-21)得

$$\frac{\mathrm{d}E_s}{\mathrm{d}h} = 1 - \frac{\alpha Q^2}{gA^3}B = 1 - \frac{v^2}{g\frac{A}{B}} = 1 - Fr^2 \tag{8-22}$$

式中,$\frac{A}{B}$ 为平均水深。

式(8-22)从能量的角度分析了明渠流动的流态,结合弗劳德数 Fr 即可判别明渠流动的流态,即

上支:$\frac{\mathrm{d}E_s}{\mathrm{d}h} > 0$,$Fr < 1$,水流为缓流;

极小点:$\frac{\mathrm{d}E_s}{\mathrm{d}h} = 0$,$Fr = 1$,水流为临界流;

下支:$\frac{\mathrm{d}E_s}{\mathrm{d}h} < 0$,$Fr > 1$,水流为急流。

上述判别明渠流动流态的方法称为断面比能法。

8.4.2.3　临界水深

断面比能最小,明渠流动是临界流,其对应的水深称为临界水深,以 h_c 表示。由式(8-22),临界水深时

$$\frac{\mathrm{d}E_s}{\mathrm{d}h} = 1 - \frac{\alpha Q^2}{gA^3}B = 0$$

变形为

$$\frac{\alpha Q^2}{g} = \frac{A_c^3}{B_c} \tag{8-23}$$

式中,A_c 为临界水深时的过流断面面积;B_c 为临界水深时的水面宽度。

对于矩形断面渠道,水面宽等于底宽,即 $B = b$,代入式(8-23)

$$\frac{\alpha Q^2}{g} = \frac{(bh_c)^3}{b} = b^2 h_c^3$$

则

$$h_c = \sqrt[3]{\frac{\alpha Q^2}{gb^2}} = \sqrt[3]{\frac{\alpha q^2}{g}} \tag{8-24}$$

式中，q 为单宽流量，$q = \dfrac{Q}{b}$。

渠道中水深为临界水深 h_c 时，相应的流速为临界流速 v_c，由式(8-23)可得

$$v_c = \sqrt{g \frac{A_c}{B_c}} \qquad (8\text{-}25)$$

比较渠道中的水深 h 与临界水深 h_c，也可判别明渠流动的流态：

当 $h > h_c$ 时，$v < v_c$，水流为缓流；

当 $h = h_c$ 时，$v = v_c$，水流为临界流；

当 $h < h_c$ 时，$v > v_c$，水流为急流。

8.4.2.4 临界底坡

在棱柱形渠道中，若断面形状、尺寸和流量一定时，且水流的正常水深 h 恰好等于临界水深 h_c 时，将相应的渠底底坡称为临界底坡，用 i_c 表示。临界底坡 i_c 可由明渠均匀流基本方程和临界水深关系联立求解

$$\left.\begin{array}{l} Q_c = A_c C_c \sqrt{R_c i_c} \\[2mm] \dfrac{\alpha Q^2}{g} = \dfrac{A_c^3}{B_c} \end{array}\right\}$$

得
$$i_c = \frac{g}{\alpha C_c^2} \frac{\chi_c}{B_c} \qquad (8\text{-}26)$$

对于宽浅渠道，$\chi_c \approx B_c$，则

$$i_c = \frac{g}{\alpha C_c^2} \qquad (8\text{-}27)$$

由式(8-27)可知，临界底坡 i_c 是对应某一给定的渠道和流量的特定坡度，与实际坡度 i 无关。在明渠均匀流中，比较实际底坡 i 与临界底坡 i_c，可判别水流的流态：

当 $i < i_c$ 时，$h > h_c$，水流为缓流；

当 $i = i_c$ 时，$h = h_c$，水流为临界流；

当 $i > i_c$ 时，$h < h_c$，水流为急流。

故缓坡渠道中的均匀流是缓流，急坡渠道中的均匀流是急流。

综上所述，本节讨论了明渠流动的流态及判别方法，其中相对波速 c、弗劳德数 Fr 断面比能法及临界水深 h_c 作为判别标准是等价的，适用于均匀流与非均匀流；临界底坡 i_c 作为判别标准，仅适用于明渠均匀流。

8.5　水跃和水跌

上一节讨论了明渠水流的两种流动状态 —— 缓流和急流。工程中由于明渠沿程流动边界的变化,常导致流动状态由急流变为缓流,或由缓流变为急流。如闸下出流(图 8-14),水冲出闸孔后是急流,而下游渠道中是缓流,水从急流过渡到缓流;渠道从缓坡变为陡坡或形成跌坎($i = \infty$)(图 8-15),水流将由缓流向急流过渡。水跃和水跌分别是水流由急流过渡到缓流和由缓流过渡到急流时发生的水力现象。

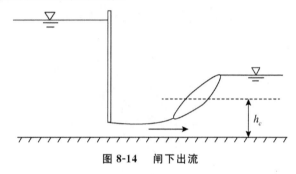

图 8-14　闸下出流

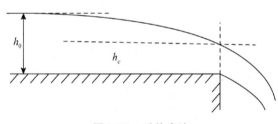

图 8-15　跌坎出流

8.5.1　水跃

8.5.1.1　水跃现象

明渠中的水流由急流过渡到缓流时,水流的自由表面会突然跃起,并在表面形成旋滚,这种急变流现象称为水跃。在闸、坝以及陡槽等泄水建筑物下游,常有此水力现象。例如,闸下出流(图 8-14),水冲出闸孔后是急流,过渡到下游渠道的是缓流,在水流表面形成旋滚,其底部为主流,水流紊动,流体质点相互碰撞,掺混强烈。旋滚与主流间质量不断交换,致使水跃区内有较大的能量损失,因此,水跃常常用来消除泄水建筑物下游高速水流的巨大能量,是一种有效的消能手段。

如图 8-16 所示水跃区,上部是急流冲入缓流所激起的表面旋流,翻腾滚动,饱掺空气,称为"表面旋滚"。水滚下面是断面向前扩张的主流。确定水跃区的几何要素包括:

h':水跃前断面(表面旋滚起点所在过流断面 1-1)的水深;

h'':水跃后断面(表面旋滚终点所在过流断面 2-2)的水深;

a:水跃高度,$a = h'' - h'$;

l_j:跃前断面与跃后断面之间的距离,简称水跃长度。

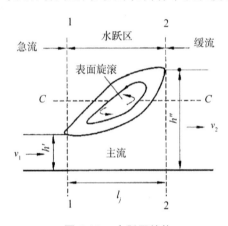

图 8-16　水跃区结构

8.5.1.2　水跃方程

为便于推导水跃的基本方程,根据水跃的实际情况,作出如下假设:

① 水跃区内渠壁、渠底的摩擦阻力较小,忽略不计;

② 水跃区的断面 1-1 与断面 2-2 为渐变流断面,作用在两断面上的动压强符合静压强分布规律;

③ 动量修正系数 $\beta_1 = \beta_2 = 1.0$。

取跃前断面 1-1 与跃后断面 2-2 之间的水体为控制体,沿流动方向列恒定总流动量方程

$$\sum F = F_1 - F_2 = \rho Q (v_2 - v_1) \tag{8-28}$$

式中,F_1 为跃前断面上的动水压力;F_2 为跃后断面上的动水压力。

根据

$$F_1 = \rho g h_{c1} A_1, F_2 = \rho g h_{c2} A_2$$

$$v_1 = \frac{Q}{A_1}, v_2 = \frac{Q}{A_2}$$

代入式(8-28),并整理得

$$\frac{Q^2}{gA_1} + h_{c1} A_1 = \frac{Q^2}{gA_2} + h_{c2} A_2 \qquad (8\text{-}29)$$

式中,A_1 为跃前断面面积;A_2 为跃后断面面积;h_{c1} 为跃前断面形心点的水深;h_{c2} 为跃后断面形心点的水深。

式(8-29)就是平坡棱柱形渠道中水跃的基本方程。它表明水跃区单位时间内,流入跃前断面的动量与该断面动水总压力之和,同流出跃后断面的动量与该断面动水总压力之和相等。

式(8-29)中,A 和 h_c 都是水深的函数,其余量均为常量,故可得

$$\frac{Q^2}{gA} + h_c A = J(h) \qquad (8\text{-}30)$$

式中,$J(h)$ 称为水跃函数,类似断面单位能量曲线,可以画出水跃函数曲线,如图 8-17 所示。可以发现,曲线上对应水跃函数最小值的水深,恰好也是该流量在已给明渠中的临界水深 h_c,即 $J(h_c) = J_{\min}$。当 $h > h_c$ 时,$J(h)$ 随水深增大而增大;当 $h < h_c$ 时,$J(h)$ 随水深增大而减小。

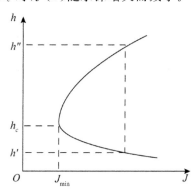

图 8-17　水跃函数曲线

水跃方程式可简化成

$$J(h') = J(h'') \qquad (8\text{-}31)$$

式中,h'、h'' 分别为跃前和跃后水深。这一对水深称为共轭水深,是使水跃函数值相等的两个水深由图 8-17 可以看出,跃前水深越小,对应的跃后水深越

大;反之,跃前水深越大,对应的跃后水深越小。

8.5.1.3　水跃计算

（1）共轭水深的计算

共轭水深计算是各项水跃计算的基础。若已知共轭水深中的其中一个（跃前水深或跃后水深），算出这个水深相应的水跃函数 $J(h')$ 或 $J(h'')$，再由式(8-31)求解另一个共轭水深，一般采用图解法计算。

对于矩形断面的平底明渠：$A=bh$，$h_c=\dfrac{h}{2}$，$q=\dfrac{Q}{b}$，代入式(8-29)，消去 b，得

$$\frac{q^2}{gh'}+\frac{h'^2}{2}=\frac{q^2}{gh''}+\frac{h''^2}{2}$$

经过整理,得二次方程式

$$h'h''(h'+h'')=\frac{2q^2}{g} \tag{8-32}$$

分别以跃后水深 h'' 和跃前水深 h' 为未知量,解式(8-32)得

$$\left.\begin{array}{l} h''=\dfrac{h'}{2}\left(\sqrt{1+\dfrac{8q^2}{gh'^3}}-1\right) \\[4mm] h'=\dfrac{h''}{2}\left(\sqrt{1+\dfrac{8q^2}{gh'^3}}-1\right) \end{array}\right\} \tag{8-33}$$

式中,

$$\left.\begin{array}{l} \dfrac{8q^2}{gh'^3}=\dfrac{v_1^2}{gh'}=Fr_1^2 \\[4mm] \dfrac{8q^2}{gh''^3}=\dfrac{v_2^2}{gh''}=Fr_2^2 \end{array}\right\}$$

故式(8-33)可以写成

$$\left.\begin{array}{l} h''=\dfrac{h'}{2}\left(\sqrt{1+8Fr_1^2}-1\right) \\[4mm] h'=\dfrac{h''}{2}\left(\sqrt{1+8Fr_2^2}-1\right) \end{array}\right\} \tag{8-34}$$

式中,Fr_1 为跃前水流的弗劳德数;Fr_2 为跃后水流的弗劳德数。

（2）水跃长度计算

在水跃区内,水流紊动强烈,水流的运动要素变化剧烈,底部流速很大,对渠底产生冲刷破坏作用。为避免渠底受到破坏,在水跃区需设置护坦加以

保护,因此水跃长度的确定具有重要意义。

由于水跃现象极为复杂,水跃长度的计算目前尚无法从理论上求解,一般多采用经验公式来确定。

① 以跃后水深表示的公式

$$l_j = 6.1h''　　　　　　(8-35)$$

适用范围为 $4.5 < Fr_1 < 10$。

② 以跃高表示的公式

$$l_j = 6.9(h'' - h')　　　　　　(8-36)$$

③ 以 Fr 表示的公式

$$l_j = 9.4(Fr_1 - 1)h'　　　　　　(8-37)$$

(3) 消能计算

跃前断面与跃后断面单位重量液体机械能之差是水跃消除的能量,用 ΔE_j 表示。ΔE_j 与跃高 $a = (h'' - h')$ 有关,应用能量方程可导出棱柱形平坡渠道的水跃区能量损失的表达式。工程上,水跃多发生在棱柱形、矩形断面平坡渠道中,

$$\Delta E_j = \left(h' + \frac{\alpha_1 v_1^2}{2g} \right) - \left(h'' + \frac{\alpha_2 v_2^2}{2g} \right)　　　　　　(8-38)$$

因为

$$h'h''(h' + h'') = \frac{2q^2}{g}$$

则

$$\left.\begin{aligned}
\frac{\alpha_1 v_1^2}{2g} &= \frac{q^2}{2gh'^2} = \frac{1}{4} \frac{h''}{h'}(h' + h'') \\
\frac{\alpha_2 v_2^2}{2g} &= \frac{q^2}{2gh''^2} = \frac{1}{4} \frac{h'}{h''}(h' + h'')
\end{aligned}\right\}　　　　(8-39)$$

代入式(8-38),化简得

$$\Delta E_j = \frac{(h'' - h')^3}{4h'h''}　　　　　　(8-40)$$

上式表明,在给定流量下,跃高 $(h'' - h')$ 越大,水跃消耗的能量越大。

8.5.2　水跌

水跌是明渠水流从缓流过渡到急流时水面急剧降落的急变流现象。这

种现象常见于渠道底坡由缓坡($i < i_c$)突然变为陡坡($i > i_c$)或下游渠道断面形状突然改变处。下面以缓坡渠道末端跌坎上的水流为例来说明水跌现象(图 8-18)。

假设某渠道的底坡无变化,一直向下游延伸下去,渠道内将形成缓流状态的均匀流,水深为正常水深 h_0,水面线 N-N 与渠底平行。现在渠道在 D-D 断面截断成为跌坎,失去了下游水流的阻力,使得重力的分力与阻力不相平衡,造成水流加速,水面急剧降低,临近跌坎断面水流变为非均匀急变流。

跌坎上水面沿程降落,应符合机械能沿程减小,至末端断面最小,$E = E_{\min}$ 的规律,

$$E = z_1 + h + \frac{\alpha v^2}{2g} = z_1 + e$$

式中,z_1 为某断面渠底在基准面 C-C 以上的高度;e 为断面单位能量。

在缓流状态下,水深减小,断面单位能量随之减小,坎端断面水深降至临界水深 h_c,断面单位能量达最小值,$e = e_{\min}$,该断面的位置高度 z_1 也最小,所以机械能最小,符合机械能沿程减小的规律。缓流以临界水深通过跌坎断面或变为陡坡的断面,过渡到急流是水跌现象的特征。

需要指出的是,上述断面单位能量和临界水深的理论,均是建立在渐变流前提下的。坎端断面附近,水面急剧下降,流线显著弯曲,流动已不是渐变流,但一般的水面分析和计算,仍取坎端断面的水深,即临界水深 h_c 作为控制水深。

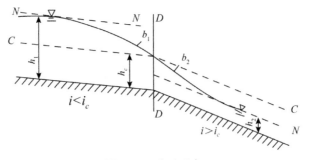

图 8-18　水跌现象

8.6　棱柱形渠道非均匀渐变流水面曲线的分析

明渠非均匀流根据沿程流速、水深变化程度的不同,分为非均匀渐变流

和非均匀急变流。例如,在地势高低不平区域的明渠流动(图 8-19),水流经过缓坡($i < i_c$)到陡坡($i > i_c$)再回到缓坡,形成明渠非均匀流。图中上游更远处可看成是均匀流,水跌与水跃区属于非均匀急变流,而上游进入水跌前、水跌后,下游进入水跃前、水跃后等流区,都属于非均匀渐变流。

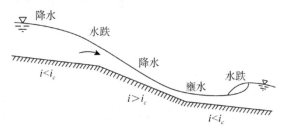

图 8-19　明渠非均匀流流动状态

明渠非均匀渐变流水深沿程变化,自由水面线是与渠底不平行的曲线,称为水面曲线 $h = f(s)$。明渠渐变流水面曲线比较复杂,当棱柱形明渠通过一定的流量时,由于明渠底坡不同,明渠内水工建筑物的影响或明渠进出口边界条件所形成的控制水深不同,可形成不同类型的水面线。根据明渠流动加速流动与减速流动的区别,对应的水面线也分为两类:加速流动水深沿程减小,$\dfrac{dh}{ds} < 0$,水面曲线为降水曲线;减速流动水深沿程增加,$\dfrac{dh}{ds} > 0$,水面曲线为壅水曲线。

在棱柱形明渠中发生渐变流时,根据明渠内建筑物所形成的控制水位的不同,可形成 12 种类型的明渠水面曲线。确定明渠建坝后的壅水高程和淹没范围,以及决定泄水渠的边墙高度等工程设计问题,均需要掌握非均匀渐变流的基本方程,以便进行水面曲线的分析和计算。

8.6.1　棱柱形渠道非均匀渐变流微分方程

如图 8-20 所示的某明渠非均匀渐变流段,沿水流方向任取一微小流段 ds,取其上游基准面 0-0,上游过流断面 1-1 的渠底高程为 z,水深为 h,断面平均流速为 v;下游过流断面 2-2 的渠底高程为 $z + dz$,水深为 $h + dh$,断面平均流速为 $v + dv$。两断面均为非均匀渐变流断面,列过流断面 1-1 和 2-2 的伯努利方程,

$$(z + h) + \frac{\alpha v^2}{2g} = (z + dz + h + dh) + \frac{\alpha (v + dv)^2}{2g} + dh_w$$

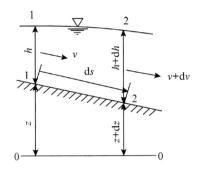

图 8-20　明渠非均匀渐变流流段

上式中 $(v+\mathrm{d}v)^2$ 按二项式展开,并忽略高阶微量 $(\mathrm{d}v)^2$,整理得

$$\mathrm{d}z + \mathrm{d}h + \mathrm{d}\left(\frac{\alpha v^2}{2g}\right) + \mathrm{d}h_w = 0$$

对于渐变流段,局部水头损失很小,忽略不计, $\mathrm{d}h_w = \mathrm{d}h_f$,并以 $\mathrm{d}s$ 除上式,得

$$\frac{\mathrm{d}z}{\mathrm{d}s} + \frac{\mathrm{d}h}{\mathrm{d}s} + \frac{\mathrm{d}}{\mathrm{d}s}\left(\frac{\alpha v^2}{2g}\right) + \frac{\mathrm{d}h_f}{\mathrm{d}s} = 0 \tag{8-41}$$

式中,① $\dfrac{\mathrm{d}z}{\mathrm{d}s} = -\dfrac{z_1-z_2}{\mathrm{d}s} = -i$;② $\dfrac{\mathrm{d}}{\mathrm{d}s}\left(\dfrac{\alpha v^2}{2g}\right) = \dfrac{\mathrm{d}}{\mathrm{d}s}\left(\dfrac{\alpha Q^2}{2gA^2}\right) = -\dfrac{\alpha Q^2}{gA^3}\dfrac{\mathrm{d}A}{\mathrm{d}s}$;③ $\dfrac{\mathrm{d}h_f}{\mathrm{d}s} = J$ 。

棱柱形渠道过流断面面积只随水深变化,即 $A = f(h)$,而水深 h 又是流程 s 的函数,即 $h = f(s)$,则

$$\frac{\mathrm{d}A}{\mathrm{d}s} = \frac{\mathrm{d}A}{\mathrm{d}h}\frac{\mathrm{d}h}{\mathrm{d}s} = B\frac{\mathrm{d}h}{\mathrm{d}s}$$

式中, $\dfrac{\mathrm{d}A}{\mathrm{d}h} = B$, B 为水面宽度。于是

$$\frac{\mathrm{d}}{\mathrm{d}s}\left(\frac{\alpha v^2}{2g}\right) = -\frac{\alpha Q^2}{gA^3}B\frac{\mathrm{d}h}{\mathrm{d}s}$$

非均匀渐变流过流断面沿程变化很慢,可认为水头损失只有沿程水头损失,近似按均匀流计算。根据谢才公式

$$J = \frac{Q^2}{A^2 C^2 R}$$

将式 ①、②、③ 代入式(8-41),得

$$-i + \frac{\mathrm{d}h}{\mathrm{d}s} - \frac{\alpha Q^2}{gA^3}B\frac{\mathrm{d}h}{\mathrm{d}s} + J = 0$$

即

$$\frac{\mathrm{d}h}{\mathrm{d}s} = \frac{i - J}{1 - \dfrac{\alpha Q^2}{g A^3} B} = \frac{i - J}{1 - Fr^2} \tag{8-42}$$

式(8-42)为棱柱形渠道非均匀渐变流微分方程。该式是在顺坡($i > 0$)的情况下得出的。

对于平坡渠道 $i = 0$,则有

$$\frac{\mathrm{d}h}{\mathrm{d}s} = \frac{-J}{1 - Fr^2} \tag{8-43}$$

对于逆坡渠道 $i < 0$,以渠底坡度的绝对值的负值代入式(8-42),得

$$\frac{\mathrm{d}h}{\mathrm{d}s} = \frac{-|i| - J}{1 - Fr^2} \tag{8-44}$$

应用以上三式,可分析棱柱形渠道 12 种形式的非均匀渐变流动水面曲线。

8.6.2　水面线分析

棱柱体渠道非均匀渐变流水面曲线的变化取决于 $\dfrac{\mathrm{d}h}{\mathrm{d}s}$ 的正负变化。实际水深 h 等于正常水深 h_0 时,渠道为均匀流动,$J = i$,分子为零;实际水深 h 等于临界水深 h_c 时,渠道为临界流,$Fr = 1$,分母为零。因此,分析水面曲线的变化可借助正常水深 h_0 线(以 $N\text{-}N$ 线表示)和临界水深 h_c 线(以 $C\text{-}C$ 线表示)将流动空间划分为三个区域,分别讨论。

8.6.2.1　顺坡($i > 0$)渠道

顺坡渠道分为缓坡($i < i_c$)、陡坡($i > i_c$)和临界坡($i = i_c$)三种,均可用微分方程式

$$\frac{\mathrm{d}h}{\mathrm{d}s} = \frac{i - J}{1 - Fr^2}$$

分析其对应水面曲线。

(1)缓坡($i < i_c$)渠道

对于缓坡渠道,正常水深 h_0 大于临界水深 h_c,$N\text{-}N$ 线和 $C\text{-}C$ 线将流动空间分为 1、2、3 三个区域(图 8-21)。根据控制水深的不同,可形成三种水面曲线。

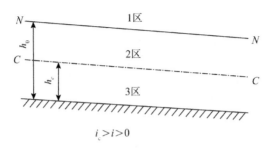

$i_c > i > 0$

图 8-21　缓坡渠道流动空间

①1 区($h > h_0 > h_c$)

水深 h 大于正常水深 h_0，也大于临界水深 h_c，此时为缓流流态。水深沿程增加，水面为壅水曲线，称为 M_1 型水面线。在缓坡河道上修建挡水建筑物时，抬高水位使控制水深 h 超过相应流量的正常水深 h_0 时，在建筑物上游将出现 M_1 型水面线（图 8-22）。

②2 区($h_0 > h > h_c$)

水深 h 小于正常水深 h_0，但大于临界水深 h_c，仍为缓流流态。水深沿程减小，水面线为降水曲线，称为 M_2 型水面线。缓坡渠道末端为跌坎时，渠道内为 M_2 型水面线，跌坎断面水深为临界水深（图 8-22）。

③3 区($h_0 > h_c > h$)

水深 h 小于正常水深 h_0，也小于临界水深 h_c，流动为急流流态，水深沿程增加，水面线为壅水曲线，称为 M_3 型水面线。缓坡渠道上建闸，当闸门部分开启时，闸门后水深小于临界水深 h_c，形成急流，在流动过程中由于阻力作用，流速减小，水深增加，即形成 M_3 型水面线（图 8-22）。

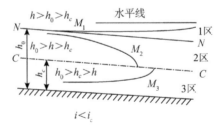

图 8-22　缓坡渠道水面曲线

（2）陡坡($i > i_c$)渠道

陡坡渠道中，正常水深 h_0 小于临界水深 h_c，N-N 线和 C-C 线将流动空间自上而下分为 1、2、3 三个区域(图 8-23)。

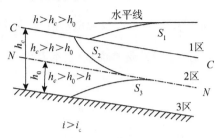

图 8-23　陡坡渠道水面曲线

①1 区($h > h_c > h_0$)

水深 h 大于正常水深 h_0,也大于临界水深 h_c,为缓流流态。水深沿程增加,水面线为壅水曲线,称为 S_1 型水面线。在陡坡上修建溢流坝,溢流情况下,河道上游形成的即是 S_1 型水面线。

②2 区($h_c > h > h_0$)

水深 h 大于正常水深 h_0,但小于临界水深 h_c,为急流流态。水深沿程减小,水面线为降水曲线,称为 S_2 型水面线。水流从陡坡渠道流入另一段渠底抬高的陡坡渠道时,在上游渠道将形成 S_2 型水面线,而在立坎顶上通过临界水深形成水跌。

③3 区($h_c > h_0 > h$)

水深 h 小于正常水深 h_0,也小于临界水深 h_c,流动为急流流态。水深沿程增加,水面线为壅水曲线,称为 S_3 型水面线。在陡坡渠道上,当闸门部分开启时,若闸门开度小于正常水深,则在闸门下游形成 S_3 型水面线,而闸门上游形成 S_1 型水面线。

(3) 临界坡($i = i_c$)渠道

在临界坡渠道中,正常水深 h_0 等于临界水深 h_c,N-N 线和 C-C 线重合,流动空间仅分为 1、3 两个区域,不存在 2 区(图 8-24)。

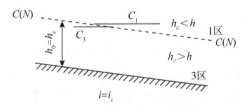

图 8-24　临界坡渠道水面曲线

①1 区($h > h_0 = h_c$)

由于 $h > h_0$，$h > h_c$，$\dfrac{\mathrm{d}h}{\mathrm{d}s} > 0$，水面线为壅水曲线，称为 C_1 型水面线。在临界坡($i = i_c$)渠道上，闸门上游形成的是 C_1 型水面线。

②3 区($h < h_0 = h_c$)

由于 $h < h_0$，$h < h_c$，$\dfrac{\mathrm{d}h}{\mathrm{d}s} > 0$，水面线为壅水曲线，称为 C_3 型水面线。在临界坡($i = i_c$)渠道上，闸门下游形成的是 C_3 型水面线。

8.6.2.2 平坡($i = 0$)渠道

平坡渠道中，不能形成均匀流，无 N-N 线，只有 C-C 线，流动空间仅分为 2、3 两个区域，不存在 1 区（图 8-25）。

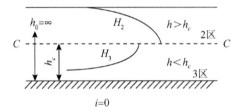

图 8-25　平坡渠道水面曲线

①2 区($h > h_c$)

平坡渠道中，水深 h 大于临界水深 h_c，$\dfrac{\mathrm{d}h}{\mathrm{d}s} < 0$，水面线为降水曲线，称为 H_2 型水面线。平坡渠道末端跌坎上游形成的是 H_2 型水面线。

②3 区($h < h_c$)

平坡渠道中，水深 h 小于临界水深 h_c，$\dfrac{\mathrm{d}h}{\mathrm{d}s} > 0$，水面线为壅水面线，称为 H_3 型水面线。平坡渠道上闸门部分开启时，闸门下游形成的是 H_3 型水面线。

8.6.2.3 逆坡($i < 0$)渠道

逆坡渠道中，不能形成均匀流，无 N-N 线，只有 C-C 线，流动空间仅分为 2、3 两个区域，不存在 1 区（图 8-26）。

与平坡渠道类似，2 区为降水曲线，称为 A_2 型水面线；3 区为壅水曲线，称为 A_3 型水面线。在逆坡渠道中，设有泄水闸门，闸门开启高度小于临界水深 h_c，若渠道足够长，末端为跌坎时，则闸门下游为 A_3 型壅水曲线，跌坎上游

为 A_2 型水面曲线。从急流过渡到缓流，必然形成水跃，如图 8-26 所示。

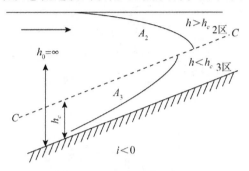

图 8-26　逆坡渠道水面曲线

综上，水面曲线的绘制步骤如下（图 8-27）：

① 绘出 N-N 线和 C-C 线，将流动空间分成 1、2、3 三区，每个区域只对应一种水面曲线。

② 选择控制断面。控制断面应选在水深为已知且位置确定的断面上，然后以控制断面为起点进行分析计算，确定水面曲线的类型，并参照其增深、减深的形状和边界情况，进行描绘。

③ 如果水面曲线中断，出现了不连续而产生跌水或水跃时，要作具体分析。一般情况下，水流至跌坎处形成跌水现象；水流从急流到缓流发生水跃现象。

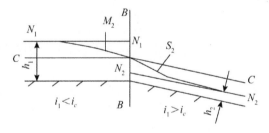

图 8-27　水面曲线绘制图例

8.6.3　棱柱形渠道非均匀渐变流水面曲线的计算

实际中，明渠工程除要求对水面线做出定性分析外，还需要定量计算和绘出水面线。水面线常用分段求和法计算，这个方法是将整个流程 s 分成若干流段（Δs）考虑（图 8-28），然后用有限差分式来代替原来的微分方程式，最后根据有限差分式求得所需的水力要素。

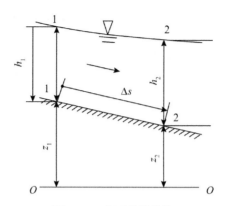

图 8-28 水面曲线计算

联立渐变流微分方程式(8-42)和式(8-22)

$$\left. \begin{array}{l} \dfrac{\mathrm{d}h}{\mathrm{d}s} = \dfrac{i-J}{1-Fr^2} \\[3mm] \dfrac{\mathrm{d}E_s}{\mathrm{d}h} = 1-Fr^2 \end{array} \right\}$$

可得

$$\frac{\mathrm{d}E_s}{\mathrm{d}s} = i-J \tag{8-45}$$

式中，E_s 为断面比能，$E_s = h + \dfrac{v^2}{2g} = h + \dfrac{Q^2}{2gA^2}$；$K = AC\sqrt{RJ}$；$J = \dfrac{Q^2}{K^2} = \dfrac{v^2}{C^2R}$。

将微分方程式转换为差分方程，并用流段内平均水力坡度 $\overline{J}$ 代替水力坡度 J 为

$$\Delta s = \frac{\Delta E_s}{i - \overline{J}} \tag{8-46}$$

其中，

$$\overline{J} = \frac{\overline{v}^2}{\overline{C}^2\overline{R}}, \overline{v} = \frac{v_1 + v_2}{2}, \overline{R} = \frac{R_1 + R_2}{2}, \overline{C} = \frac{C_1 + C_2}{2}$$

$$\Delta E_s = E_{s2} - E_{s1}, E_{s1} = h_1 + \frac{\alpha_1 v_1^2}{2g}, E_{s2} = h_2 + \frac{\alpha_2 v_2^2}{2g}$$

式(8-46)也可通过列图 8-28 所示的断面 1-1、2-2 的伯努利方程求得。棱柱形渠道非均匀渐变流水面曲线的计算过程为：将已知参数代入式(8-46)，直接解出 Δs 值，不需要试算。如果计算任务是为了绘制棱柱体明渠

的水面曲线,则已知一端的水深 h_1 ,可根据水面曲线的变化趋势,假定另一端的水深 h_2 ,从而求得 Δs ,根据逐步计算的结果可绘出水面曲线。

本章小结

(1) 基本概念:明渠是一种具有自由表面(表面上各点受大气压强的作用)水流的渠道。

棱柱形渠道: $i > 0$,顺坡渠道; $i = 0$,平坡渠道; $i < 0$,逆坡渠道。

(2) 明渠流动的特点:重力作用、底坡影响、水深可变。

(3) 明确恒定均匀流:

① 形成条件:顺坡棱柱形渠道。

② 特征:明渠均匀流的水深、流速分布、流量和断面尺寸沿程不变,明渠均匀流的总水头线、水面线和渠底线相互平行。

③ 采用谢才公式进行水力计算。

(4) 水力最优断面:在渠道的过流断面面积、粗糙系数和渠道底坡一定的情况下,渠道输水能力最大的断面形状。梯形渠道水力最优断面的水力半径等于水深的 $\frac{1}{2}$,与渠道的边坡系数无关;矩形渠道水力最优断面的底宽是水深的 2 倍。

(5) 明渠非均匀流是指通过明渠的流速和水深沿程变化的流动。明渠非均匀流的断面平均流速、水深沿程改变,流线不是相互平行的直线,同一条流线上的流速大小和方向不同,即总水头线、水面线、底坡三者不相等。

(6) 缓流: $v < c, Fr < 1, \dfrac{\mathrm{d}E_s}{\mathrm{d}h} > 0, h > h_c, i < i_c$ 。

临界流: $v = c, Fr = 1, \dfrac{\mathrm{d}E_s}{\mathrm{d}h} = 0, h = h_c, i = i_c$ 。

急流: $v > c, Fr > 1, \dfrac{\mathrm{d}E_s}{\mathrm{d}h} < 0, h < h_c, i > i_c$ 。

(7) 水跃、水跌现象。

(8) 棱柱形渠道非均匀渐变流 12 种水面线分析。

思考题

(1) 同有压管流相比较,明渠流动的特点是什么?

(2) 简述明渠均匀流的特性和形成条件。

(3) 为什么只在正坡渠道上才有可能产生均匀流,而平坡和逆坡渠道则没有可能?

(4) 什么是水力最优断面?梯形断面渠道水力最优断面的底宽 b 和水深 h 是什么关系?

(5) 明渠流动的三种流态有什么特征?如何进行判别?叙述明渠流动弗劳德数 Fr 的表达式和物理意义。

(6) 断面单位能量与单位重量流体的机械能有何异同?

(7) 试叙述水跃的特征和产生的条件。

(8) 在分析棱柱体渠道非均匀流水面曲线时,怎样分区?怎样确定控制水深?怎样判断水面线变化趋势?

练习题

8-1 明渠均匀流只能出现在:( )

A. 平坡棱柱形渠道   B. 顺坡棱柱形渠道

C. 逆坡棱柱形渠道   D. 天然河道中

8-2 水力最优断面是:( )

A. 造价最低的渠道断面

B. 壁面粗糙系数最小的断面

C. 过水断面积一定、湿周最小的断面

D. 过水断面积一定、水力半径最小的断面

8-3 水力最优矩形渠道断面的宽深比 b/h 是:( )

A. 0.5   B. 1.0   C. 2.0   D. 4.0

8-4 平坡和逆坡渠道中,断面单位能量沿程的变化:( )

A. $\dfrac{\mathrm{d}E_s}{\mathrm{d}h} > 0$ B. $\dfrac{\mathrm{d}E_s}{\mathrm{d}h} < 0$ C. $\dfrac{\mathrm{d}E_s}{\mathrm{d}h} = 0$ D. 都有可能

8-5 明渠流动为急流时:( )

A. $Fr > 1$ B. $h > h_c$ C. $v < c$ D. $\dfrac{\mathrm{d}E_s}{\mathrm{d}h} > 0$

8-6 明渠流动为缓流时:( )

A. $Fr > 1$ B. $h < h_c$ C. $v < c$ D. $\dfrac{\mathrm{d}E_s}{\mathrm{d}h} < 0$

8-7 明渠水流由急流过渡到缓流时发生:( )

A. 水跃   B. 水跌   C. 连续过渡   D. 都有可能

8-8 在流量一定,且渠道断面的形状、尺寸和壁面粗糙一定时,随底坡的增大,正常水深将:( )

A. 增大   B. 减小   C. 不变   D. 不定

8-9 在流量一定,且渠道断面的形状、尺寸一定时,随底坡的增大,临界水深将:( )

A. 增大   B. 减小   C. 不变   D. 不定

8-10 宽面浅的矩形断面渠道中,随流量的增大,临界底坡 i_c 将:( )

A. 增大   B. 减小   C. 不变   D. 不定

8-11 明渠水流如图所示,试求断面 1、2 间渠道底坡、水面坡度、水力坡度。

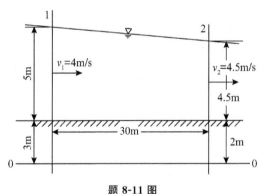

题 8-11 图

8-12 梯形断面土渠,底宽 $b = 3\mathrm{m}$,边坡系数 $m = 2$,水深 $h = 1.2\mathrm{m}$,底坡 $i = 0.0002$,渠道受到中等养护,试求通过流量。

8-13 试分析下图棱柱形渠道中水面曲线衔接的可能形式。

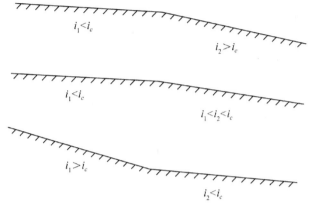

$i_1 < i_c$

$i_2 > i_c$

$i_1 < i_c$

$i_1 < i_2 < i_c$

$i_1 > i_c$

$i_2 < i_c$

题 8-13 图

第9章 堰 流

⬤ **内容提要**

本章主要介绍堰流的特点及分类,按堰顶厚度与堰上水头的相对大小,将堰分为薄壁堰、实用堰和宽顶堰三类;介绍了三种堰流的水力特征以及堰流计算的基本公式和小桥孔径的水力计算问题。重点在于三种堰的分类及各自的特征和堰流的基本公式。

⬤ **学习目标**

通过本章内容的学习,应了解薄壁堰、实用堰和宽顶堰的分类;掌握堰流的基本公式,会利用堰流基本公式进行流量的计算;了解小桥孔径的水力计算。

9.1 堰流的定义及分类

9.1.1 堰流的定义

在缓流中,为控制水位和流量而设置的顶部溢流的障壁称为堰。水流受到堰体或两侧边墙的阻碍,上游水位壅高,水流从堰顶自由下泄,水面线为一条连续的降落曲线。这种缓流经堰顶溢流的急变流现象称为堰顶溢流,简称堰流。

不受下游水位影响的堰流称为自由出流,自由出流时影响堰流过流能力的主要因素是上游水头和堰的体型。当下游水位较高,导致堰顶水流由急流变为缓流时,根据缓流中的干扰波可以向上游传播的概念,下游水位对过堰的流量将产生影响,这种情况称为堰的淹没出流。淹没出流影响堰流过流能力的主要因素中除上游水头和堰的体型外,下游水位也是一个重要因素。

堰在工程中的应用十分广泛。在水利工程中,溢流堰是主要的泄水建筑物;在给水排水工程中,它是常用的溢流集水设备和量水设备。溢流堰也是实验室常用的流量量测设备。

表征堰流的各项特征量(图 9-1)包括:堰顶厚度 δ;堰上水头 H,即上游水位在堰顶上最大超高;堰下游水深 h;堰上、下游坎高 p,p';行近流速 v_0,即上游来流速度。

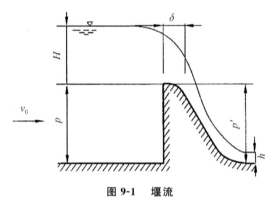

图 9-1　堰流

9.1.2　堰的分类

在实际工程的水力计算中,根据堰的体型特点,即按堰顶厚度 δ 与堰上水头 H 比值的不同,可将堰分为薄壁堰、实用堰和宽顶堰三类。

9.1.2.1　薄壁堰($\dfrac{\delta}{H} < 0.67$)

堰前来流由于受堰壁的阻挡,底部水流因惯性向上收缩,水面逐渐下降,使过堰水流形如舌状,称为水舌。水舌下缘的流速方向为堰壁边缘切线的方向,堰顶与堰上水流只有一条线的接触。水舌离开堰顶后,在重力的作用下自然回落。当水舌回落到堰顶高程时,距上游堰壁约 $0.67H$。这样,当 $\dfrac{\delta}{H} < 0.67$ 时,水舌不受堰宽的影响,这种堰型称为薄壁堰[图 9-2(a)]。薄壁堰一般用钢板或木板制作而成,主要用作测量流量。

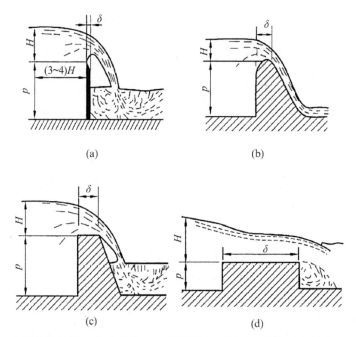

图 9-2 各种类型的堰。(a) 薄壁堰;(b) 曲线形实用堰;(c) 折线形实用堰;(d) 宽顶堰

9.1.2.2 实用堰$(0.67 \leqslant \dfrac{\delta}{H} < 2.5)$

为了使堰结构更加稳定,可加大堰顶厚度,从而使水舌下缘与堰顶面接触,水舌受到堰顶面顶托和摩阻力作用,对过流有一定的影响,堰上的水流形成连续的降落状,这样的堰型称为实用堰。因其稳定的特性,常用于挡水建筑物。水利工程中的大、中型溢流坝一般都采用曲线形实用堰[图 9-2(b)],小型工程常采用折线形实用堰[图 9-2(c)]。

9.1.2.3 宽顶堰$(2.5 \leqslant \dfrac{\delta}{H} < 10)$

堰顶厚度较大,与堰上水头的比值超过 2.5,堰顶厚对水流有显著影响,在堰坎进口水面发生降落,堰上水流近似于水平流动,至堰坎出口水面再次降落与下游水流衔接,这种堰型称为宽顶堰[图 9-2(d)]。实验表明,宽顶堰流水头损失仍以局部水头损失为主,沿程水头损失可忽略不计。

工程上有许多流动,如流经平底进水闸(闸门底缘高出水面)、桥孔、无压短涵管等处的水流,虽无底坎阻碍,但受到侧向束缩,过水断面减小,其流动现象与宽顶堰溢流类同,故称无坎宽顶堰流。

当 $\dfrac{\delta}{H} \geqslant 10$ 时,沿程水头损失逐渐起主导作用,水流也逐渐具有明渠水流特征,其水力计算已不能用堰流理论,而要用明渠水流理论来解决。

9.2 堰流的基本公式

堰流有多种形式,但均具有一些共同的流动特征。

从流动过程分析,当水流趋近堰顶时,断面收缩,流速增大,动能增加,势能减小,故越过堰顶后水面有明显降落。

从作用力上分析,主要受重力作用;堰顶流速变化大,属于急变流动,惯性力作用显著;在曲率较大时,表面张力有影响;因溢流在堰顶上的流程短($0 \leqslant \delta < 10H$),黏性阻力作用小。

从能量损失上分析,主要是局部水头损失,沿程水头损失可忽略不计(如宽顶堰、实用堰等),或无沿程水头损失(如薄壁堰)。

根据以上共同特征,可总结出堰流基本公式。

如图 9-3 所示为自由溢流的无侧收缩矩形薄壁堰。

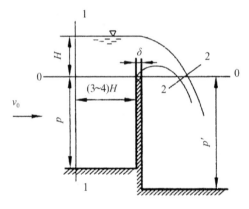

图 9-3　薄壁堰溢流

以通过堰顶的水平面 0-0 为基准面,对堰前过流断面 1-1 及堰顶收缩过流断面 2-2 列伯努利方程。

$$H + \frac{p_1}{\rho g} + \frac{\alpha_1 v_1^2}{2g} = 0 + \frac{p_2}{\rho g} + \frac{\alpha_2 v_2^2}{2g} + \zeta \frac{v_2^2}{2g} \tag{9-1}$$

式中,H 为堰顶水头;v_1 为断面 1-1 平均流速;v_2 为断面 2-2 平均流速;ζ 为堰进口所引起的局部水头损失系数;$\dfrac{p_1}{\rho g}$、$\dfrac{p_2}{\rho g}$ 分别为断面 1-1、2-2 的平均压强水头,一般认为 $\dfrac{p_1}{\rho g} = \dfrac{p_a}{\rho g}$、$\dfrac{p_2}{\rho g} \approx \dfrac{p_a}{\rho g}$。

令 $H_0 = H + \dfrac{\alpha_1 v_1^2}{2g}$，整理得

流速

$$v_2 = \frac{1}{\sqrt{\alpha_2 + \zeta}} \ \sqrt{2gH_0} = \phi \ \sqrt{2gH_0} \tag{9-2}$$

流量

$$Q = A_2 v_2 = \phi b e \ \sqrt{2gH_0} \tag{9-3}$$

式中，ϕ 为流速系数，$\phi = \dfrac{1}{\sqrt{\alpha_2 + \zeta}}$；$b$ 为堰宽；e 为断面 2-2 上水舌的厚度，与水头 H_0 有关。令 $e = kH_0$，k 表示水舌垂直收缩程度的系数。

式(9-3)可变形为

$$Q = \phi k b \ \sqrt{2g} H_0^{1.5} = mb \ \sqrt{2g} H_0^{1.5} \tag{9-4}$$

式中，m 为流量系数，$m = \phi b$。

由于下游水位影响堰流性质，在相同水头 H 情况下，其流量 Q 将小于自由出流堰流流量，可用淹没因数 σ 表明其影响，故淹没出流堰流基本公式也可表示为

$$Q = \sigma mb \ \sqrt{2g} H_0^{1.5} \tag{9-5}$$

9.3　薄壁堰

薄壁堰流的水头与流量的关系稳定。根据堰口形状的不同，常用的薄壁堰有矩形薄壁堰和三角形薄壁堰，前者常用于测量较大的流量，后者常用于测量较小的流量。

9.3.1　矩形薄壁堰

如图 9-4 所示的矩形薄壁堰。

根据堰流基本公式

$$Q = mb \ \sqrt{2g} H_0^{1.5}$$

将堰上游行近流速 v_0 的影响计入流量系数内，上式改写为

$$Q = m_0 b \ \sqrt{2g} H^{1.5}$$

式中，m_0 是计入堰上游行近流速水头影响的流量系数，可由实验确定。1898

年,法国工程师巴赞(Henri Bazin)提出经验公式

$$m_0 = \left(0.405 + \frac{0.0027}{H}\right)\left[1 + 0.55\left(\frac{H}{H + h_p}\right)^2\right] \qquad (9-6)$$

式中,H、h_p 的单位均为 m,公式适用范围 $0.005\text{m} \leqslant H \leqslant 1.24\text{m}$,$0.24\text{m} \leqslant h_p \leqslant 1.13\text{m}$,$b \leqslant 2\text{m}$。

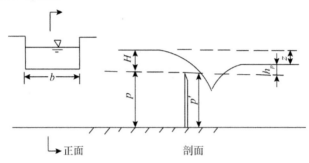

图 9-4　矩形薄壁堰溢流

如果流量较小,受表面张力的影响,测量精度较差,可以使堰宽 b 小于渠宽 B,水流将产生侧向收缩。考虑侧收缩的影响,则采用修正的巴赞公式

$$m_0 = \left(0.405 + \frac{0.0027}{H} - 0.03\frac{B-b}{B}\right)\left[1 + 0.55\left(\frac{b}{B}\right)^2\left(\frac{H}{H + h_p}\right)^2\right]$$

式中,b 为堰顶厚度;B 为渠宽。

9.3.2　三角形薄壁堰

用矩形堰测量流量,当小流量时,矩形堰的水舌很薄,受表面张力影响可能形成贴壁流,水流不稳定,影响测量精度。为使小流量水流仍能保持较大的堰上水头,就要减小堰宽,可采用三角形薄壁堰。

如图 9-5 所示,假设三角形薄壁堰的夹角为 θ,将微小宽度 $\mathrm{d}b$ 看成薄壁堰流,则微小流量的表达式为

$$\mathrm{d}Q = m_0\sqrt{2g}h^{1.5}\mathrm{d}b \qquad (9-7)$$

式中,h 为 $\mathrm{d}b$ 处的水头。

由几何关系 $b = (H - h)\tan\dfrac{\theta}{2}$,有

$$\mathrm{d}b = -\tan\frac{\theta}{2}\mathrm{d}h$$

代入式(9-7),得

$$dQ = - m_0 \tan \frac{\theta}{2} \sqrt{2g} h^{1.5} dh \tag{9-8}$$

则堰的溢流量为

$$Q = - 2m_0 \tan \frac{\theta}{2} \sqrt{2g} \int_H^0 h^{1.5} dh$$

$$= \frac{4}{5} m_0 \tan \frac{\theta}{2} \sqrt{2g} H^{2.5} = m_s \sqrt{2g} H^{2.5} \tag{9-9}$$

式中,$m_s = \frac{4}{5} m_0 \tan \frac{\theta}{2}$,为三角堰流量系数。当 $H = 0.05 \sim 0.25$m 时,$\theta = 90°$ 比较常用,其流量计算公式为 $Q = 1.4 H^{2.5}$。

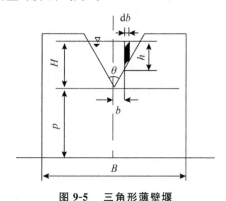

图 9-5   三角形薄壁堰

9.4   实用堰

实用堰是水利工程中最常见的挡水和泄流的水工建筑物,其剖面形状分为曲线型实用堰和折线形实用堰。堰顶剖面做成适于过流的曲线形,这样的堰称为曲线形实用堰,如采用混凝土修筑的中、高溢流堰[图 9-2(b)];堰顶剖面做成折线形,这样的堰称为折线形实用堰,如采用不便加工成曲线的条石或其他材料修筑的中、低溢流堰[图 9-2(c)]。

实用堰基本公式同式(9-4)

$$Q = mb \sqrt{2g} H_0^{1.5} \tag{9-10}$$

实用堰的流量系数 m 变化范围较大,根据堰壁外形、水头及首部情况确定。初步估算,曲线形实用堰可取 $m = 0.45$,折线形实用堰可取 $m = 0.35 \sim 0.42$。

当堰宽小于上游渠道宽度时($b < B$)，过堰水流发生侧向收缩，造成过流能力降低。侧向收缩的影响用收缩系数 ε 表示，得到的流量公式为

$$Q = m\varepsilon b \sqrt{2g} H_0^{1.5}$$

式中，ε 为侧向收缩系数。初步估算时常取 $\varepsilon = 0.85 \sim 0.95$。

9.5 宽顶堰

宽顶堰流是实际工程中一个极为常见的水流现象，因底坎引起的水流在垂向产生收缩，形成的宽顶堰流，称为有坎宽顶堰流，如图 9-6(a)所示直角进口的宽顶堰流、图 9-6(b)所示圆弧形进口的宽顶堰流。当水流流经桥孔、隧洞或涵洞时，形成的宽顶堰流，称为无坎宽顶堰流，如图 9-6(c)所示小桥桥孔出流立面图、图 9-6(d)所示水流经施工围堰束窄了的河床。

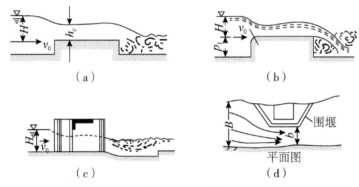

图 9-6 宽顶堰流

9.5.1 自由式无侧向收缩宽顶堰

宽顶堰自由出流且无侧向收缩时的流量计算公式仍用堰流公式：

$$Q = mb\sqrt{2g} H_0^{1.5}$$

别列津斯基根据实验，提出流量系数 m 的经验公式：

(1) 矩形直角进口宽顶堰[图 9-7(a)]

$$m = \begin{cases} 0.32 + 0.01 \dfrac{3 - \dfrac{p}{H}}{0.46 + 0.75 \dfrac{p}{H}}, & 0 \leqslant \dfrac{p}{H} \leqslant 3.0 \\ \\ 0.32, & \dfrac{p}{H} > 3.0 \end{cases} \tag{9-11}$$

（2）矩形修圆进口宽顶堰［图 9-7(b)］

$$m = \begin{cases} 0.36 + 0.01 \dfrac{3 - \dfrac{p}{H}}{1.2 + 1.5 \dfrac{p}{H}}, & 0 \leqslant \dfrac{p}{H} \leqslant 3.0 \\[4mm] 0.36, & \dfrac{p}{H} > 3.0 \end{cases} \tag{9-12}$$

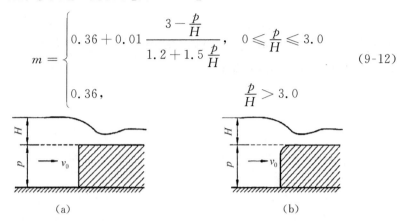

（a）　　　　　　　　　　　　　　　（b）

图 9-7　宽顶堰进口情况。(a) 矩形直角进口；(b) 矩形修图进口

9.5.2　淹没的影响

当宽顶堰下游水位超过堰顶的高度，$h_s \geqslant (0.75 \sim 0.85) H_0$（括号内的系数值与堰出口下游断面扩大情况有关）时，堰顶将发生淹没水跃，形成淹没出流，过堰水流受到下游水的阻碍，流量减小。因此，淹没条件为（计算时一般取平均值）

$$h_s > 0.8 H_0$$

淹没出流对流量的影响可用淹没系数 $\sigma_s \leqslant 1$ 来反映，流量公式为

$$Q = \sigma_s m b \sqrt{2g} H_0^{1.5}$$

式中，淹没系数 σ_s 随 $\dfrac{h_s}{H_0}$ 增大而减小。表 9-1 为实验得到的淹没系数。

表 9-1　宽顶堰的淹没系数

h_s/H_0	σ_s	h_s/H_0	σ_s	h_s/H_0	σ_s	h_s/H_0	σ_s
0.80	1.00	0.85	0.96	0.90	0.84	0.95	0.65
0.81	0.995	0.86	0.95	0.91	0.82	0.96	0.59
0.82	0.99	0.87	0.93	0.92	0.78	0.97	0.50
0.83	0.98	0.88	0.90	0.93	0.74	0.98	0.40
0.84	0.97	0.89	0.87	0.94	0.70		

9.5.3　侧向收缩的影响

当堰宽小于上游水面宽时，将发生侧向收缩，称为侧收缩宽顶堰出流，其计算公式为：

$$Q = m\varepsilon b \sqrt{2g} H_0^{1.5}$$

式中，侧向收缩系数 ε 的主要影响因素是闸墩和边墩的头部形状、数目和堰上水头等。侧向收缩系数 ε 可采用经验公式计算。

（1）单孔宽顶堰

$$\varepsilon = 1 - \frac{a}{\sqrt[3]{0.2 + p/H}} \sqrt[4]{\frac{b}{B}} \left(1 - \frac{b}{B}\right) \qquad (9\text{-}13)$$

式中，a 为墩形系数，矩形边墩 $a = 0.19$，圆形边墩 $a = 0.10$；B 为上游河渠宽度。

式（9-13）的适用范围：$\frac{b}{B} \geqslant 0.2$ 且 $\frac{p_1}{H} \leqslant 3$。当 $\frac{b}{B} < 0.2$ 时，取 $\frac{b}{B} = 0.2$；当 $\frac{p_1}{H} > 3$ 时，取 $\frac{p_1}{H} = 3$。

（2）多孔宽顶堰

侧向收缩系数 ε 应取边孔和中孔侧向收缩系数的加权平均值：

$$\bar{\varepsilon} = \frac{(n-1)\varepsilon' + \varepsilon''}{n} \qquad (9\text{-}14)$$

式中，n 为堰顶闸孔孔数；ε' 为中孔侧向收缩系数，设中孔净宽为 b，闸墩厚度为 d，则 $B = b + d$，代入式（9-13）可计算出 ε'；ε'' 为边孔侧向收缩系数，设边孔净宽为 b，闸墩厚度为 Δ，则 $B = b + 2\Delta$，代入式（9-13）可计算出 ε'。

宽顶堰流大部分情况下有侧向收缩，并形成淹没式堰流，计算公式为：

$$Q = \sigma_s m\varepsilon b \sqrt{2g} H_0^{1.5}$$

9.6　小桥孔径水力计算

桥梁孔径计算方法分为"小桥"和"大中桥"两类。小桥孔径计算方法适用于桥下不能冲刷的河槽，如人工加固或岩石河槽；大中桥孔径计算方法适用于桥下河槽能够发生冲淤变形的天然河床。小桥孔径是指在垂直于水流方向的平面内泄水孔口的最大水平距离。对于单孔矩形桥孔断面的桥梁而言，小桥孔径就是指桥台内壁之间的距离 B，如图 9-8 所示。

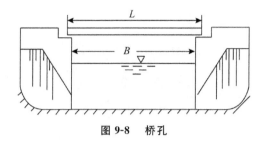

图 9-8　桥孔

小桥、无压短涵管、灌溉系统的节制闸等的孔径计算,基本上都是利用宽顶堰理论,且原则上计算方法相同。以下只介绍小桥孔径的计算方法。

小桥的底板一般与渠道的底板齐平,由于路基及墩台使液流束窄产生侧向收缩,故属无坎宽顶堰流。随下游水深变化,小桥孔径过流也有自由出流[图 9-9(a)]和淹没出流[图 9-9(b)]两种形式。

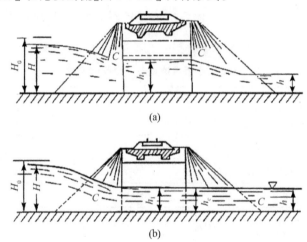

图 9-9　小桥孔径过流。(a) 自由出流;(b) 淹没出流

(1) 自由出流时的水力计算

当桥下游水深 h 小于桥孔水流的临界水深 h_c 的 1.3 倍,即 $h < 1.3h_c$ 时,下游水位不影响桥孔过流,桥孔水流为急流,小桥过流为自由式,如图 9-9(a) 所示。

列桥前断面与桥下收缩断面的伯努利方程

$$H + \frac{\alpha_0 v_0^2}{2g} = h_1 + \frac{\alpha v^2}{2g} + \zeta \frac{v^2}{2g} \tag{9-15}$$

式中,h_1 为桥孔下方过流水深。

令

$$H_0 = H + \frac{\alpha_0 v_0^2}{2g} \qquad (9\text{-}16)$$

$$h_1 = \psi h_c \qquad (9\text{-}17)$$

式中,ψ 为进口形状系数,其值视小桥进口形式而定,平滑进口 ψ 取 $0.80 \sim$ 0.85,非平滑出口 ψ 取 $0.75 \sim 0.80$;h_c 为临界水深,$h_c = \sqrt[3]{\dfrac{\alpha Q^2}{(\varepsilon b)^2 g}}$。

将式(9-16)和(9-17)代入式(9-15)解得

$$v = \frac{1}{\sqrt{\alpha + \zeta}} \sqrt{2g(H_0 - \psi h_c)} = \phi \sqrt{2g(H_0 - \psi h_c)} \qquad (9\text{-}18)$$

$$Q = Av = \varepsilon b \psi h_c \phi \sqrt{2g(H_0 - \psi h_c)} \qquad (9\text{-}19)$$

式中,ϕ 为小桥孔的流速系数,$\phi = \dfrac{1}{\sqrt{\alpha + \zeta}}$;$\varepsilon$ 为小桥孔的侧向收缩系数;流速系数与侧向收缩系数的经验值如表 9-2 所示。

表 9-2　小桥流速系数与侧收缩系数

桥台形状	流速系数	侧向收缩系数
单孔,有锥体填土护坡	0.90	0.90
单孔,有八字翼墙	0.90	0.85
多孔,或无锥体填土	0.85	0.80
拱脚浸水的拱桥	0.80	0.75

(2)淹没出流时的水力计算

当桥下游水深 $h \geqslant 1.3 h_c$ 时,小桥过流淹没出流,如图 9-9(b)所示。此时,忽略水流在桥出口过程中的流速变化所造成的水深变化,即 $h = h_1$,淹没出流的水力计算公式为

$$v = \phi \sqrt{2g(H_0 - h)} \qquad (9\text{-}20)$$

$$Q = \varepsilon b h \phi \sqrt{2g(H_0 - h)} \qquad (9\text{-}21)$$

本章小结

(1) 基本概念。

(2) 堰流流量的基本公式：$Q = \varepsilon \sigma_s mb \sqrt{2g} H_0^{1.5}$，当自由出流时 $\sigma_s = 1.0$，无侧向收缩时 $\varepsilon = 1.0$。

(3) 矩形薄壁堰流量：$Q = m_0 B \sqrt{2g} H_0^{1.5}$。

(4) 实用堰与宽顶堰采用相同的计算公式：$Q = \varepsilon \sigma_s mb \sqrt{2g} H_0^{1.5}$。

(5) 小桥孔径水力计算。

 思考题

(1) 什么是堰流?堰流有哪些类型?如何区分?

(2) 堰流流量基本公式中 ε、σ_s、m、b 等系数与哪些因素有关?

(3) 矩形薄壁堰流有哪些特点?

(4) 在宽顶堰水力计算时要注意哪些问题?

(5) 堰流自由出流和淹没出流有什么不同?它们的过流能力是否相同?为什么?

(6) 小桥孔过流计算的原则是什么?小桥孔过流的淹没标准是什么?

练习题

9-1　宽顶堰流的基本条件是:（　　）

A. $\delta/H < 0.67$ 　　　　　　　　B. $0.67 < \delta/H < 2.5$

C. $2.5 < \delta/H < 10$ 　　　　　　D. $\delta/H > 10$

9-2　从堰流流量的基本公式可以看出,过堰流量 Q 与堰上水头 H 的关系是:（　　）

A. $Q \propto H_0^{1.0}$ 　　　　　　　　B. $Q \propto H_0^{1.5}$

C. $Q \propto H_0^{2.0}$ 　　　　　　　　D. $Q \propto H_0^{2.5}$

9-3　夹角为 $90°$ 的三角形自由薄壁堰流,其溢流量 Q 与堰上水头 H 的关系为:（　　）

A. $Q \propto H_0^{1.0}$ B. $Q \propto H_0^{1.5}$

C. $Q \propto H_0^{2.0}$ D. $Q \propto H_0^{2.5}$

9-4　自由式宽顶堰的堰顶水深 h 与临界水深 h_c 的关系为:(　　)

A. $h < h_c$ B. $h = h_c$

C. $h > h_c$ D. 不确定

9-5　宽顶堰的淹没条件是:$h_s / H_0 >$(　　)

A. 0.15   B. 0.7

C. 0.8   D. 1.0

9-6　小桥孔自由式出流时,桥下水深 h_1 与临界水深 h_c 的关系是:(　　)

A. $h_1 < h_c$ B. $h_1 = h_c$

C. $h_1 > h_c$ D. 不确定

9-7　小桥孔淹没式出流的必要充分条件是桥下游水深:(　　)

A. $h > 0$ B. $h \geqslant 0.8 h_c$

C. $h \geqslant h_c$ D. $h \geqslant 1.3 h_c$

第 10 章　渗　流

内容提要

本章主要介绍土壤的渗流特性、渗流模型、渗流的分类；达西定律及达西定律适用范围、渗透系数、无压恒定渐变渗流基本公式；普通完整井和自流完整井的浸润线方程和涌水量计算公式。重点在于渗流模型与达西定律、无压恒定非均匀渐变渗流基本方程、普通完整井和自流完整井水力计算的方法。

学习目标

通过本章内容的学习，应掌握渗流模型的概念与渗流基本定理 —— 达西定律；理解无压恒定非均匀渐变渗流基本方程；掌握普通完整井和自流完整井水力计算的方法，会进行出水量的基本计算；了解管涌和流土的概念。

10.1　概　述

流体在孔隙介质中的流动称为渗流，包括液体、气体等在孔隙介质中的流动。当流体是水，孔隙介质是土壤或岩土时的渗流称为地下水流动。本章主要研究以地下水流动为代表的渗流运动规律及其在土木工程中的应用。

渗流理论在环境保护、给排水、土建、石油、化工、地质等许多领域都有着十分广泛的应用。在土木工程中，常见的渗流问题有：土壤及透水地基上水工建筑物的渗漏及稳定，水井、集水廊道等集水构筑物的设计计算，建筑施工围堰或基坑的排水量和水位的下降，公路工程中路基排水和透水路堤的设计和施工等。

按照土壤中的水所承受的作用力的性质与大小不同，土壤中的水可以分为气态水、附着水、薄膜水、毛细水和重力水。

气态水以蒸汽状态散逸于土壤孔隙中；附着水以最薄的分子层吸附在土颗粒表面，呈固态水的性质；薄膜水以厚度不超过分子作用半径的薄层包围土颗粒，性质与液态水相似。一般来说，气态水、附着水和薄膜水占地下水总量极少，渗流中不予考虑。毛细水是在表面张力作用下，存在于土壤中的细小空隙中，通常也忽略不计。

重力水由于受重力作用，可以在土壤孔隙中运动，充满渗流区域中土壤的大孔隙。重力水对土壤颗粒有压力作用，其运动可带动土壤颗粒运动，严重时会导致土壤结构被破坏，危及建筑物安全，故重力水是渗流研究的主要对象。

10.2 渗流基本定律

10.2.1 渗流模型

实际工程中，土壤孔隙的大小、形状和分布是极不规则的。水在土壤孔隙中流动，故渗流水质点的运动轨迹是杂乱无章的。要研究水流在孔隙中的真实运动状况极其困难，也是毫无必要的。通常采用一种简化的模型来代替实际的渗流，这种模型称为渗流模型。

渗流模型是渗流区域（流体和孔隙介质所占据的空间）的边界条件保持不变，略去全部土颗粒，认为渗流区连续充满流体，而流量与实际渗流相同，压强和渗流阻力也与实际渗流相同的替代流场。

渗流模型不考虑渗流在土壤孔隙中的流动途径，只关注渗流的主要流向，同时认为渗流区域是被渗流所充满的连续介质，故渗流的运动要素在渗流区域内是连续变化的。因此，在渗流模型中，可将渗流的运动要素当作渗流区域空间点坐标的连续函数来研究。

（1）渗流流速

根据渗流模型的定义，渗流模型中任一微小过流断面面积 ΔA（包括土颗粒面积和孔隙面积），通过该断面的流量为 ΔQ，则 ΔA 上的平均速度即为渗流模型的流速

$$v = \frac{\Delta Q}{\Delta A} \tag{10-1}$$

而水在孔隙中的实际平均流速为

$$v' = \frac{\Delta Q}{\Delta A'} = \frac{v \Delta A}{\Delta A'} = \frac{1}{n} v > v \qquad (10\text{-}2)$$

式中,ΔA 包括土颗粒面积和孔隙面积,故孔隙的过流断面面积 $\Delta A'$ 要比 ΔA 小,且 $\Delta A' = n\Delta A$,n 为土壤的孔隙率。

因为孔隙率 $n < 1$,所以 $v' > v$,即渗流模型流速小于实际渗流的流速。

(2) 流速水头

渗流中,水的运动很慢,且流速水头极小,可忽略不计。因此,在渗流中,通常认为总水头 H 等于测压管水头 H_p,即

$$H = H_p = z + \frac{p}{\rho g} \qquad (10\text{-}3)$$

(3) 渗流阻力

渗流中,液体在介质的孔隙中流动时所受到孔隙边界的阻力称为渗流阻力。与土壤介质的阻力相比,渗流阻力的作用也可忽略不计。

10.2.2　渗流的达西定律

流体在孔隙中流动,必然有能量损失。1856 年,法国工程师达西通过实验研究总结出均质砂土中均匀渗流水头损失与渗流速度之间的关系 —— 达西定律。该定律被后来的学者推广应用到整个渗流计算中,是渗流理论中最基本的关系式。

达西实验装置如图 10-1 所示。该装置为上端开口的直立圆筒,筒壁两断面 1-1、2-2 分别装有测压管,圆筒下部距筒底不远处装有滤板 C。圆筒内充填均匀砂层,由滤板托住。水由上端注入圆筒,并以溢水管 B 使水位保持恒定。水渗流即可测量出测压管水头差,同时透过砂层的水经排水管流入计量容器中,以便计算实际渗流量 Q。

若圆筒横断面面积为 A,则断面平均渗流流速 $v = Q/A$。

水头损失 h_w 可以用水头差来表示,即

$$h_w = H_1 - H_2 \qquad (10\text{-}4)$$

水力坡度 J 为

$$J = \frac{h_w}{L} = \frac{H_1 - H_2}{L} \qquad (10\text{-}5)$$

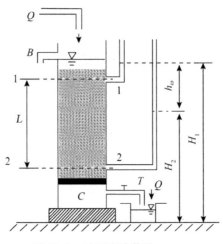

图 10-1　达西实验装置

达西通过分析大量的实验数据,证明在圆筒内的渗流量 Q 与圆筒的断面面积 A 和水力坡度 J 成正比,并且与土壤的透水性能有关,即

$$Q = kAJ \qquad (10\text{-}6)$$

或者

$$v = \frac{Q}{A} = kJ \qquad (10\text{-}7)$$

式中,k 为渗透系数,是反映土壤性质和流体性质综合影响渗流的系数,具有速度的量纲;v 为渗流断面的平均流速。

式(10-6)和式(10-7)称为达西定律,该定律表明渗流的水力坡度或单位长度的水头损失与渗流速度的一次方成正比,因此也称为渗流线性定律。

达西实验中的渗流区为一圆柱形的均质砂土,属于均匀渗流。后来的学者证明达西定律可推广到非均匀、非恒定渗流中,其表达式为

$$u = kJ = -k \frac{\mathrm{d}H}{\mathrm{d}s} \qquad (10\text{-}8)$$

式中,u 为点流速;J 为该点的水力坡度。

10.2.3　达西定律的适用范围

达西定律是渗流线性定律,后来范围更广的实验揭示,随着渗流速度的增大,水头损失将与流速的 $1 \sim 2$ 次方成比例。当流速增大到一定数值后,水头损失和流速的二次方成正比,故在应用达西定律时应注意其适用范围。

关于达西定律的适用范围,可用雷诺数进行判别。

当流动的雷诺数很小时,黏滞力对流动起主要作用,惯性作用可忽略,此时为层流,所以达西定律是层流渗流的水头黏性损失规律。

由于土壤的透水性质很复杂,土壤孔隙的大小、形状和分布在很大的范围内发生变化。巴甫洛夫斯基提出,当 $Re < Re_c$ 时,渗流为线性渗流,其中 Re 为渗流的实际雷诺数,Re_c 为渗流的临界雷诺数。其中,Re 按下式计算。

$$Re = \frac{1}{0.75n + 0.23} \frac{vd}{\nu} \tag{10-9}$$

式中,n 为土壤的孔隙率;d 为土壤有效粒径,一般可用 d_{10}(直径小于某一颗粒粒径的含量占总量 10% 时的土颗粒直径,称为有效粒径)来代表;v 为渗流断面平均流速;ν 为水的运动黏度。

巴甫洛夫斯基给出的 Re_c 取 7 ~ 9。

10.2.4　渗透系数的确定

渗透系数是反映土壤性质和流体性质综合影响渗流的系数,是分析计算渗流问题最重要的参数。其物理意义为单位水力坡度下的渗流流速,主要与土壤孔隙介质的特性(土颗粒大小、形状、分布情况)和液体的物理性质有关,要准确地确定其数值相当困难。确定渗流系数常用的方法有如下三种。

(1) 现场测定法

在所研究的渗流区域现场测定,其优点在于不用选取土样,保持土壤结构原状,可获得大面积的平均渗透系数,但费用高,一般多用于重要的大型工程。

(2) 实验测定法

在现场取土样若干,保持原状,不加扰动并密封保存,然后在室内测定其渗流系数。利用类似图 10-1 的渗流试验设备,实测水头损失和流量,求得渗透系数。

该法简单可靠,易于操作,费用较低,是一种常用的方法。但因实验用土样受到扰动,和实地原状土有一定差别。

(3) 经验法

查阅相关手册或规范资料,获取各种土的渗透系数值或计算公式。由于土的工程分类方法不统一,大都是经验性的,各有其局限性,可作为初步估算用。表 10-1 列出了各类土的渗透系数。

表 10-1 土壤渗透系数

类型	渗透系数	
	m/d	cm/s
黏土	< 0.005	< 6 × 10^{-6}
粉质黏土	0.005 ~ 0.100	(0.06 ~ 1.00) × 10^{-4}
黏质粉土	0.1 ~ 0.5	(1 ~ 6) × 10^{-4}
黄土	0.25 ~ 0.50	(3 ~ 6) × 10^{-4}
粉砂	0.5 ~ 1.0	(0.6 ~ 6.0) × 10^{-3}
细砂	1.0 ~ 5.0	(1 ~ 6) × 10^{-3}
中砂	5.0 ~ 20.0	(0.6 ~ 2.0) × 10^{-2}
均质中砂	35 ~ 50	(4 ~ 6) × 10^{-2}
粗砂	20 ~ 50	(2 ~ 6) × 10^{-2}
均质细砂	60 ~ 75	(7 ~ 8) × 10^{-2}
圆砾	50 ~ 100	(0.6 ~ 1.0) × 10^{-1}
卵石	100 ~ 500	(1 ~ 6) × 10^{-1}
无填充物的卵石	500 ~ 1000	0.6 ~ 10.0
稍有裂隙的岩石	20 ~ 60	(2 ~ 7) × 10^{-2}
裂隙多的岩石	> 60	> 7 × 10^{-2}

【例 10-1】 如图所示,两水库 A、B 间为一座山,经地质勘探查明有一透水层,其厚度 $a = 4$m,宽度 $b = 4$m,长度 $l = 2000$m。前半段为细砂,$k_1 = 0.001$cm/s,后半段为中砂,$k_2 = 0.01$cm/s。A、B 水库水位分别为130m、100m。试求由 A 水库向 B 水库渗透的流量 Q。

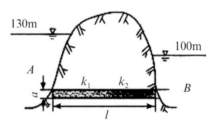

例 10-1 图

【解】 设透水层前后段流速分别为 v_1、v_2,水头损失分别为 h_{w1}、h_{w2}。

根据连续性方程得 $v_1 = v_2 = v$。

根据伯努利方程得 $H_1 - H_2 = h_w = h_{w1} + h_{w2}$。

由达西定律，$v = kJ = k\dfrac{h_w}{l}$，则 $h_w = \dfrac{vl}{k}$。

由 $l_1 = l_2 = l/2$，

则

$$H_1 - H_2 = \frac{v_1 l_1}{k_1} + \frac{v_2 l_2}{k_2} = \frac{vl}{2}\left(\frac{1}{k_1} + \frac{1}{k_2}\right)$$

故

$$v = \frac{2(H_1 - H_2)}{l\left(\dfrac{1}{k_1} + \dfrac{1}{k_2}\right)}$$

流量

$$Q = vA = \frac{2(H_1 - H_2)}{l\left(\dfrac{1}{k_1} + \dfrac{1}{k_2}\right)}ab = \frac{2 \times (130 - 100)}{2000 \times \left(\dfrac{1}{0.00001} + \dfrac{1}{0.0001}\right)} \times 4 \times 4$$

$$= 4.36 \times 10^{-3} (\mathrm{L/s})$$

10.3　恒定无压渗流

10.3.1　无压均匀渗流

若渗流区域位于不透水基础之上，且渗流具有自由表面，这种渗流称为无压渗流。无压渗流相当于透水地层中的明渠流动，水面线称为浸润线。与明渠流动相似，无压渗流分为均匀渗流（流线是平行直线、等深、等速）和非均匀渗流，均匀渗流的水深称为渗流正常水深，以 h_0 表示。由于受自然水文地质条件的影响，无压渗流更多的是流线近于平行直线的非均匀渐变渗流。

在自然界中，不透水基底一般是起伏不平的，为方便起见，可视为平面，以 i 表示基底坡度，其底坡可分为三类：$i > 0$ 为顺坡；$i < 0$ 为逆坡；$i = 0$ 为平坡。

如图 10-2 所示，在顺坡（$i > 0$）不透水基底上形成无压均匀渗流。因均匀流水深沿程不变，水力坡度亦为常数。根据达西定律可知，

断面平均流速 v 为

$$v = ki$$

通过过流断面 A 的流量 Q 为

$$Q = kAi$$

若过流断面为矩形时，$A = bh$，故单宽流量 q 为

$$q = khi \qquad (10\text{-}10)$$

式中，h 为均匀渗流水深；k 为土壤渗流系数；i 为不透水基底坡度。

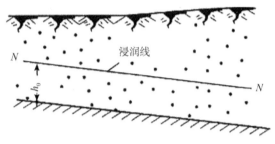

图 10-2　无压均匀流

10.3.2　裘皮依公式

如图 10-3 所示，对于非均匀渐变流，任取两过流断面 1-1 和 2-2，两过流断面相距 ds。根据渐变流的性质，过流断面近于平面，其上各点的测压管水头皆相等。而且，在渐变流的断面上压强符合静水压强分布规律，故断面 1-1 上各点的测压管水头皆为 $H_1 = H$，断面 2-2 上各点的测压管水头为 $H_2 = H + \mathrm{d}H$，两断面间的水头损失相同。

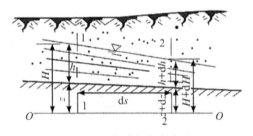

图 10-3　非均匀渐变渗流

$$H_1 - H_2 = -\mathrm{d}H$$

由于渐变流流线几乎为平行的直线，可认为断面 1-1 与断面 2-2 之间各流线的距离均近似为 ds，则渐变流任一过流断面上各点的水力坡度

$$J = -\frac{\mathrm{d}H}{\mathrm{d}s} \qquad (10\text{-}11)$$

根据达西定律，渐变流过流断面上的各点渗流速度 u 都相等，而断面平

均流速 v 也等于渗流速度 u，则

$$v = u = kJ = -k\frac{\mathrm{d}H}{\mathrm{d}s} \tag{10-12}$$

式(10-12)即为裘皮依(Jules Dupuit)公式，可应用于渐变渗流。

10.3.3   渐变渗流的基本微分方程

渐变渗流的微分方程可用裘皮依公式来推导。如图 10-3，假设无压非均匀渐变渗流，不透水层坡度为 i，取过流断面 1-1、2-2，相距 $\mathrm{d}s$，水深和测压管水头的变化分别为 $\mathrm{d}h$ 和 $\mathrm{d}H$。

断面 1-1、2-2 的水力坡度

$$J = -\frac{\mathrm{d}H}{\mathrm{d}s} = -\left(\frac{\mathrm{d}z}{\mathrm{d}s} + \frac{\mathrm{d}h}{\mathrm{d}s}\right) = i - \frac{\mathrm{d}h}{\mathrm{d}s}$$

根据裘皮依公式，断面平均流速为

$$v = kJ = k\left(i - \frac{\mathrm{d}h}{\mathrm{d}s}\right) \tag{10-13}$$

渗流流量为

$$Q = kAJ = kA\left(i - \frac{\mathrm{d}h}{\mathrm{d}s}\right) \tag{10-14}$$

式(10-14)即为无压渐变渗流基本微分方程。

10.3.4   渐变渗流浸润曲线

在无压渗流中，重力水的自由表面称为浸润面。在平面问题中，浸润面问题转化为浸润曲线问题。在许多工程中需要解决浸润曲线问题，以下将从渐变渗流基本微分方程出发对其进行分析和推导。

同明渠非均匀渐变流水面曲线的变化相比较，因渗流速度很小，流速水头忽略不计，所以浸润曲线既是测压管水头线，又是总水头线。由于存在水头损失，总水头线沿程下降，因此，浸润曲线也只能沿程下降，不可能水平，更不可能上升，这是浸润曲线的主要几何特征。

渗流区不透水基底的坡度分为顺坡($i>0$)、平坡($i=0$)、逆坡($i<0$)三种。只有顺坡存在均匀渗流，有正常水深。无压渗流没有临界水深及缓流、急流的概念，因此浸润曲线的类型大为简化。

(1) 顺坡渗流($i > 0$)

对顺坡渗流,以均匀渗流正常水深 N-N 线将渗流区分为上、下两个区域(图 10-4)。

由渐变渗流基本方程,

$$kA_0 i = kA\left(i - \frac{\mathrm{d}h}{\mathrm{d}s}\right)$$

即

$$\frac{\mathrm{d}h}{\mathrm{d}s} = i\left(1 - \frac{A_0}{A}\right)$$

式中,A 为实际渗流的过流断面面积;A_0 为均匀渗流的过流断面面积。

假设渗流区的过流断面是宽度为 b 的宽阔矩形,则 $A = bh$,$A_0 = bh_0$。若令 $\eta = \dfrac{A}{A_0} = \dfrac{h}{h_0}$,则

$$\frac{\mathrm{d}h}{\mathrm{d}s} = i\left(1 - \frac{1}{\eta}\right) \tag{10-15}$$

式(10-15)即为顺坡渗流浸润曲线的微分方程。现以此式对顺坡渗流浸润曲线作定性分析。

如图 10-14 所示,顺坡渗流可分为 a、b 两区。

① 在正常水深线 N-N 之上的 a 区的曲线,$h > h_0$,即 $A > A_0$,$\eta > 1$。由式(10-15),则 $\dfrac{\mathrm{d}h}{\mathrm{d}s} > 0$,浸润曲线的水深是沿流程增加的,为壅水曲线。

当 $h \to h_0$ 时,$A \to A_0$,$\eta \to 1$,则 $\dfrac{\mathrm{d}h}{\mathrm{d}s} \to 0$,浸润曲线在上游以 N-N 线为渐近线。

当 $h \to \infty$ 时,$A \to \infty$,$\eta \to \infty$,则 $\dfrac{\mathrm{d}h}{\mathrm{d}s} \to i$,浸润曲线在下游以水平线为渐近线。

② 在正常水深线 N-N 以下的 b 区的曲线,$h < h_0$,即 $A < A_0$,$\eta < 1$。由式(10-15),则 $\dfrac{\mathrm{d}h}{\mathrm{d}s} < 0$,浸润曲线的水深是沿流程减小的,为降水曲线。

当 $h \to h_0$ 时,$A \to A_0$,$\eta \to 1$,则 $\dfrac{\mathrm{d}h}{\mathrm{d}s} \to 0$,浸润曲线与正常水深线 N-N 渐近相切。

当 $h \to 0$ 时,$A \to 0$,$\eta \to 0$,则 $\dfrac{\mathrm{d}h}{\mathrm{d}s} \to -\infty$,浸润曲线的切线与底坡线正交。

此时曲率半径极小,不再符合渐变流条件,式(10-12)已不适用,这条浸润曲线的下游端实际上取决于具体的边界条件。

壅水曲线及降水曲线如图 10-4 所示。

由 $\eta = \dfrac{A}{A_0} = \dfrac{h}{h_0}$,有

$$\mathrm{d}h = h_0 \mathrm{d}\eta$$

代入式(10-15),分离变量得

$$i\frac{\mathrm{d}s}{h_0} = \mathrm{d}\eta + \frac{\mathrm{d}\eta}{\eta - 1}$$

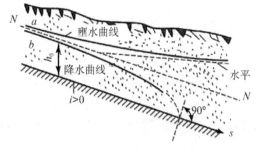

图 10-4　顺坡基底渗流

如图 10-5,将上式从断面 1-1 到断面 2-2 进行积分,得

$$\frac{il}{h_0} = \eta_2 - \eta_1 + 2.31\lg\frac{\eta_2 - 1}{\eta_1 - 1} \tag{10-16}$$

式中,$\eta_1 = \dfrac{h_1}{h_0}$,$\eta_2 = \dfrac{h_2}{h_0}$。

式(10-16)即为正坡上无压渐变渗流浸润曲线方程,可据此绘制顺坡渗流的浸润曲线,并进行水力计算。

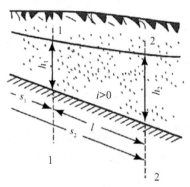

图 10-5　顺坡渗流浸润曲线

（2）平坡渗流（$i=0$）

平坡渗流区域如图 10-6 所示。对于平坡渗流，令式（10-14）中底坡 $i=0$，得其浸润曲线的微分方程为

$$\frac{\mathrm{d}h}{\mathrm{d}s}=-\frac{Q}{kA}$$

因在平坡渗流不可能产生均匀流，上式中 Q、k、A 均为正值，则 $\frac{\mathrm{d}h}{\mathrm{d}s}<0$，故只可能产生一条浸润曲线，为渗流的降水曲线。

当 $h\rightarrow\infty$ 时，则 $\frac{\mathrm{d}h}{\mathrm{d}s}\rightarrow0$，浸润曲线在上游以水平线为渐近线。

当 $h\rightarrow0$ 时，则 $\frac{\mathrm{d}h}{\mathrm{d}s}\rightarrow-\infty$，浸润曲线在上游与底坡线正交，性质与上述顺坡渗流的降水曲线末端类似。

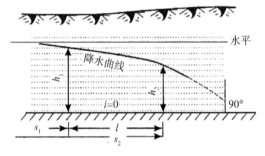

图 10-6　平坡基底渗流

假设渗流区的过流断面是宽度为 b 的宽阔矩形，则 $A=bh$。若令单宽流量 $q=\frac{Q}{b}$，则

$$\frac{q}{k}\mathrm{d}s=-h\mathrm{d}h \tag{10-17}$$

将上式在断面 1-1 至 2-2 积分得

$$\frac{ql}{k}=\frac{1}{2}(h_1^2-h_2^2) \tag{10-18}$$

式（10-18）可用于绘制平坡渗流的浸润曲线，并进行水力计算。

（3）逆坡渗流（$i<0$）

在逆坡基底上，也不可能形成均匀渗流，故对于逆坡渗流也只能产生一条浸润曲线，为渗流降水曲线，曲线形式见图 10-7，浸润曲线方程为

$$\frac{i'l}{h_0'}=\eta_1-\eta_2+2.3\lg\frac{\eta_2+1}{\eta_1+1} \tag{10-19}$$

式中，$\eta = \dfrac{h}{h_0}$，$i' = -i_0$，h_0' 为 i' 坡度上的正常水深。

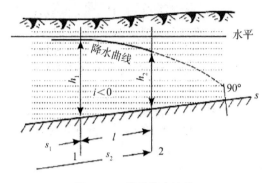

图 10-7 逆坡基底渗流

10.4 井的渗流

井是汲取地下水源和降低地下水位的集水构筑物，应用十分广泛。按照井与含水层的位置关系可分为普通井和承压井两种基本类型。

在具有自由水面的潜水层中凿的井，称为普通井或潜水井，贯穿整个含水层。井底直达不透水层的称为完整井，井底未达到不透水层的称为不完整井。

含水层位于两个不透水层之间，含水层顶面压强大于大气压强，这样的含水层称为承压含水层。汲取承压地下水的井，称为承压井或自流井。根据井底是否达到不透水层，承压井也可以分为完整井和非完整井。

以上两种分类可以组合成普通完整井[图 10-8(a)]、普通不完整井[图10-8(b)]、承压完整井[图 10-9(a)]和承压不完整井[图 10-9(b)]。

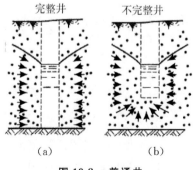

图 10-8 普通井

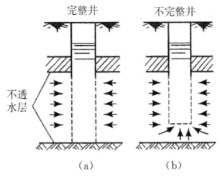

完整井   不完整井

不透
水层

（a）   （b）

图 10-9   承压井

10.4.1   普通完整井

普通完整井如图 10-10 所示,假设含水层中地下水的天然水面 A-A,含水层厚度为 H,井的半径为 r_0。

掘井以后井中初始水位与原地下水的水位齐平,当从井中开始抽水时,井周围的地下水开始向井中渗流形成漏斗形的浸润面,井中水位和周围地下水位逐渐下降。当含水层的范围很大,抽水流量保持不变,经过一定时间后可形成恒定渗流,此时井中水深 h 及漏斗形浸润面的位置和形状均保持不变。

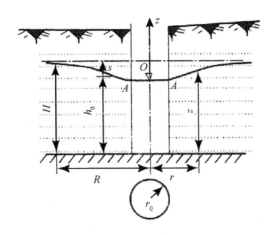

图 10-10   普通完整井

对均质各向同性土壤而言,当井的周围范围很大且无其他干扰时,井的渗流具有轴对称性,通过井中心线沿径向的任何剖面上,流动情况都是相同的,故可简化为平面问题。如果再进一步忽略水力要素沿垂直方向的变化,井的渗流可近似认为是一维渐变渗流,可运用裘皮依公式进行分析。

选坐标系如图 10-10 所示,若任取一个距井轴为 r 的过水断面,设该断面上水深为 z,其过水断面为圆柱面,面积 $A = 2\pi rz$。若以不透水层为基准面,该断面上各点的水力坡度为

$$J = -\frac{\mathrm{d}H}{\mathrm{d}s} = \frac{\mathrm{d}z}{\mathrm{d}r} \tag{10-20}$$

根据裘皮依公式,该过流断面的平均流速为

$$v = kJ = k\frac{\mathrm{d}z}{\mathrm{d}r}$$

井的渗流量为

$$Q = Av = 2\pi rz \cdot k\frac{\mathrm{d}z}{\mathrm{d}r} = 2k\pi\frac{z\mathrm{d}z}{\mathrm{d}r/r} \tag{10-21}$$

分离变量得

$$\int_h^z z\,\mathrm{d}z = \int_{r_0}^r \frac{Q}{2k\pi}\frac{\mathrm{d}r}{r}$$

积分后得

$$z^2 - h^2 = \frac{Q}{k\pi}\ln\frac{r}{r_0} \tag{10-22}$$

或

$$z^2 - h^2 = \frac{0.732Q}{k}\lg\frac{r}{r_0} \tag{10-23}$$

式中,h 为井中水深;r_0 为井的半径。

式(10-23)即为普通完整井的浸润曲线方程,可用来确定沿井的径向剖面上的浸润曲线。

从理论上讲,在离井较远的地方,浸润线是以地下水的天然水面线为渐近线,即当 $r \to \infty$ 时,$z = H$。但在实际工程中,常认为井的抽水影响是有限的,即存在着一个影响半径 R,在影响半径 R 以外的区域,地下水位将不受影响,即当 $r = R$ 时,$z = H$,代入式(10-23),可得普通完整井的出水量公式为

$$Q = 1.366\frac{k(H^2 - h^2)}{\lg\dfrac{R}{r_0}} \tag{10-24}$$

利用式(10-24)计算井的出水量时,要先确定影响半径 R,它主要与土壤的渗透性能有关。通常情况下,影响半径 R 需要用实验方法或野外实测方

法来确定。估算时,影响半径 R 可根据经验数据选取,对于细砂 $R = 100 \sim 200\mathrm{m}$,中等粒径砂 $R = 250 \sim 500\mathrm{m}$,粗砂 $R = 700 \sim 1000\mathrm{m}$。也可以用以下经验公式计算

$$R = 3000s\sqrt{k} \tag{10-25}$$

式中,s 为井水面降深(单位:m),$s = H - h$;k 为渗透系数(单位:m/s)。

10.4.2 承压完整井

承压完整井如图 10-11 所示,含水层位于两不透水层之间。假设承压含水层为具有一定厚度 l 的水平含水层,当井穿过上面的不透水层时,井中水位在不抽水时将上升到 H 高度。以井底不透水层底面为基准面,H 即为天然状态下含水层的测压管水头,它总是大于含水层厚度 l,有时甚至高出地面向外喷涌。若含水层储存量极为丰富,而抽水量不大且流量恒定时,经过一段时间抽水后,井四周的测压管水头线将形成一个稳定的轴对称漏斗形曲面,如图 10-11 中虚线所示。此时承压完整井和普通完整井一样,也可按一维恒定渐变渗流处理。

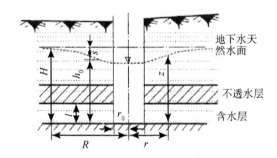

图 10-11 承压完整井

取距井中心轴为 r 的圆柱形过流断面,该面积 $A = 2\pi r l$,根据裴皮依公式,该过流断面的平均流速为

$$v = kJ = k\frac{\mathrm{d}z}{\mathrm{d}r}$$

通过该过流断面的流量为

$$Q = Av = 2\pi r l k\frac{\mathrm{d}z}{\mathrm{d}r}$$

将上式分离变量并积分得

$$\int_h^z \mathrm{d}z = \int_{r_0}^r \frac{Q}{2k\pi l}\frac{\mathrm{d}r}{r}$$

承压完整井的水头线方程为

$$z - h = \frac{Q}{2k\pi l}\ln\frac{r}{r_0} \qquad (10\text{-}26)$$

或

$$z - h = 0.366\frac{Q}{kl}\lg\frac{r}{r_0} \qquad (10\text{-}27)$$

式(10-27)即为承压完整井的测压管水头线方程。

同样引入影响半径 R 的概念。当 $r = R$ 时，$z = H$，可确定承压完整井的出水流量公式为

$$Q = 2.732\frac{kl(H-h)}{\lg\dfrac{R}{r_0}} \qquad (10\text{-}28)$$

由于井中水面降深 $s = H - h$，则式(10-28)也可写成

$$Q = 2.732\frac{kls}{\lg\dfrac{R}{r_0}} \qquad (10\text{-}29)$$

式中，s 为井水面降深(单位:m)，$s = H - h$；k 为渗透系数(单位:m/s)。

l、H、r_0、h_0 的含义如图 10-11 所示(r_0 为井的半径；h_0 为井中水深；H 为测压管水头；l 为含水层厚度)，影响半径 R 仍可按普通完整井的方法确定。

10.4.3　井群

在工程中为了大量汲取地下水源，或更有效地降低地下水位，常需在一定范围内开凿多口井共同工作，这种情况称为井群。如图 10-12 所示。由于井群中各单井之间距离不大，每一口井都处于其他井的影响半径之内，由于相互影响，井群区地下水流及浸润面非常复杂。为解决这一问题，可利用势流叠加原理，相关势流理论可参阅有关资料。

设由 n 个普通完整井组成的井群如图 10-12 所示。各井的半径、出水量、至某点 A 的水平距离分别为 r_{01}、r_{02}、$\cdots$、r_{0n}，Q_1、Q_2、$\cdots$、Q_n 及 r_1、r_2、$\cdots$、r_n。若各井单独工作时，它们的井水深分别为 h_1、h_2、$\cdots$、h_n，在点 A 形成的浸润曲线高度分别为 z_1、z_2、$\cdots$、z_n，则由式(10-23)可求其浸润曲线方程分别为

$$z_1^2 = \frac{0.732Q_1}{k}\lg\frac{r_1}{r_{01}} + h_1^2$$

$$z_2^2 = \frac{0.732Q_2}{k}\lg\frac{r_2}{r_{02}} + h_2^2$$

$$\vdots$$

$$z_n^2 = \frac{0.732Q_n}{k}\lg\frac{r_n}{r_{0n}} + h_n^2$$

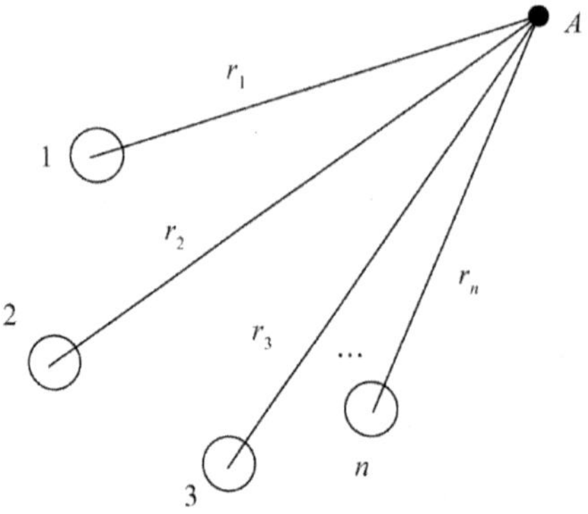

图 10-12　井群

当各井同时抽水时,在点 A 处形成共同的浸润曲线高度 z,按照势流叠加原理可求其公共浸润曲线方程为

$$z^2 = \sum_{i=0}^{n}z_i^2 = \sum_{i=0}^{n}\left(\frac{0.732Q_i}{k}\lg\frac{r_i}{r_{0i}} + h_i^2\right) \tag{10-30}$$

当各井产水量相等,即 $Q_1 = Q_2 = \cdots = Q_n, h_1 = h_2 = \cdots = h_n$,上式变为

$$z^2 = \frac{0.732Q}{k}\left[\frac{1}{n}\lg(r_1 r_2 \cdots r_n) - \frac{1}{n}\lg(r_{01} r_{02} \cdots r_{0n})\right] + nh^2 \tag{10-31}$$

式中, Q 为井群总抽水流量, $Q = Q_1 + Q_2 + \cdots + Q_n$。

设井群的影响半径为 R,若 R 远大于井群的尺寸,且点 A 离各单井都较远,则可认为 $r_1 \approx r_2 \approx \cdots \approx r_n \approx R, z \approx H$,则

$$H^2 = \frac{0.732Q}{k}\left[n\lg R - \lg(r_{01} r_{02} \cdots r_{0n})\right] + nh^2$$

故井群的浸润面方程

$$z^2 = H^2 - \frac{0.732Q}{k}\left[n\lg R - \lg(r_{01} r_{02} \cdots r_{0n})\right]$$

$$= H^2 - \frac{0.732Q_0}{k}\left[\lg R - \frac{1}{n}\lg(r_{01} r_{02} \cdots r_{0n})\right] \tag{10-32}$$

式中，$R = 575s\sqrt{Hk}$，为含水层厚度；s 为井群中心水位降深，单位为 m；$Q_0 = nQ$，为总出水量。

【例 10-2】　有一普通完整井，其半径 $r_0 = 0.1\mathrm{m}$，含水层厚度 $H = 8\mathrm{m}$，土壤的渗透系数 $k = 0.001\mathrm{m/s}$，抽水时井中水深 $h_0 = 3\mathrm{m}$，试换算井的出流量。

【解】　最大抽水深度

$$s = H - h_0 = 8 - 3 = 5(\mathrm{m})$$

影响半径

$$R = 3000s\sqrt{k} = 3000 \times 5 \times \sqrt{0.001} = 474.3(\mathrm{m})$$

则

$$Q = 1.366\frac{k(H^2 - h^2)}{\lg\dfrac{R}{r_0}} = 1.366 \times \frac{0.001 \times (8^2 - 3^2)}{\lg\dfrac{474.3}{0.4}} = 0.02(\mathrm{m^3/s})$$

10.5　集水廊道

集水廊道是汲取地下水源或降低地下水位的一种集水构筑物。

设有一条位于水平不透水层上的矩形断面集水廊道，如图 10-13 所示。若从廊道中向外抽水，则在其两侧的地下水均流向廊道。水面不断下降，当抽水稳定出流后，将形成对称于廊道轴线的浸润曲面。由于浸润曲面曲率很小，可近似看作为无压恒定渐变渗流。廊道很长，所有垂直于廊道轴线的剖面渗流情况相同，可以视为平面渗流问题。

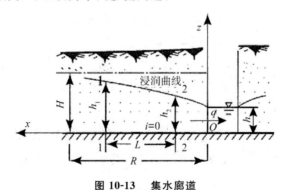

图 10-13　集水廊道

底坡 $i = 0$，由式(10-17)得

$$q = - kh \frac{\mathrm{d}h}{\mathrm{d}s}$$

由于在 zOx 坐标系中，x 坐标与流向相反，$\frac{\mathrm{d}h}{\mathrm{d}s} = - \frac{\mathrm{d}z}{\mathrm{d}x}$，则上式可变为

$$q = kz \frac{\mathrm{d}z}{\mathrm{d}x}$$

式中，q 为集水廊道单位长度上自一侧渗入的流量，简称单宽流量。

将上式分离变量后积分，

$$\int_h^z z \mathrm{d}z = \int_0^x \frac{q}{k} \mathrm{d}x$$

则集水廊道浸润曲线方程

$$z^2 - h^2 = \frac{2q}{k} x \tag{10-33}$$

随着 x 的增加，地下水位的降落越小。设在 $x = R$ 处，降落值 $H - z \approx 0$，即 $x \geqslant R$ 的地区天然地下水位不受影响，则称 R 是集水廊道的影响范围。将 $x = R, z = H$ 这一条件代入式(10-33)，得集水廊道自一侧单宽渗流量（或称产水量）为

$$q = \frac{k}{2R} (H^2 - h^2) \tag{10-34}$$

10.6 渗流对建筑物安全稳定的影响

浸入潜水层的建筑物，受到地下水对其基础施加的向上作用力，这对建筑物的稳定性有很大的影响。随着高层建筑物的迅速发展以及隧道（洞）、地下车库等地下建筑物及水池等市政工程的大量建设，涉及渗流影响建筑物安全稳定的工程越来越多，因此，分析渗流对建筑物安全性、稳定性的影响有非常重要的工程意义。

10.6.1 扬压力

土木工程中，有许多建在透水地基上、由混凝土或其他不透水材料建造的建筑物，渗流作用在建筑物基底上的压力称为扬压力（图 10-14）。

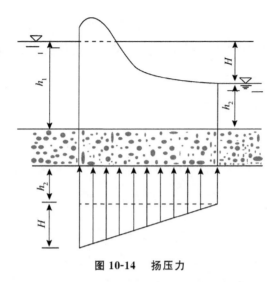

图 10-14　扬压力

以山区河流取水工程、建在透水岩石地基上的混凝土低坝(图 10-14)为例,介绍扬压力的近似算法。因坝上游水位高于下游水位,部分来水经地基渗透至下游,坝基底面任一点的渗透压强水头等于上游河床的总水头减去入渗点至该点渗流的水头损失。

$$\frac{p_i}{\rho g} = h_1 - h_f = h_2 + (H - h_f)$$

由上式,可将渗流作用在坝基底面的压强及所形成的压力看成由两部分组成:

① 下游水深 h_2 产生的压强在坝基底面上均匀分布,所形成的压力是坝基淹没水深 h_2 所受的浮力。作用在单位宽底面上的浮力

$$F_{z1} = \rho g h_2 L$$

② 有效作用水头 $(H - h_f)$ 产生的压强。根据观测资料,近似假定作用水头全部消耗于沿坝基底流程的水头损失,且水头损失均匀分配,故这部分压强按直线分布,分布图为三角形。作用在单位宽度底面上的渗透压力

$$F_{z2} = \frac{1}{2} \rho g H L$$

故作用在单位宽度坝基底面上的扬压力

$$F_z = F_{z1} + F_{z2} = \frac{1}{2} \rho g (h_1 + h_2) L$$

非岩基渗透压强一般可按势流理论用流网的方法计算,此处不作介绍。

扬压力的作用降低了建筑物的稳定性。对于主要依靠自重和地基间产生的摩擦力来保持抗滑动稳定性的重力式挡水建筑物,扬压力是稳定计算的基本载荷,不可忽视。

10.6.2　地基渗透变形

渗流对建筑物安全稳定的影响,除扬压力会降低建筑物的稳定性之外,渗流速度过大,会造成地基渗透变形,进而危及建筑物安全。地基渗透变形有两种基本形式:管涌和流土。

（1）管涌

在非黏性土基中,渗流速度达一定值,基土中个别细小颗粒被渗流冲动携带。随着细小颗粒被渗流带出,地基土的孔隙增大,渗流阻力减小,流速和流量增大,得以携带更大更多的颗粒。如此继续发展下去,在地基中形成空道,终将导致建筑物垮塌。这种渗流的冲蚀现象称为机械管涌,简称管涌。汛期江河堤防受洪水河槽高水位作用,常在背河堤脚处发生管涌险情。

在石基中,地下水可将岩层所含可溶性盐类溶解带出,在地基中形成空穴,削弱地基的强度和稳定性,这种渗流的溶蚀现象称为化学管涌。

（2）流土

在黏性土基中,因土颗粒之间有黏结力,个别颗粒一般不易被渗流冲动携带,而在渗出点附近,当渗透压力超过上部土体重量,会使一部分基土整体浮动隆起,造成险情,这种局部渗透破坏现象称为流土。

管涌和流土危及建筑物的安全,工程上可采取限制渗流速度、阻截基土颗粒被带出地面等多种防渗措施,来防止产生破坏性渗透变形。

本章小结

（1）渗流现象:流体在孔隙介质中的流动称为渗流。土壤的渗透性是用渗透系数 k 反映土壤渗流特征的一个综合指标,渗透性越好,k 越大,其具有速度的量纲。常用三种方法来确定渗透系数:现场测定法、实验测定法和经验法。

（2）渗流基本定律。

① 渗流模型

② 达西定律：$v = kJ$，只适用于层流渗流中。

③ 渐变渗流的一般公式 —— 裘皮依公式：$v = kJ = -k \dfrac{\mathrm{d}h}{\mathrm{d}s}$。

④ 井可分为普通井和承压井，也可根据井底是否都到达不透水层分为完整井和不完整井。可以组合为普通完整井、普通不完整井、承压完整井和承压不完整井。

⑤ 地基渗透变形有两种基本形式：管涌和流土。

 思考题

（1）什么是渗流模型？它与实际渗流有何区别？为什么要提出这个概念？

（2）渗流的基本定律是什么？写出其各种形式的数学表达式，并说明其公式的使用条件。

（3）渗流系数 k 的数值与哪些因素有关？它的物理意义是什么？如何确定渗流系数？

（4）达西定律与裘皮依公式有何异同点？

练习题

10-1　在渗流模型中假定：（　　　）

A. 土壤颗粒大小均匀　　　　　　　　B. 土壤颗粒排列整齐

C. 土壤颗粒均为球形　　　　　　　　D. 土壤颗粒不存在

10-2　渗流模型与实际模型相比较：（　　　）

A. 流量相同　　　　　　　　　　　　B. 流速相同

C. 压强不同　　　　　　　　　　　　D. 渗流阻力不同

10-3　渗流模型中的断面平均流速 v' 与实际平均流速 v 的关系是：（　　　）

A. $v' > v$　　　　　　　　　　　　B. $v' < v$

C. $v' = v$　　　　　　　　　　　　D. 不能确定

10-4　地下水位高的大基坑开挖,为了较准确确定渗流系数 k,最好采用:(　　)

A. 实验室测定法　　　　　　　　B. 现场测定法

C. 经验估算法　　　　　　　　　D. 理论计算法

10-5　达西定律的适用范围:(　　)

A. $Re < 2300$　　　　　　　　　B. $Re > 2300$

C. $Re < 575$　　　　　　　　　　D. $Re \leqslant 7$

10-6　裴皮依公式适用于:(　　)

A. 急变渗流　　　　　　　　　　B. 渐变渗流

C. 均匀渗流　　　　　　　　　　D. 以上都括用

参考答案

第一章

1-1　D　1-2　C　1-3　B　1-4　B　1-5　C　1-6　A

1-7　解:平板受力如图。

沿 s 轴投影,有

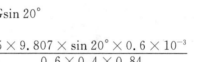

$$Gsin\,20° - T = 0$$

$$T = \mu\frac{U}{\delta}A = Gsin\,20°$$

故　$\mu = \dfrac{Gsin\,20° \cdot \delta}{UA} = \dfrac{5 \times 9.807 \times sin\,20° \times 0.6 \times 10^{-3}}{0.6 \times 0.4 \times 0.84}$

$$= 5.0 \times 10^{-2}(kg/m \cdot s)$$

答:油的动力黏性系数 $\mu = 5.0 \times 10^{-2}\,kg/m \cdot s$。

1-8　解:$\tau = \mu\dfrac{U}{\delta} = 0.02 \times \dfrac{50 \times 1000}{(0.9 - 0.8)/2} = 20(kN/m^2)$

$T = \pi d \cdot l \cdot \tau = \pi \times 0.8 \times 10^{-3} \times 20 \times 10^{-3} \times 20 = 1.01(N)$

答:所需牵拉力为 $1.01N$。

1-9　解:选择坐标如图,在 z 处半径为 r 的微元

力矩为 dM。

$$dM = \tau dA \cdot r = \frac{\mu\dfrac{r\omega}{\delta} \cdot 2\pi r dz}{cos\theta \cdot r}$$

$$= \mu \cdot \frac{2\pi r^3\omega}{\delta} \cdot \frac{\sqrt{H^2 + R^2}}{H}dz$$

其中,$\dfrac{r}{R} = \dfrac{z}{H}$。

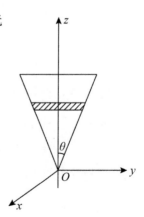

故 $M = \int_0^H \dfrac{\sqrt{H^2 + R^2}}{H} \cdot \dfrac{2\pi\mu\omega}{\delta} \cdot \dfrac{R^3}{H^3} z^3 \mathrm{d}z$

$\qquad = \dfrac{\pi\mu\omega}{2\delta} \cdot R^3 \sqrt{H^2 + R^2}$

$\qquad = \dfrac{\pi \times 0.1 \times 16}{2 \times 1 \times 10^{-3}} \times 0.3^3 \times \sqrt{0.5^2 + 0.3^2}$

$\qquad = 39.568 (\mathrm{N \cdot m})$

答:作用于圆锥体的阻力矩为 39.568N·m。

第二章

2-1 A 2-2 C 2-3 B 2-4 C 2-5 C 2-6 C 2-7 B

2-8 B 2-9 C 2-10 B

2-11 解:(1)两图中圆柱形曲面 AB 上的压力体图相同,但压力不相等,如图所示。

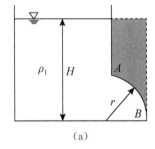

(a)

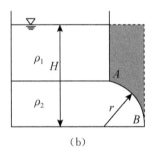

(b)

(2)

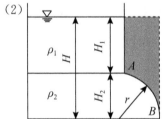

水平分力 $F_x = F_1 + F_2 = \rho_1 g \dfrac{H_1}{2} H_1 b + \rho_2 g \left(H_1 + \dfrac{H_2}{2} \right) H_2 b$。

竖直分力 $F_z = \rho_2 g (Hrb - \pi r^2 b)$。

2-12 方法 1:利用图解法求解。

压强分布如图所示。

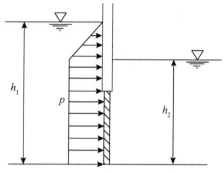

由 $p = \rho g \left[(h_1 - h) - (h_2 - h) \right]$

$\quad = \rho g (h_1 - h_2)$

$\quad = 1000 \times 9.807 \times (6 - 4.5)$

$\quad = 14.71 (\text{kPa})$

$F = phb = 14.71 \times 3 \times 2 = 88.263 (\text{kN})$

合力作用位置:在闸门的几何中心,即距地面$(1.5\text{m}, \dfrac{b}{2})$ 处。

方法 2:利用解析法求解。

$F_1 = p_1 A = \rho g (h_1 - 1.5) \cdot hb = 1000 \times 9.807 \times (6 - 1.5) \times 3 \times 2$

$\quad = 264.789 (\text{kN})$

$y_{D1} = y_{C2} + \dfrac{I_C}{y_{C2} A} = 4.5 + \dfrac{\dfrac{bh^3}{12}}{4.5 \times bh} = \dfrac{1}{4.5} \left(4.5^2 + \dfrac{h^2}{12} \right)$

$\quad = \dfrac{1}{4.5} \times (20.25 + 0.75) = 4.667 (\text{m})$

$F_2 = p_2 A = \rho g (h_2 - 1.5) \cdot hb = 1000 \times 9.807 \times (4.5 - 1.5) \times 3 \times 2$

$\quad = 176.526 (\text{kN})$

$y_{D2} = y_{C1} + \dfrac{I_C}{y_{C1} A} = \dfrac{1}{y_{C1}} \left(y_{C1}^2 + \dfrac{I_C}{A} \right) = \dfrac{1}{3} (3^2 + 0.75) = 3.25 (\text{m})$

合力:$F = F_1 - F_2 = 88.263 (\text{kN})$

合力作用位置(对闸门与渠底接触点取矩):

由 $F y_D = F_1 (h_1 - y_{D1}) - F_2 (h_2 - y_{D2})$

$y_D = \dfrac{F_1 (h_1 - y_{D1}) - F_2 (h_2 - y_{D2})}{F}$

$\quad = \dfrac{264.789 \times (6 - 4.667) - 176.526 \times (4.5 - 3.25)}{88.263}$

$$= 1.499(\text{m})$$

答:(1) 作用在闸门上的静水总压力 88.263kN;(2) 压力中心的位置在闸门的几何中心,即距地面$(1.5\text{m}, \dfrac{b}{2})$ 处。

2-13 解:(1) 解析法。

$$F = p_c A = \rho g h_c bl = 1000 \times 9.807 \times 2 \times 1 \times 2 = 39.228(\text{kN})$$

$$y_D = y_c + \frac{I_c}{y_c A} = \frac{h_c}{\sin\alpha} + \frac{\dfrac{bl^3}{12}}{\dfrac{h_c}{\sin\alpha} \cdot bl} = \frac{2}{\sin 45°} + \frac{\dfrac{2^2}{12 \times 2}}{\sin 45°} = 2\sqrt{2} + \frac{\sqrt{2}}{12}$$

$$= 2.946(\text{m})$$

对 A 点取矩,当开启闸门时,拉力 T 满足

$$F(y_D - y_A) - Tl\sin\theta = 0$$

$$T = \frac{F(y_D - y_A)}{l\sin\theta} = \frac{F\left[\dfrac{\dfrac{h_c}{\sin\alpha} + \dfrac{l^2}{12h_c}}{\sin\alpha} - \left(\dfrac{h_c}{\sin\alpha} - \dfrac{l}{2}\right)\right]}{l\sin\theta}$$

$$= \frac{F\left[\dfrac{\dfrac{l^2}{12h_c}}{\sin\alpha} + \dfrac{l}{2}\right]}{l\sin\theta} = 3.9228 \times \frac{\dfrac{\sqrt{2}}{12} + 1}{2 \times \sin 45°}$$

$$= 31.007(\text{kN})$$

答:当 $T \geqslant 31.007\text{kN}$ 时,可以开启闸门。

(2) 图解法。

压强分布如图所示。

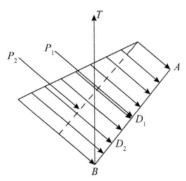

$$p_A = \rho g\left(h_c - \frac{l}{2}\sin 45°\right) = 1000 \times 9.807 \times \left(2 - \frac{2}{2} \times \frac{\sqrt{2}}{2}\right) = 12.68(\text{kPa})$$

$$p_B = \rho g \left(h_c + \frac{l}{2} \sin 45° \right) = 1000 \times 9.807 \times \left(2 + \frac{2}{2} \times \frac{\sqrt{2}}{2} \right) = 26.55 \text{(kPa)}$$

$$F = (p_A + p_B) \times \frac{lb}{2} = \frac{(12.68 + 26.55) \times 2 \times 1}{2} = 39.23 \text{(kN)}$$

对 A 点取矩, 有 $P_1 \cdot AD_1 + P_2 \cdot AD_2 - T \cdot AB \cdot \sin 45° = 0$

故 $T = \dfrac{p_A lb \cdot \dfrac{l}{2} + (p_B - p_A)l \cdot \dfrac{1}{2} \times b \times \dfrac{2}{3}l}{l \sin 45°}$

$$= \frac{12.68 \times 1 \times 1 + (26.55 - 12.68) \times 1 \times \dfrac{2}{3}}{\sin 45°}$$

$$= 31.009 \text{(kN)}$$

答:开启闸门所需拉力 $T = 31.009 \text{kN}$。

2-14 解:(1) 水平压力:

$$F_x = \rho g \frac{(R \sin \alpha)^2}{2} b = 1000 \times 9.807 \times \frac{(3 \times \sin 30°)^2}{2} \times 2 = 22.066 \text{(kN)}(\rightarrow)$$

(2) 垂向压力: $F_z = \rho g V = \rho g \left(\pi R^2 \cdot \frac{1}{12} - \frac{1}{2} R \sin \alpha \cdot R \cos \alpha \right)$

$$= 1000 \times 9.807 \times \left(\frac{\pi \times 3^2}{12} - \frac{3^2}{2} \sin 30° \cos 30° \right) \times 2$$

$$= 7.996 \text{(kN)}(\uparrow)$$

合力: $F = \sqrt{F_x^2 + F_z^2} = \sqrt{22.066^2 + 7.996^2} = 23.470 \text{(kN)}$

$$\theta = \arctan \frac{F_z}{F_x} = 19.92°$$

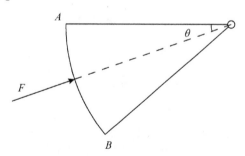

答:作用在闸门上的静水总压力 $F = 23.470 \text{kN}, \theta = 19.92°$。

2-15 解:(1) 确定水面压强 p_0。

$$p_0 = \rho_{水银} g \Delta h - \rho g h_1 = \rho g \left(\Delta h \cdot \frac{\rho_{水银}}{\rho} - h_1 \right)$$

$$= 1000 \times 9.807 \times (0.25 \times 13.6 - 0.6)$$

$$= 27.460 (\text{kPa})$$

（2）计算水平分量 F_x。

$$F_x = p_C A = (p_0 + \rho g h_2) \cdot \pi R^2$$

$$= (27.46 \times 10^3 + 1000 \times 9.807 \times 1.0) \times 3.14 \times 0.5^2$$

$$= 29.269 (\text{kN})$$

（3）计算铅垂分力 P_z。

$$F_z = \rho g V = \rho g \times \frac{4\pi R^3}{3} \times \frac{1}{2} = 1000 \times 9.807 \times \frac{4 \times \pi \times 0.5^3}{6} = 2.567 (\text{kN})$$

答：半球形盖 AB 所受总压力的水平分力为 29.269kN，铅垂分力为 2.567kN。

第三章

3-1　D　3-2　B　3-3　C　3-4　B　3-5　C　3-6　C

3-7　解：由 $Q_1 = Q_2 + Q_3$，其中，$Q_1 = 4\text{m}^3/\text{s}$，$Q_2 = 2.5\text{m}^3/\text{s}$，得

$$Q_3 = 4 - 2.5 = 1.5 (\text{m}^3/\text{s})$$

$$Q_3 = Av\sin 30° = 0.4 \times \frac{1}{2} \times v$$

因此，$v = \dfrac{1.5}{0.2} = 7.5 (\text{m/s})$

答：风口出流的平均速度 $v = 7.5\text{m/s}$。

第四章

4-1　C　4-2　A　4-3　C　4-4　A　4-5　D

4-6　解：以过点 A 的水平面为基准面，则点 A、B 单位重量断面平均总机械能为

$$H_A = z_A + \frac{p_A}{\rho g} + \frac{\alpha_A v_A^2}{2g} = 0 + \frac{30 \times 10^3}{1000 \times 9.807} + \frac{1.0 \times 1.5^2}{2 \times 9.807} \times \left(\frac{0.4}{0.2}\right)^4 = 4.89 (\text{m})$$

$$H_B = z_B + \frac{p_B}{\rho g} + \frac{\alpha_B v_B^2}{2g} = 1.5 + \frac{40 \times 10^3}{1000 \times 9.807} + \frac{1.0 \times 1.5^2}{2 \times 9.807} = 5.69 (\text{m})$$

因此，水流从 B 点向 A 点流动。

答：水流从 B 点向 A 点流动。

4-7　解：$Q = \mu K \sqrt{\left(\dfrac{\rho_{水银}}{\rho_{油}} - 1\right) h_p}$

其中，$\mu = 0.95；K = \dfrac{\dfrac{\pi d_1^2}{4} \times \sqrt{2g}}{\sqrt{\left(\dfrac{d_1}{d_2}\right)^4 - 1}} = \dfrac{\dfrac{\pi \times 0.2^2}{4} \times \sqrt{2 \times 9.807}}{\sqrt{\left(\dfrac{0.2}{0.1}\right)^4 - 1}} = 0.0359$

$h_p = 0.15(\mathrm{m})$

$$Q = \mu K \sqrt{\left(\dfrac{\rho_{水银}}{\rho_{油}} - 1\right) h_p} = \mu K \sqrt{\left(\dfrac{\rho_{水银}}{\rho_{水}} \cdot \dfrac{\rho_{水}}{\rho_{油}} - 1\right) h_p}$$

$$= 0.95 \times 0.0359 \times \sqrt{\left(13.6 \times \dfrac{1000}{850} - 1\right) \times 0.15}$$

$$= 0.0511575(\mathrm{m^3/s})$$

$$= 51.2(\mathrm{L/s})$$

答：此时管中流量 $Q = 51.2\mathrm{L/s}$。

4-8　解：(1)以出水管轴线为基准面，列管径 d_1 与 d_2 处的伯努利方程，可得

$$\frac{p_1}{\rho g} + \frac{\alpha_1 v_1^2}{2g} = \frac{p_2}{\rho g} + \frac{\alpha_2 v_2^2}{2g}$$

取 $\alpha_1 = \alpha_2 = 1.0, p_2 = 0, p_1 = p_{2\text{abs}} - p_a = 0.5 p_a - p_a = -0.5 p_a = -0.5 \times 101.325 = -50.663(\mathrm{kPa})$

由 $v_1^2 - v_2^2 = -\dfrac{2p_1}{\rho}$

则 $v_2^2 \left[\left(\dfrac{d_2}{d_1}\right)^4 - 1\right] = \dfrac{2 \times 50.663 \times 10^3}{1000} = 101.325$

$v_2 = \left[\dfrac{101.325}{\left(\dfrac{0.15}{0.1}\right)^4 - 1}\right]^{\frac{1}{2}} = 4.994(\mathrm{m/s})$

(2)从液面到短管出口列能量(伯努利)方程

$H = \dfrac{v_2^2}{2g} = \dfrac{4.994^2}{2 \times 9.807} = 1.27(\mathrm{m})$

答：水头 $H = 1.27\mathrm{m}$。

4-9　解：取控制体，受力如图。

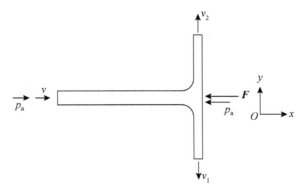

$$\sum F_x = \rho Q(0 - v)$$

$$\rho Q(0 - v) = -F$$

故 $F = \rho Q v = \rho \dfrac{\pi d^2}{4} \cdot v^2 = 1000 \times \dfrac{3.14 \times 0.03^2}{4} \times 54^2 = 2.061(\text{kN})$

水流对煤层的作用力与 $\boldsymbol{F}$ 构成作用力与反作用力,大小为 2.061kN,方向向右。

答:水流对煤层的冲击力 $F = 2.061$kN,方向向右。

4-10　解:(1) 取过轴线的水平面为基准面,列主管断面与喷口断面的伯努利方程:

$$\frac{p_1}{\rho g} + \frac{\alpha_1 v_1^2}{2g} = 0 + \frac{\alpha_2 v_2^2}{2g}$$

得 $p_1 = \dfrac{\rho}{2}(v_2^2 - v_1^2) = \dfrac{\rho v_2^2}{2}\left[1 - \left(\dfrac{d_1}{d_2}\right)^4\right]$

$$= \frac{1000}{2} \times (50.93^2 - 3.18^2) = 1291.854(\text{kPa})$$

$$v_1 = \frac{Q}{A_1} = \frac{0.4 \times 4}{3.14 \times 0.4^2} = 3.18(\text{m/s})$$

$$v_2 = \frac{Q}{A_2} = \frac{0.4 \times 4}{3.14 \times 0.1^2} = 50.93(\text{m/s})$$

(2) 取控制体如图所示,列动量方程。

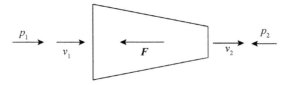

$$\rho Q(v_2 - v_1) = p_1 A_1 - F$$

得 $F = p_1 A_1 - \rho Q(v_2 - v_1)$

$$= 1291.854 \times 10^3 \times \frac{3.14 \times 0.4^2}{4} - 1000 \times 0.4 \times (50.93 - 3.18)$$

$$= 143.239(\text{kN})$$

答:水流作用在喷嘴上的力为 143.239kN。

第五章

5-1 D 5-2 D 5-3 D 5-4 D 5-5 B 5-6 A 5-7 C

5-8 D 5-9 C

5-10 解:$q = kg^\alpha \rho^\beta H^\gamma$

量纲:$[q] = L^2 T^{-1}$;$[g] = LT^{-2}$;$[H] = L$;$[\rho] = ML^{-3}$

故有 $L^2 T^{-1} = L^\alpha T^{-2\alpha} M^\beta L^{-3\beta} L^\gamma$

$$\begin{cases} 2 = \alpha - 3\beta + \gamma \\ -1 = -2\alpha \\ 0 = \beta \end{cases} \Rightarrow \begin{cases} \alpha = \dfrac{1}{2} \\ \gamma = \dfrac{3}{2} \end{cases}$$

得 $q = k\sqrt{gH} \cdot H = m\sqrt{2g}H^{\frac{3}{2}}$

答:流量 q 的关系式为 $q = k\sqrt{gH} \cdot H = m\sqrt{2g}H^{\frac{3}{2}}$。

5-11 证明:$v = f(\Delta p, d_1, d_2, \rho, \nu)$

选择基本量 $\Delta p, d_2, \rho$

则 $\pi_1 = \dfrac{v}{\Delta p^{\alpha_1} d_2^{\beta_1} \rho^{\gamma_1}}$,$\pi_2 = \dfrac{\nu}{\Delta p^{\alpha_2} d_2^{\beta_2} \rho^{\gamma_2}}$,$\pi_3 = \dfrac{d_1}{\Delta p^{\alpha_3} d_2^{\beta_3} \rho^{\gamma_3}}$

解得:$LT^{-1} = M^{\alpha_1} L^{-\alpha_1} T^{-2\alpha_1} L^{\beta_1} M^{\gamma_1} L^{-3\gamma_1}$

$$\begin{cases} 1 = -\alpha_1 + \beta_1 - 3\gamma_1 \\ -1 = -2\alpha_1 \\ 0 = \alpha_1 + \gamma_1 \end{cases} \Rightarrow \begin{cases} \alpha_1 = \dfrac{1}{2} \\ \beta_1 = 0 \\ \gamma_1 = -\dfrac{1}{2} \end{cases}$$

$L^2 T^{-1} = M^{\alpha_2} L^{-\alpha_2} T^{-2\alpha_2} L^{\beta_2} M^{\gamma_2} L^{-3\gamma_2} = M^{\alpha_2 + \gamma_2} L^{-\alpha_2 + \beta_2 - 3\gamma_2} T^{-2\alpha_2}$

得 $\alpha_2 = \dfrac{1}{2}, \beta_2 = 1, \gamma_2 = -\dfrac{1}{2}$

$L = M^{\alpha_3 + \gamma_3} L^{-\alpha_3 + \beta_3 - 3\gamma_3} T^{-2\alpha_3}$

得 $\alpha_3 = 0, \beta_3 = 1, \gamma_3 = 0$

$$\pi_1 = \phi(\pi_2, \pi_3)$$

$$v = \sqrt{\frac{\Delta p}{\rho}} \cdot \phi\left(\frac{\nu}{\sqrt{\frac{\Delta p}{\rho}} \cdot d_2}, \frac{d_1}{d_2}\right)$$

5-12　解：由 $v = f(H, d, \rho, \mu, g)$

取基本量为 H, g, ρ

则 $\pi_1 = \dfrac{v}{H^{\alpha_1} g^{\beta_1} \rho^{\gamma_1}}$；$\pi_2 = \dfrac{d}{H^{\alpha_2} g^{\beta_2} \rho^{\gamma_2}}$；$\pi_3 = \dfrac{\mu}{H^{\alpha_3} g^{\beta_3} \rho^{\gamma_3}}$

有量纲关系：

$$\frac{LT^{-1}}{L^{\alpha_1} L^{\beta_1} T^{-2\beta_1} M^{\gamma_1} L^{-3\gamma_1}} = 1 \Rightarrow \alpha_1 = \frac{1}{2}, \beta_1 = \frac{1}{2}, \gamma_1 = 0$$

$$\frac{L}{L^{\alpha_2} L^{\beta_2} T^{-2\beta_2} M^{\gamma_2} L^{-3\gamma_2}} = 1 \Rightarrow \alpha_2 = 1, \beta_2 = 0, \gamma_2 = 0$$

$$\frac{ML^{-1} T^{-1}}{L^{\alpha_3} L^{\beta_3} T^{-2\beta_3} M^{\gamma_3} L^{-3\gamma_3}} = 1 \Rightarrow \alpha_3 = \frac{3}{2}, \beta_3 = \frac{1}{2}, \gamma_3 = 1$$

得 $\pi_1 = f(\pi_2, \pi_3)$

即 $v = \sqrt{Hg}\, f\left(\dfrac{d}{H}, \dfrac{\mu}{H^{\frac{3}{2}} g^{\frac{1}{2}} \rho}\right)$

$\quad = \sqrt{2gH}\, f_1\left(\dfrac{d}{H}, \dfrac{\mu}{v H \rho}\right)$

$\quad = \sqrt{2gH}\, f_1\left(\dfrac{d}{H}, Re_H\right)$

可见，孔口出流的流速系数与 $\dfrac{d}{H}$ 及 Re_H 有关。

$$Q = vA = \frac{\pi d^2}{4} \sqrt{2gH}\, f_1\left(\frac{d}{H}, Re_H\right)$$

答：孔口流量公式为 $Q = \dfrac{\pi d^2}{4} \sqrt{2gH}\, f_1\left(\dfrac{d}{H}, Re_H\right)$。

第六章

6-1　A　6-2　B　6-3　D　6-4　C　6-5　C　6-6　B

6-7　解：$v = \dfrac{4Q}{\pi d^2} = \dfrac{4 \times 0.006}{3.14 \times 0.05^2} = 3.06 (\text{m/s})$

$$z_1 + \frac{p_1}{\rho g} + \frac{v_1^2}{2g} = z_2 + \frac{p_2}{\rho g} + \frac{v_2^2}{2g} + h_f$$

$$h_f = \left(z_1 + \frac{p_1}{\rho g}\right) - \left(z_2 + \frac{p_2}{\rho g}\right) = 12.6 h_p = 12.6 \times 0.25 = 3.15 (\text{m})$$

$$h_f = \lambda \frac{l}{d} \frac{v^2}{2g} \Rightarrow \lambda = \frac{h_f}{\frac{l}{d} \times \frac{v^2}{2g}}$$

故 $\lambda = \dfrac{3.15}{\dfrac{15}{0.05} \times \dfrac{3.06^2}{2 \times 9.8}} = 0.022$

6-8　解：$v = \dfrac{4Q}{\pi d^2} = \dfrac{4 \times 70}{3.14 \times 0.8^2} = 139 (\text{cm/s})$

$$h_f = \frac{p_1 - p_2}{\rho_{油} \, g} = \frac{\rho_{水银} - \rho_{油}}{\rho_{油}} h = \frac{13600 - 901}{901} \times 30 = 4.228 (\text{m})$$

假设黏度计中油液呈层流，则

$$h_f = \lambda \frac{l}{d} \frac{v^2}{2g} = \frac{64}{Re} \frac{l}{d} \frac{v^2}{2g} = \frac{64\nu}{vd} \frac{l}{d} \frac{v^2}{2g}$$

$$\nu = h_f \frac{2gd^2}{64lv} = 4.228 \times \frac{2 \times 9.807 \times 0.008^2}{64 \times 2 \times 1.39} = 2.98 \times 10^{-5} (\text{m}^2/\text{s})$$

校核流态 $Re = \dfrac{vd}{\nu} = \dfrac{1.39 \times 0.008}{2.98 \times 10^{-5}} = 373 < 2300$

所以为层流，假设成立。

第七章

7-1　B　7-2　B　7-3　C　7-4　C　7-5　D　7-6　C　7-7　C

7-8　解：$Q_c = \mu A \sqrt{2gH} = 0.62 \times \dfrac{3.14}{4} \times 0.02^2 \times \sqrt{2 \times 9.807 \times 2} =$

$1.22 (\text{L/s})$

$$Q_n = \mu_n A \sqrt{2gH} = 0.82 \times \frac{3.14}{4} \times 0.02^2 \times \sqrt{2 \times 9.807 \times 2} = 1.61 (\text{L/s})$$

以收缩断面 c-c 到出口断面 n-n 列伯努利方程

$$\frac{p_c}{\rho g} + \frac{\alpha_c v_c^2}{2g} = \frac{p_a}{\rho g} + \frac{\alpha_n v_n^2}{2g} - \frac{(v_c - v_n)^2}{2g}$$

$$H_v = \frac{p_a - p_c}{\rho g} = \frac{1}{2g} \left[\alpha_c v_c^2 - \alpha_n v_n^2 - (v_c - v_n)^2\right]$$

$$= \frac{(v_c - v_n)}{2g} \left[v_c + v_n - v_c + v_n\right]$$

$$= \frac{v_n^2\left(\dfrac{v_c}{v_n}-1\right)}{g}$$

$$= \frac{v_n^2\left(\dfrac{1}{\varepsilon}-1\right)}{g}$$

$$= \frac{\left[\dfrac{4\times 1.61\times 10^{-3}}{3.14\times 0.02^2}\right]^2\times \dfrac{1-0.64}{0.64}}{9.807}$$

$$= 1.506(\text{m})$$

答:(1)孔口流量 $Q_c = 1.22\text{L/s}$;(2)此孔口外接圆柱形管嘴的流量 $Q_n = 1.61\text{L/s}$;(3)管嘴收缩断面的真空高度为 1.506m。

7-9　解:以下游水面为基准面,从上池水面到下池水面列伯努利方程

$$H = \zeta_{进}\frac{v^2}{2g} + \lambda\frac{l}{d}\frac{v^2}{2g} + \zeta_b\frac{v^2}{2g} + \zeta_c\frac{v^2}{2g} = \left(0.7 + 1.0 + 0.02\times\frac{3+5}{0.075}\right)\frac{v^2}{2g}$$

得 $v = \sqrt{\dfrac{2\times 9.807\times 2}{3.83}} = 3.20(\text{m/s})$

$$Q = vA = 3.20\times\frac{3.14}{4}\times 0.075^2 = 14.14(\text{L/s})$$

从过流断面 C 到下池水面列伯努利方程

$$z_C + \frac{p_C}{\rho g} + \frac{\alpha_C v_C^2}{2g} = \lambda\frac{l_2}{d}\frac{v^2}{2g} + \zeta_C\frac{v^2}{2g}$$

取 $\alpha_C = 1$,由 $v_C = v$,得

$$H_v = \frac{p_a - p_C}{\rho g} = -\frac{p_C}{\rho g} = z_c + \frac{v^2}{2g}\left(1 - \lambda\frac{l_2}{d} - \zeta_C\right)$$

$$= 1.8 + 2.0 + \left(1 - 0.02\times\frac{5}{0.075} - 1.0\right)\frac{v^2}{2g}$$

$$= 3.8 - 0.02\times\frac{5}{0.075}\times\frac{3.20^2}{2\times 9.807} = 3.10(\text{m})$$

答:流量 $Q = 14.14\text{L/s}$,管道最大超高断面的真空高度为 3.10m。

7-10　解:以地面为基准面,从 A 池面到 B 池面列伯努利方程

$$H_1 + \frac{p_1}{\rho g} + \frac{\alpha_1 v_1^2}{2g} = H_2 + \frac{p_2}{\rho g} + \frac{\alpha_2 v_2^2}{2g} + \left(\zeta_{进} + \zeta_{出} + \zeta_v + 3\zeta_b + \lambda\frac{l}{d}\right)\frac{v^2}{2g}$$

取 $v_1 = v_2 = 0$;$p_2 = 0$;$\zeta_{进} = 0.5$;$\zeta_{出} = 1.0$,则有

$$v = \left[\frac{2g\left(H_1 + \dfrac{p_1}{\rho g} - H_2\right)}{\left(0.5 + 1.0 + 4.0 + 3 \times 0.3 + 0.025 \times \dfrac{10}{0.025}\right)}\right]^{\frac{1}{2}}$$

$$= \left[\frac{2 \times 9.807 \times (1 + 20 - 5)}{16.4}\right]^{\frac{1}{2}}$$

$$= 4.37(\text{m/s})$$

$$Q = vA = 4.37 \times \frac{3.14}{4} \times 0.025^2 = 2.15(\text{L/s})$$

答:流量 $Q = 2.15\text{L/s}$。

第八章

8-1 B 8-2 C 8-3 C 8-4 B 8-5 A 8-6 C 8-7 A

8-8 B 8-9 B 8-10 B

8-11   解:$i = \dfrac{3-2}{30} = \dfrac{1}{30} = 0.033$

$$J_p = \frac{8 - 6.5}{30} = 0.05$$

$$J = \frac{8 + \dfrac{4^2}{2g} - 6.5 - \dfrac{4.5^2}{2g}}{30} = 0.0428$$

答:断面 1、2 间渠道底坡 $i = 0.033$,水面坡度 $J_p = 0.05$,水力坡度 $J = 0.0428$。

8-12   解:$A = h(b + hm) = 1.2 \times (3 + 1.2 \times 2) = 6.48(\text{m}^2)$

$$\chi = b + 2\sqrt{h^2 + (hm)^2} = b + 2h\sqrt{1 + m^2} = 3 + 2 \times 1.2 \times \sqrt{5} = 8.367(\text{m})$$

$R = \dfrac{A}{\chi} = 0.7745(\text{m})$,取 $n = 0.0225$(见教材 6.6.6 节表 6-2 粗糙系数)

得 $Q = \dfrac{1}{n}R^{\frac{1}{6}}\sqrt{Ri}A = \dfrac{6.48 \times 0.7745^{\frac{2}{3}} \times \sqrt{0.0002}}{0.0225} = 3.435(\text{m}^3/\text{s})$

答:通过流量 $Q = 3.435\text{m}^3/\text{s}$。

8-13　解：

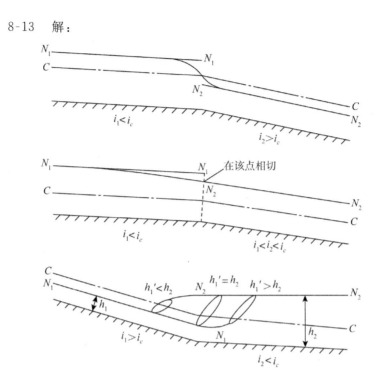

第九章

9-1　C　9-2　B　9-3　D　9-4　A　9-5　C　9-6　A　9-7　D

第十章

10-1　A　10-2　A　10-3　A　10-4　B　10-5　D　10-6　B